机器人新兴领域“十四五”高等教育教材

智能机器人信息系统与集群组网

主　编　赵雅琴

副主编　吴宣利　张　云

吴龙文　李宏博

参　编　何　欣　化青龙

科学出版社

北京

内 容 简 介

本书面向新工科要求，深入分析了人工智能、新型传感导航、5G通信等技术在机器人领域的融合应用，聚焦于提升机器人智能化和集群网络化能力。

全书共10章，分别介绍了机器人学的起源发展及未来发展展望、智能机器人信息感知、内部传感器、外部传感器、视觉系统、定位导航系统、多传感器信息融合处理、智能机器人集群、有中心组网方法、无中心组网方法。

本书可作为高等学校机器人工程、信息工程、自动化等专业的本科生和研究生教材，也可作为相关领域工程师和技术人员的实践指南。

图书在版编目（CIP）数据

智能机器人信息系统与集群组网 / 赵雅琴主编. -- 北京 : 科学出版社, 2024. 12. --（机器人新兴领域“十四五”高等教育教材）. -- ISBN 978-7-03-080717-5

Ⅰ. TP242.6

中国国家版本馆CIP数据核字第2024UR2621号

责任编辑：余 江 / 责任校对：王 瑞
责任印制：师艳茹 / 封面设计：迷底书装

科 学 出 版 社 出版
北京东黄城根北街16号
邮政编码：100717
http://www.sciencep.com
北京建宏印刷有限公司印刷
科学出版社发行 各地新华书店经销
*
2024年12月第 一 版 开本：787×1092 1/16
2024年12月第一次印刷 印张：16 1/4
字数：395 000

定价：75.00元
（如有印装质量问题，我社负责调换）

前　言

随着科技的飞速发展，机器人技术已经成为现代科技领域的重要研究方向之一。从简单的机械化操作到复杂的智能决策，机器人技术正逐渐渗透到人们生活的各个方面。特别是在信息时代的大背景下，智能机器人与信息系统的结合以及集群组网技术的应用，更是为机器人技术的发展注入了新的活力。本书旨在深入探讨这一领域的最新进展，为读者提供一个全面、系统的学习与研究平台。

本书首先通过绪论部分，回顾了机器人学的起源与发展历程，从早期的机器人特点、机器人法则，到现代智能机器人的研究现状，为读者勾勒出机器人技术发展的清晰脉络。同时，对机器人的定义、特征、构成与分类进行了详细阐述，帮助读者建立起对机器人技术的基本认知框架。在此基础上，本书进一步探讨了机器人在工业、自然探索、服务、军事等领域的应用场景，展示了机器人技术的广泛性和实用性。

智能机器人作为机器人技术的高级阶段，是本书的重点关注对象。本书深入剖析了智能机器人的硬件模块、信息感知模块、机器学习算法以及人机交互方法，揭示了智能机器人实现智能化、自主化的内在机理。同时，还重点介绍了智能机器人信息系统的基本构成、特点及其关键技术，为读者理解智能机器人的信息处理与决策机制提供了重要参考。

在机器人集群及其组网技术方面，本书同样进行了深入探讨。从机器人集群的基本组成、特点到集群组网的基本概念和需求，本书为读者构建了一个完整的机器人集群组网技术知识体系。特别是对于有中心和无中心智能机器人集群组网方法的详细阐述，更是本书的一大亮点。通过对比不同组网方法的网络模型、关键能力需求以及关键技术及其智能化实现，本书为读者提供了全面、深入的智能机器人集群组网技术解决方案。

此外，本书还特别关注了机器人与传感器的关系，以及机器人内部和外部传感器的分类、原理及应用。从距离与位置检测传感器、速度和加速度传感器到陀螺仪、触觉传感器、接近觉传感器、力觉传感器、滑觉传感器、视觉传感器以及嗅觉传感器等，本书对各类传感器进行了全面、细致的介绍，为读者理解机器人的感知机制提供了重要支撑。

在机器人视觉系统和定位导航系统方面，本书也进行了深入探讨。从机器人视觉基本理论、图像的获取与处理技术到视觉跟踪系统、智能视觉感知等，本书为读者构建了一个完整的机器人视觉系统知识体系。同时，对于空间描述和坐标变换、惯性导航系统、卫星导航系统以及视觉 SLAM 导航系统等内容的详细阐述，更是为读者提供了全面、深入的机器人定位导航技术解决方案。

最后，本书还对多传感器信息融合处理进行了深入探讨。从多传感器信息融合的基本理论、概率统计方法到人工智能方法等，本书为读者构建了全面、系统的多传感器信息融合处理技术知识体系。这一部分的探讨不仅有助于读者理解机器人信息系统的内在机理，还为读者提供了实现机器人智能化、自主化的重要技术途径。

综上所述，本书涵盖了智能机器人信息系统与集群组网技术的各个方面，从基础理论到先进技术，从单一机器人到机器人集群，从传感器技术到多传感器信息融合处理等，都进行了全面探讨。相信本书的出版能为推动智能机器人信息系统与集群组网技术的发展和应用做出积极贡献。

本书第 1、2、4 章由赵雅琴、吴宣利、李宏博、张云、何欣撰写，第 3、7 章由李宏博撰写，第 5、6 章由张云、化青龙撰写，第 8 章由吴宣利、何欣撰写，第 9、10 章由吴宣利撰写，各章实验部分由吴龙文撰写，课程资源由何欣和化青龙设计。全书由哈尔滨工业大学赵雅琴教授担任主编并统稿。

在整理书稿的过程中得到博士研究生潘天助、孟祥云、马欣悦，硕士研究生许涛、张丹、曹军，本科生马凯欢等的协助，顺致谢意。作者在编写本书过程中参考和引用了有关教材、科研成果和论文，在此特向有关作者致以衷心的谢意。

鉴于作者水平有限，书中可能存在疏漏和不妥之处，恳请读者批评指正。

作　者

2024 年 6 月

目　录

第1章 绪 论

机器人学在近年来得到了跨越式发展，从3000多年前的民间传说和故事中的机器人雏形到早期机器人、近代机器人，再到现代的智能机器人，经历了多个发展阶段。随着人工智能技术的快速发展和应用，以及智能感知算法、高精度多功能复合传感器、智能信号处理和集群组网等技术的出现，机器人技术将朝着更加拟人化、智能化、自动化、集群化的方向快速发展。

1.1 机器人学的起源与发展

1.1.1 机器人学的起源

机器人学的诞生与追求生产效率和技术发展的需求密切相关，早在3000多年前，机器人的概念便已在人类的想象中萌芽。我国西周时代的偃师设计了能歌善舞的艺伎机器人；春秋战国时期，墨子的《墨经》包含了现代科学的基本要素，并记载了鲁班制造的鲁班木鸟，这种竹木制成的飞行器可在空中飞行三日，被视为最早的飞行机器人。

在国外，历史和神话中也充满了类似机器人的形象。例如，古希腊神话中，发明家戴达罗斯为克里特岛建造了青铜卫士塔罗斯；古希腊的机械化剧院中也出现了能自动表演的角色。1662年，日本竹田近江发明了表演玩偶；18世纪，若井源大卫门对其进行了改进，制造了端茶玩偶，具备送茶与自动返回功能。同一时期，瑞士的德罗斯父子制造了写字、绘图和弹风琴机器人，展示了早期机器人技术的精湛工艺，尤其是写字机器人能用鹅毛笔书写。18世纪，德国的梅林制造了巨型泥塑偶人“巨龙哥雷姆”；法国的杰克·戴·瓦克逊发明了会游泳、进食、排泄的机器鸭；法国的雅卡尔设计了可编程的纺织机器人，对计算机的发展具有启发意义。

1822年，英国数学家查尔斯·巴贝奇将打孔卡片编程应用于第一台可编程计算机“差分机”，他的合作者洛夫莱斯伯爵夫人提出了机械计算算法，成为公认的第一个程序员。1893年，加拿大人摩尔设计了由蒸汽驱动的行走机器人“安德罗丁”。这些发明标志着机器人从幻想到现实的巨大飞跃。

1.1.2 现代机器人

自20世纪40年代起，现代机器人技术经历了从理论奠基到广泛应用的巨大变革。在这段漫长的发展历程中，现代机器人从最初的概念逐步走向工业、医疗、农业、军事等多个领域，并在21世纪迎来了智能化和多元化的新时代。各个时期的突破性进展不仅推动了科技的进步，还深刻改变了社会的运作方式。下面简单回顾现代机器人技术的历史演变，探讨其在不同领域中的应用与影响，展望未来的发展趋势。同时，通过梳理现代机器人技术的发展脉络，可以更好地理解这一前沿领域的巨大潜力与挑战。

1. 20 世纪 40 年代——理论与概念的奠基

20 世纪 40 年代，机器人领域的发展主要集中在理论和概念的形成阶段。1942 年，著名科幻作家艾萨克·阿西莫夫在其短篇小说 *Runaround* 中首次提出了机器人学的三大法则。这些法则分别是：第一，机器人不得伤害人类，或因不作为而使人类受到伤害；第二，机器人必须服从人类的命令，但前提是不违反第一法则；第三，机器人在不违反第一和第二法则的情况下必须保护自身的安全。尽管这些法则源自科幻作品，但它们对后来的机器人伦理和安全研究产生了深远影响，并成为讨论机器人概念的重要依据。

尽管 20 世纪 40 年代并没有真正的现代机器人被发明，但这一时期的理论和概念奠定了现代机器人学发展的基础。科学家和工程师开始设想能够自动执行任务的机器，并考虑这些机器在社会中的角色和伦理问题。阿西莫夫的机器人法则不仅在科幻文学中流行起来，还激发了人们对机器人可能性的无限遐想。同时，计算机科学的发展也为机器人技术的进步提供了必要的工具和方法。

2. 20 世纪 50 年代——从理论到实践

20 世纪 50 年代是机器人技术从理论走向实践的重要阶段。第二次世界大战期间，艾伦·图灵和其他科学家开发了用于破译德国密码的电子计算机，奠定了现代计算机科学的基础。图灵在 1950 年发表的论文《计算机器与智能》中提出了著名的图灵测试，用于判断机器是否具有人类智能，对机器人和人工智能领域的相关研究具有重要意义。

1959 年，乔治·德沃尔和约瑟夫·恩格尔伯格合作，发明了世界上第一台工业机器人"Unimate"（图 1-1）。德沃尔发明了一种可编程的机械臂，恩格尔伯格则看到了其在工业生产中的巨大潜力。他们共同成立了 Unimation 公司，专注于将这一技术商业化。1959 年，"Unimate #001"原型车被通用汽车公司用于其新泽西工厂的生产线，主要用于处理和焊接汽车零部件。"Unimate"的成功应用标志着工业机器人实际应用时代的到来。在这一时期，科学家还在积极探索其他形式的机器人。

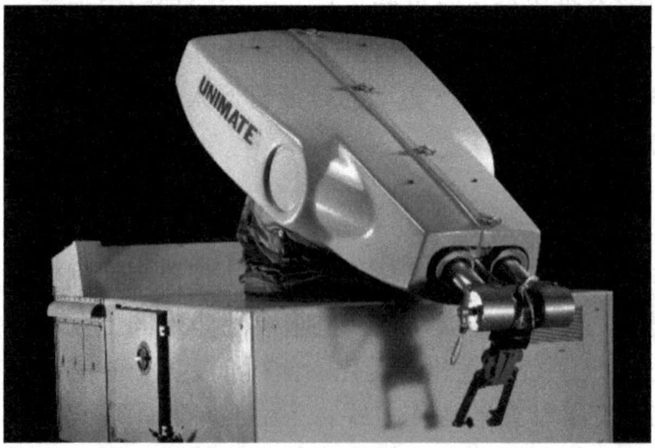

图 1-1 "Unimate"机器人

这些创新和应用为后来的机器人技术发展奠定了坚实的基础。工业机器人开始在制造业中发挥重要作用，提高了生产效率和产品质量。与此同时，机器人在核工业和太空探索中的应用展示了其在复杂和危险环境中的巨大潜力。这一时期的突破不仅推动了机器人技术的发展，还激发了更多科学家和工程师投身于这一新兴领域。

3. 20世纪60年代——机器人产业的开端

20世纪60年代是机器人技术迅速发展的时期，各种新型机器人开始涌现，并在多个领域中展现出潜力。1961年，“Unimate”正式开始量产，标志着世界上第一台商业化工业机器人的诞生。“Unimate”的成功应用激发了全球对工业机器人的浓厚兴趣，许多公司和研究机构开始投入资源开发新的机器人技术。1966年，斯坦福研究所的人工智能实验室开发出“Shakey”，这是一种能够感知其环境并做出决策的移动机器人。由于“Shakey”融合了感知、规划和执行的能力，它被誉为第一个智能机器人。“Shakey”的出现标志着人工智能与机器人技术的完美结合，为智能机器人的未来发展打下了坚实基础。

这一时期，日本也开始在机器人领域崭露头角。1968年，日本的川崎重工获得Unimation公司的授权，并于1969年生产出日本首台工业机器人。日本政府和企业迅速认识到机器人技术在提高生产效率和质量方面的巨大潜力，因此大力推动机器人技术的研发和应用。在随后的几十年里，日本的机器人产业蓬勃发展，成为全球机器人技术领域的佼佼者。20世纪60年代的太空探索也对机器人技术的发展产生了重要影响。1966年，美国国家航空航天局成功发射了“Surveyor 1号”探测器，这是第一个在月球表面软着陆并传回数据的探测器。“Surveyor”系列探测器的辉煌成就凸显了机器人在太空探索中不可或缺的地位，为后续的月球和火星探测任务积累了宝贵经验。同时，服务机器人在这一时期也开始崭露头角。

总结来说，20世纪60年代机器人技术开始从实验室走向实际应用，各种新型机器人开始在工业、太空探索和医疗服务中发挥重要作用。

4. 20世纪70年代——机器人应用领域的扩展

20世纪70年代机器人技术进一步发展，工业机器人开始在全球范围内得到广泛应用，同时新的技术和理念不断涌现。1973年，日本的川崎重工推出了第一台日本本土设计制造的工业机器人，并迅速占领市场。日本在这一时期投入了大量资源发展机器人技术，政府和企业共同努力，使得日本在机器人领域迅速崛起。1974年，瑞典的阿西亚公司推出了世界上第一台全电动微处理器控制的工业机器人“IRB 6”（图1-2）。这一创新极大地提高了机器人的灵活性和精度，使其能够胜任更复杂的工业任务。微处理器的引入标志着机器人控制技术的重大进步，是机器人走向编程化、智能化的重要基础。与此同时，美国的机器人研究也取得了重要进展。70年代中期，斯坦福大学的维克多·舍恩曼发明了“Stanford Arm”，这是一种具有高度灵活性的机械臂，广泛用于研究和工业应用。“Stanford Arm”的设计理念和技术在后来许多工业机器人中得到了应用和改进。

20世纪70年代，机器人技术首次应用于医疗领域。1971年，法国牙医德斯特首次将计算机辅助设计与制造技术引入牙科修复领域。尽管当时的技术还比较初步，但其展示了机器人技术应用于医疗领域的巨大潜力。20 世纪 70 年代，农业机器人也开始出现。农业自动化的需求推动了对农业机器人的研究，最早的一些农业机器人开始用于收割和灌溉。这些早期的农业机器人展示了机器人技术在提高农业生产效率方面的潜力。

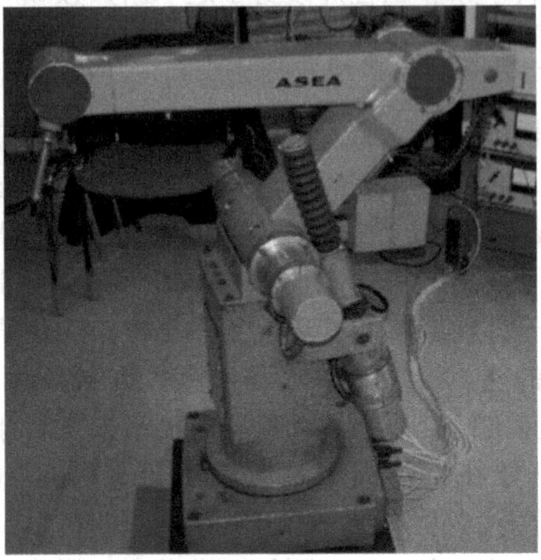

图 1-2　阿西亚公司的“IRB 6”工业机器人

在这一时期，中国的机器人技术也开始发展。1972 年，中国科学院沈阳自动化研究所率先开展机器人技术的研究，这是中国机器人技术的开端。1977 年，南开大学研制出我国第一台用于生物试验的微操作机器人，这是我国在机器人技术应用领域迈出的重要一步。

总体而言，20 世纪 70 年代是机器人技术走向大规模应用的重要阶段。工业机器人在制造业中得到了广泛应用，提高了生产效率和产品质量。除工业领域外，机器人也用于医疗、农业等领域。在这一时期，中国的机器人技术也开始出现和发展。

5. 20 世纪 80 年代——机器人产业多元化发展

20 世纪 80 年代是机器人技术快速发展和多元化扩展的关键时期。工业机器人在全球范围内广泛应用，特别是在汽车制造和电子装配领域，日本在该领域保持领先地位。本田公司于 1986 年启动了人形机器人项目，开发出“E 系列”机器人，尽管技术尚不成熟，但这是最早的人形机器人产品。

除了工业机器人，其他领域的机器人技术在 20 世纪 80 年代也取得了重大突破。1985 年，加拿大使用“PUMA 560”机器人完成了首次机器人辅助的外科手术，这一突破性进展大大增强了人们对于在医疗领域应用机器人技术的信心。娱乐和教育机器人同样在这一时期崭露头角，1980 年推出的家庭计算机“Commodore VIC-20”推动了编程教育的发展；随后出现的“Lego Mindstorms”为青少年学习编程和机器人技术提供了工具；1983 年推出的“Tomy Omnibot”成为家庭娱乐的重要形式，图 1-3 给出了“Tomy Omnibot”的实物照片。军事机器人在此期间也取得了进展，主要用于危险任务，如排雷和侦察，降低了士兵伤亡的风险。

图 1-3 “Tomy Omnibot”娱乐机器人的实物照片

中国在 20 世纪 80 年代也取得了显著的机器人技术突破。1985 年，中国成功下潜了首台自主研发的水下机器人“海人一号”，并于 1987 年制造了“瑞康四号”等水下机器人，展示了自主研发能力。1988 年，中国船舶总公司和国防科技大学分别研制了载人式水下机器人和两足步行机器人，拓宽了机器人技术的应用范围。

20 世纪 80 年代是机器人技术多元化发展的重要时期，机器人的应用场景扩展到工业、医疗、教育和军事等多个领域。

6. 20 世纪 90 年代——从工业应用扩展到消费市场

20 世纪 90 年代是机器人技术从工业应用扩展到消费市场的重要时期，各类新型机器人逐渐进入家庭和日常生活。1990 年，美国 iRobot 公司成立，标志着消费类机器人市场的兴起，随后其推出多款广受欢迎的机器人产品。1996 年，日本本田公司发布了“P2”人形机器人，这是世界首个类人形智能双足步行机器人，也是“ASIMO”项目的前身，展示了人形机器人技术的重大突破，激发了全球对人形机器人研发的兴趣。1999 年，索尼推出了首款成功商业化的家庭机器人“AIBO”机器狗(图 1-4)，该机器狗具备基本运动、互动及学习能力，标志着消费类机器人市场的成熟，展示了机器人在娱乐和陪伴方面的潜力。

图 1-4 索尼“AIBO”机器狗

在医疗领域，1993 年，“伊索”辅助手术机器人成为第一个被美国食品药品监督管理局批准应用于临床外科手术治疗的机器人，展示了机器人技术在精密手术中应用的潜力。在农业领域，机器人开始应用于自动化收割、播种和灌溉，推动了农业自动化发展，提升了生产效率。

中国的机器人技术也在这一时期取得了重要成果。1994 年，中国科学院沈阳自动化研究所研制的无缆水下机器人“探索者号”成功入水，标志着中国水下机器人技术的成熟。1995 年，上海交通大学研制出“精密一号”高性能精密装配智能型机器人，展示了中国在工业机器人领域的进步。1997 年，中国科学院沈阳自动化研究所牵头研制的“6000m 无缆自治水下机器人”被评为中国十大科技进展之一，并获得 1998 年国家科学技术进步奖一等奖。

总体而言，20 世纪 90 年代是机器人技术扩展到消费市场和医疗领域的重要时期。消费类机器人和医疗机器人的成功展示了其在日常生活和医疗中的巨大潜力。互联网技术的进步为机器人技术走向互联化、协作化奠定了基础，为推动机器人技术在各个领域的应用扩展提供了支持。

7. 21 世纪第一个十年——机器人技术迅速普及和商业化

21 世纪第一个十年机器人技术开始迅速普及。2000 年，本田公司发布了“ASIMO”机器人，这是一种能够行走、跑步和执行简单任务的人形机器人，展示了人形机器人在日常生活中的潜力。2002 年，iRobot 发布了家用清洁机器人“Roomba”，其在市场上的成功推动了消费类机器人市场的发展，iRobot 也因此成为该领域的领跑者。

医疗领域的“达芬奇”手术机器人在 2000 年后获得美国食品药品监督管理局批准后迅速获得广泛应用，显著提高了手术的精度和安全性，展示了医疗机器人的巨大潜力，图 1-5 给出了“达芬奇”手术机器人的实物照片。军事领域中，美国军方在伊拉克和阿富汗战争中广泛使用机器人，如“PackBot”排雷机器人和“Predator”无人机，展示了机器人在危险环境中的重要作用。

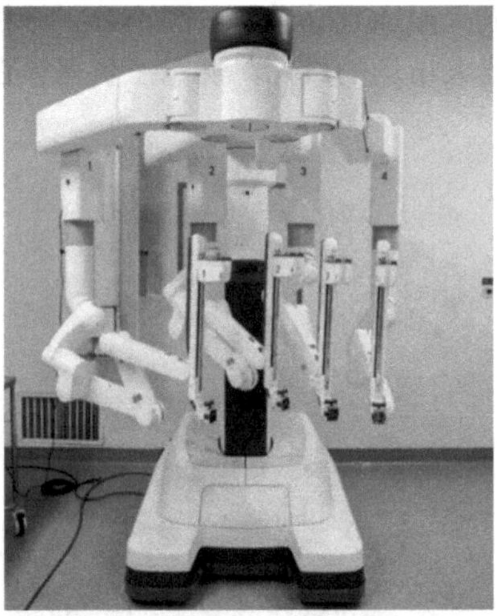

图 1-5　“达芬奇”手术机器人的实物照片

在这一时期计算机技术和人工智能也取得了突破性进展，2007年斯坦福大学开发了机器人操作系统(robot operating system，ROS)，为机器人软件提供了标准化和模块化的框架，推动了整个机器人领域的技术进展。计算能力提升和大数据应用让机器人能够更高效地执行复杂任务，人工智能算法的进步则进一步增强了机器人的自主决策能力。谷歌的自动驾驶汽车和波士顿动力公司的机器人展示了人工智能与机器人技术结合的巨大潜力。教育和娱乐机器人在这一时期同样取得进展。教育机器人如“Lego Mindstorms”和“VEX Robotics”广泛应用于学校和家庭，帮助学生学习编程和科技知识。娱乐机器人如WowWee的“Robosapien”也受到了市场欢迎，展示了机器人在教育和娱乐领域的应用前景。

中国在这一时期也在机器人领域取得了重要突破。中国科学院、清华大学等科研机构在工业、服务和特种机器人技术上取得多项突破。国内企业(如新松机器人)在工业和服务机器人领域崭露头角，产品广泛应用于汽车制造、物流、医疗等行业，并积极拓展国际市场。在消费类机器人领域，步步高公司通过创新与研发，成功推出了包括以“帕克”为代表的教育机器人，以及“小叮当”“小猫猫”等多款寓教于乐的消费类机器人产品，这些产品不仅丰富了市场选择，也代表着中国企业在消费类机器人市场占据一席之地。

总体而言，21世纪第一个十年是机器人技术加速普及和商业化的时期，消费类机器人、医疗机器人和军用机器人在全球范围内广泛应用。

8. 21世纪第二个十年——机器人智能化发展时代

21世纪第二个十年是机器人技术和人工智能快速融合与创新的时代，智能机器人在各领域展现出巨大潜力。2012年，亚马逊收购了“Kiva System”并开始大量部署“Kiva”机器人，极大提升了仓库管理效率，展示了机器人在物流中的应用潜力。2013年，波士顿动力公司展示了高度灵活的人形机器人“Atlas”，该机器人能够在复杂地形中行走和跳跃，标志着人形机器人技术的重大突破。2014年，SoftBank对外展示了情感识别社交机器人“Pepper”，其在零售、医疗等领域的成功展示了社交机器人的广阔前景。

医疗领域也取得了重要进展，2018年，微创手术机器人“Mako”进入中国并于2020年在中国获批使用，进一步推动了医疗机器人技术的发展。同年，谷歌DeepMind开发的AI程序“AlphaGo”击败了围棋冠军李世石，展示了人工智能在复杂决策中的潜力，推动了AI与机器人技术的深度融合。2015年，波士顿动力公司推出了四足机器人“Spot”，其广泛应用于物流、安保和救援等领域。

在工业4.0背景下，德国将机器人技术广泛应用于智能制造和自动化生产，显著提升了生产效率。农业领域的智能机器人结合传感器技术与人工智能，实现了精准农业，提高了农业生产效率。

中国机器人技术在这一时期迎来快速增长。在国家政策支持下，多个机器人产业园区和创新平台相继建立，推动了智能机器人技术的发展。国内企业如埃斯顿、科沃斯等在工业和服务机器人领域取得突破，扫地机器人、教育陪伴机器人等产品广受欢迎。此外，哈尔滨工业大学在空间机器人、水下机器人、智能康复机器人、柔性机械手、工业机器人和服务机器人等领域取得了诸多国际领先的技术成果，推动了机器人技术在工业、医疗和服务等多个领域的广泛应用。与此同时，中国在无人机技术方面也取得世界领先地位，大疆在消费级和专用无人机市场表现突出。

总体而言，21 世纪 10 年代是机器人技术与人工智能迅速融合的时代，智能机器人在多个领域得到广泛应用。人工智能和计算机技术的进步为机器人技术走向智能化提供了有力支持，为智能机器人的创新提供了动力。

9. 21 世纪 20 年代——机器人走向全面应用

21 世纪 20 年代是机器人技术在各个领域全面渗透和应用的关键时期，特别是在医疗、物流、服务和太空探索等领域取得了显著进展。波士顿动力公司的“Spot”机器人在建筑、安保、救援等复杂环境中的成功应用，展示了其在危险任务中的巨大潜力。新型冠状病毒感染疫情期间，机器人技术在全球广泛应用于消毒、送药、测温等任务，无人配送车也保障了无接触物资配送，凸显了机器人在公共卫生中的重要作用。

在物流领域，21 世纪 20 年代各大公司如亚马逊、阿里巴巴进一步推进物流机器人技术，显著提升了仓储管理和配送效率。同时，无人驾驶和无人机技术也取得突破，各种自动驾驶配送车和无人机投入实际应用。此外，人形机器人技术也取得进展，特斯拉宣布研发的“Optimus”展示了人形机器人在日常生活和工业中的潜力。太空探索方面，2021 年美国“毅力号”探测器携“机智号”无人机成功着陆火星，展示了机器人在太空探索中的重要作用。中国的“嫦娥”系列和“天问一号”任务中，也有机器人技术的身影，它们搭载的“玉兔二号”月球车和“祝融号”火星车分别在对于月背和火星的探索任务中发挥了关键作用。农业领域，自动化农机和智能管理系统的应用进一步提高了生产效率，推动了智慧农业的发展。中国在农业机器人和智能灌溉系统方面的进展为未来农业发展提供了有力的支持。

预期来看，21 世纪 20 年代将成为机器人技术全面应用的时代，医疗、物流、服务、太空和农业领域的机器人技术持续突破，人工智能和计算机技术为机器人技术发展的持续赋能将极大地改变人类的生活方式，为人类迈向更先进的生产方式和更高的发展水平提供巨大的帮助。

机器人的定义、构成和应用

1.2 机器人的定义、构成和应用

1.2.1 机器人的定义

1886 年，法国作家利尔·亚当在他的小说《未来的夏娃》中将外表上像人的机器起名为“Android”(不是手机操作系统的 Android)，机器由 4 部分组成。

(1) 生命系统：具有平衡、步行、发声、身体摆动、感觉、表情、调节运动等功能。

(2) 造型介质：关节能自由运动的金属覆盖体，一种盔甲。

(3) 人造肌肉：在上述盔甲上有肌肉、静脉、性别特征等人体的基本形态。

(4) 人造皮肤：含有肤色、肌理、轮廓、头发、视觉、牙齿、手爪等。

1967 年召开的日本第一届机器人学术会议上，人们对机器人提出了两种有代表性的定义。一种是机器人学家森政弘与合田周平提出的，机器人是一种具有移动性、个体性、智能性、通用性、半机械半人性、自动性、奴隶性 7 个特征的柔性机器。从这一定义出发，森政弘又提出了用自动性、智能性、个体性、半机械半人性、作业性、通用性、信息性、柔性、有限性、移动性这10个特性来表示机器人的形象。另一种定义是早稻田大学的加藤一郎教授提出的，具有如下3个条件的机器可以称为机器人。

(1)具有脑、手、脚等三要素的个体。

(2)具有非接触式传感器(用眼、耳接收远方信息)和接触式传感器。

(3)具有平衡觉和固有觉的传感器。

该定义强调了机器人应当具有仿人的特点，即它靠手进行作业、靠脚实现移动、由脑来完成统一指挥的任务。非接触式传感器和接触式传感器相当于人的五官，使机器人能够识别外界环境，具有平衡觉和固有觉的传感器则是机器人感知本身状态所不可缺少的设备。

实际上，现在对于机器人还没有统一的定义，许多国家和国际组织也都对于机器人给出了自己的定义。

(1)美国机器人工业协会：机器人是一种用于移动各种材料、零件、工具或专用装置，通过可编程动作来执行各种任务，并具有编程能力的多功能机械手。

(2)美国国家标准与技术研究所：机器人是一种能够进行编程并在自动控制下执行某些操作和移动作业任务的机械装置。这也是一种比较广义的工业机器人定义。

(3)国际标准化组织ISO：机器人是一种自动的、位置可控的、具有编程能力的多功能机械手，这种机械手具有几个轴，能够借助于可编程序操作来处理各种材料、零件、工具和专用装置以执行各种任务。显然，这一定义与美国机器人工业协会的定义相似。

(4)我国发布的国家标准GB/T 39405—2020：机器人是具有两个或两个以上可编程的轴，以及一定程度的自主能力，可在其环境内运动以执行预定任务的执行机构。

虽然各个国家或国际组织从不同的角度对机器人进行了定义，但都共同认为机器人应该是具有可编程性、多功能性的机械或机械电子装置，具备进行动作和执行任务的能力。不过机器人的定义也不是一成不变的，随着机器人技术的不断进步和新应用场景的不断涌现，机器人的定义也会发生变化，以适应机器人工业的持续发展。

1.2.2 机器人的构成与分类

一般的机器人系统由多个互相作用的子系统组成。各子系统之间的信息流动关系如图1-6所示。

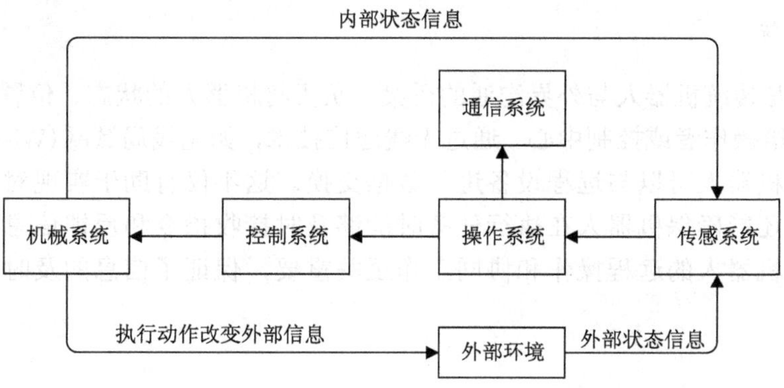

图1-6 机器人系统各子系统之间的信息流动关系图

1. 机械系统

机械系统是机器人系统的基础，一般负责动力的传输，主要包括：①实现动力输出的电机等驱动装置；②进行动力速度放缩的变速器；③传递动力的链条、齿轮等传动机构；④改变动力作用方向的关节结构；⑤用于动力输出的执行机构，如用于抓取的末端执行器或端拾器以及用于推进机器人运动的腿、脚、轮等移动机构。机械系统的常见形式为机械手，机械手是具有传动执行装置的机械，它由臂、关节和末端执行装置(工具等)构成，组合为一种互相连接和互相依赖的运动机构。这类装置不仅能够执行简单的抓取和搬运任务，还可以通过集成视觉、力觉等多种传感器实现复杂的装配、焊接和检测操作。

2. 传感系统

传感系统是机器人的“眼睛”和“耳朵”，负责收集环境信息。传感系统能够获取机器人周围一定范围内的环境信息。这些环境信息可分为机器人内部信息和机器人外部信息。相应地，传感器也可分为内部传感器和外部传感器。内部传感器用于感知机器人的内部信息或机器人本身的状态信息，常见类型包括陀螺仪(gyroscope)、温度传感器、加速度计(accelerometer)等；外部传感器用于感知机器人的外部信息或环境信息，主要包括摄像头、麦克风、温度传感器等。传感系统与控制系统紧密配合是实现机器人决策与行为控制的基础。传感信息不仅用于即时操作，还可用于机器人自主学习和优化其行为模式。随着传感技术的不断进步，未来的机器人将能够获取更精确、更广泛的环境信息，从而具备更高的智能水平，在动态、复杂的环境中执行任务时也能更高效、准确。

3. 操作系统

操作系统是机器人的“大脑”，负责分配和调度机器人的各种资源，包括处理器时间、内存空间和外设接口等，它提供了任务调度、内存管理、设备驱动等核心功能，确保机器人能够高效、稳定地运行。同时，它还为应用程序提供稳定的运行环境，支持多任务处理和实时响应。操作系统的设计需要考虑机器人的特定需求，如实时性、稳定性和可扩展性等。操作系统的性能和稳定性直接影响机器人的整体表现，高效且可靠的操作系统能够确保机器人在执行任务时保持最佳性能，提高整体工作效率。

4. 通信系统

通信系统是传统机器人与外界沟通的桥梁，负责将机器人的状态、位置和工作情况等信息实时传输给操作者或控制中心。通过无线通信技术，如无线局域网(Wi-Fi)、蓝牙或移动通信网络，机器人可以与远程设备进行数据交换。这不仅有助于实现对机器人的实时监控和控制，还能确保机器人在执行任务时能够及时接收指令和反馈信息。稳定可靠的通信系统对于机器人的远程操作和协同工作至关重要，保证了信息的及时传递和指令的准确执行。

5. 控制系统

控制系统是机器人的决策和执行中心。它根据传感系统提供的数据和预设的程序，对机器人的行为进行精确的控制和调整，控制机器人的自由度、精度、工作范围、速度和承载能力。控制过程中的触发条件、决策准则是人为事先编写好的执行代码或学习算法，机器人将传感等系统采集到的信息传输给控制系统，控制系统根据接收到的内、外部信息决定下一步的行动，从而将行动指令传递给各个执行机构。控制系统中的程序，既可以是预设的、简单的固定程序，也可以是基于可编程的小型计算机、微型计算机或微处理机执行的复杂程序甚至是智能程序。

随着机器人技术的快速发展以及机器人应用场景的扩展，机器人的种类日益繁多、形态各异，因此也存在多种机器人的分类方法，如表1-1所示。下面介绍几种常见的机器人分类方法。

表1-1 常见机器人分类方法

分类依据	机器人类型
按几何结构	柱面坐标机器人
	球面坐标机器人
	关节式球面坐标机器人
按控制方式	非伺服机器人
	伺服控制机器人
按控制器的信息输入方式	手动操作手
	定序机器人
	变序机器人
	复演式机器人
	程控机器人
	智能机器人
按智能程度	一般机器人
	智能机器人
按用途	工业机器人
	探索机器人
	服务机器人(含娱乐机器人)
	军用机器人
按移动性	固定型机器人
	半移动型机器人
	移动型机器人

国际机器人联盟(International Federation of Robotics，IFR)根据应用环境，将机器人分为工业机器人和服务机器人两大类。

自2021年6月1日起，我国实施了国家标准《机器人分类》(GB/T 39405—2020)，该标准根据应用领域将机器人分为以下几类，如图1-7所示。

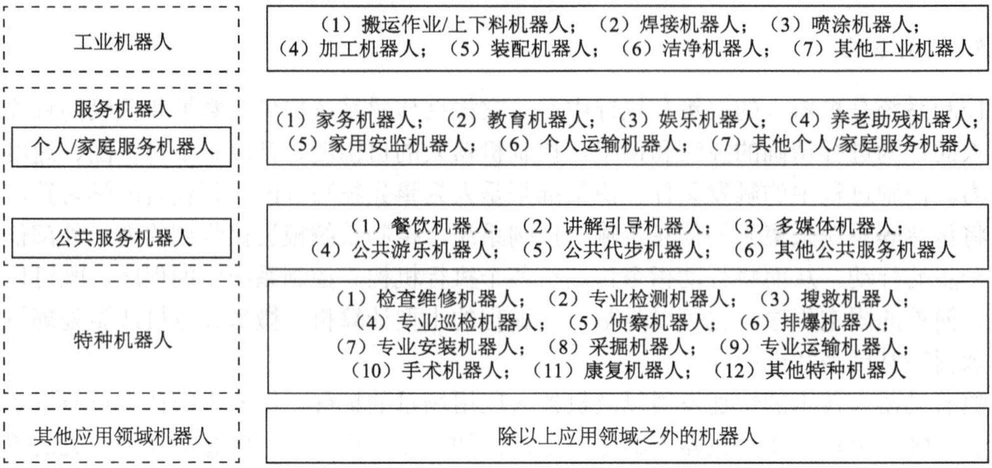

图 1-7　机器人分类

工业机器人：自动控制的、可重复编程、多用途的操作机，可对三个或者三个以上轴进行编程，它可以是固定式或移动式的，在工业自动化中使用。按其使用用途可分为搬运作业/上下料机器人、焊接机器人、喷涂机器人、加工机器人、装配机器人、洁净机器人、其他工业机器人。

服务机器人：分为个人/家庭服务机器人和公共服务机器人。个人/家庭服务机器人是在家居环境或类似环境下使用，以满足使用者生活需求为目的的服务机器人，按其使用用途可分为家务机器人、教育机器人、娱乐机器人、养老助残机器人、家用安监机器人、个人运输机器人、其他个人/家庭服务机器人。公共服务机器人应用于住宿、餐饮、金融等公共场所，如商场、医院、学校等，为人类提供一般服务，如导览、咨询、安保等服务，按其使用用途可分为餐饮机器人、讲解引导机器人、多媒体机器人、公共游乐机器人、公共代步机器人、其他公共服务机器人。

特种机器人：应用于专业领域，一般由经过专门培训的人员操作或使用，辅助或替代人类执行任务。这类机器人可以在极端环境下(如高温、高压、辐射等)替代人类完成任务，保障人员安全和提高工作效率。按照其使用用途可分为检查维修机器人、专业检测机器人、搜救机器人、专业巡检机器人、侦察机器人、排爆机器人、专业安装机器人、采掘机器人、专业运输机器人、手术机器人、康复机器人、其他特种机器人。

其他应用领域机器人：除以上应用领域之外的机器人。

1.2.3　机器人的应用场景

作为一种能够感知环境、处理信息、执行动作的自动化设备，机器人可以协助或取代人类完成各种工作，因此机器人已经在工农业生产、海空探索、医疗健康、教育、娱乐和军事等领域获得广泛应用。下面列举机器人的一些典型应用。

1. 工业机器人

工业机器人用于工业生产中的材料加工、零件制造、产品检验和装配等各种任务，提高生产效率和质量，降低成本和风险。目前，汽车制造业、电子电气行业、通用机械和工程机械工业、建筑业、金属加工、铸造以及橡胶塑料工业等都广泛使用了工业机器人。相比于传统机器，工业机器人具有两大优势。

(1)自动化生产和质量控制：工业机器人几乎可以实现生产过程的完全自动化，这不仅提升了成品的质量，还加强了生产过程中的质量控制能力。工业机器人能够灵活应对不断变化的用户需求，帮助企业在市场竞争中保持优势。

(2)灵活的生产配置：工业机器人具备高度的适应能力，能够使生产线快速从一种产品转换到另一种产品。当生产设备发生故障时，工业机器人还能通过故障自适应功能维持生产的持续进行。

这些自适应的生产设备通常称为“柔性制造(加工)系统”。一个典型的柔性生产单元通常由少量机器人和配套的自动化设备组成。举例来说，一台与自动车床配合工作的机器人与车床共同构成一个柔性生产单元。多个柔性生产单元协同工作，形成一个灵活的生产车间，能够有效提升生产效率和应变能力。

在众多制造业领域中，应用工业机器人最广泛的领域是汽车及汽车零部件制造业。图1-8展示了河北长城精工已经着手研发的5G-Advanced(5G-A)uRLLC汽车柔性生产线，其基于先进的5G-A技术实现汽车制造机器人的组网。经过中国联通、华为、精工自动化、勃傲自动化四方通力合作，已经完成了5G-A uRLLC毫秒级稳定时延用于可编程逻辑控制器到输入/输出现场实时工业控制业务的技术可行性验证。四方已联合完成5G-A uRLLC网络4ms级时延下99.999%的技术可靠性验证，通过现场试制产线实际运行，5G-A uRLLC网络可保证产线稳定运行，这说明uRLLC技术可以匹配工业控制领域中控制器到输入/输出设备的通信与控制的业务场景。下一阶段将完成5G+工业协议跨层协同，以及内置5G-A uRLLC模组的5G化操作技术设备的生态孵化，提升工控装备的科技自主能力并促进产业创新。

图1-8 河北长城精工5G-A uRLLC汽车柔性生产线

随着科学技术的不断进步，工业机器人的应用范围持续扩大。目前，工业机器人不仅在传统制造行业，如机械制造、采矿、冶金、石油、化工、船舶等领域发挥着重要作用，还逐渐进入建筑、能源、航空、航天、医药和生化等高科技领域。2023年初，由工业和信息化部、教育部、公安部等多个部门联合发布的《“机器人+”应用行动实施方案》明确了机器人在建筑和能源领域的未来发展方向。在建筑领域，方案提出研发适用于测量、材料配送、钢筋加工、混凝土浇筑、楼面墙面装饰、构部件安装和焊接、机电安装等的机器人产品，提升机器人对高原高寒、恶劣天气、特殊地质等特殊自然条件下的适应性，推动其在基础设施建设与维护中的应用，特别是在长距离穿山隧道、超大跨径桥梁、深水航道等复杂工程中的运用，助力智能建筑与新型建筑工业化协同发展。在能源领域，方案强调研发用于能源基础设施建设、巡检、操作、维护、应急处置等的机器人产品，推动技术突破，使机器人能够在高空、狭窄空间、强电磁场等复杂环境中高效工作。这将加速机器人在风电、光伏、水电、核电站及油气管网等关键能源设施中的应用，推进机器人与能源领域深度融合，助力构建现代能源体系。

2. 服务机器人

服务机器人作为机器人技术的重要分支，近年来发展迅速并获得广泛应用。服务机器人主要应用于非工业制造领域，旨在为人类提供各类服务，既包括家务、教育、娱乐等个人或家庭服务，也包括零售、公共卫生、物流配送等公共服务。随着5G、人工智能、物联网等前沿技术的融合应用，服务机器人正变得越来越智能化和多功能化。它们不仅能够通过传感系统精准感知周围环境，还具备路径规划、人脸识别、语音交互等智能功能，能够更灵活地适应不同的应用场景。同时，服务机器人的成本逐渐下降，使得其应用范围进一步扩大，从家庭到商业再到公共服务领域，服务机器人正在改变传统服务模式，提供更加个性化和高效的服务体验。

家用机器人是现实生活中能够见到的最接近人类的机器人之一。家用机器人能够清扫地板而不碰坏家具，已开始进入家庭和办公室，代替人从事清扫、洗刷、守卫、煮饭、照料小孩、接待、接电话、打印文件等工作。酒店售货机器人、餐厅服务机器人、炊事机器人和家政机器人已不再是一种幻想。图1-9展示了目前比较先进的家用机器人“Optimus-Gen 2”，这是特斯拉推出的一款全新升级人形机器人，它凭借特斯拉自主设计和制造的高性能执行器和传感器，展现出卓越的平衡感、行走速度和双手操作能力。在国内，也有家用人形机器人产品推出并商用，“WalkerX”是优必选科技推出的新一代大型仿人服务机器人，具备灵活的四肢和全方位的感知系统，能实现快速稳定行走，并具有路径规划、人脸识别等智能化功能，适用于家庭服务场景，提供便捷服务。这款机器人不仅能在家庭、工业、医疗等多个领域提供广泛的帮助，还具备强大的自主学习和智能交互能力。随着家用机器人质量的提高和造价的大幅降低，其必将获得日益广泛的应用。

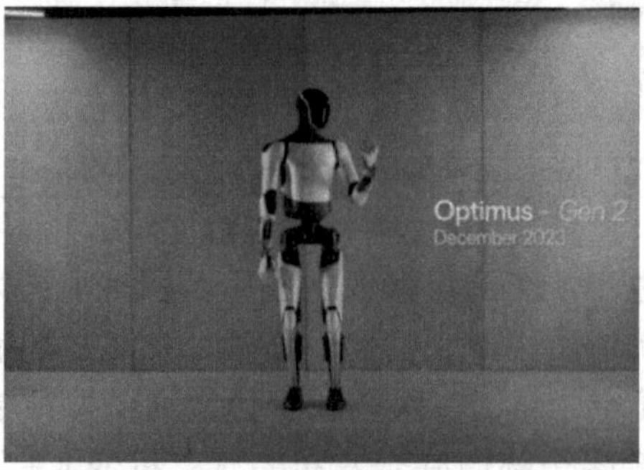

图1-9　特斯拉发布的家用机器人“Optimus-Gen 2”

教育机器人是指在教育领域使用的机器人，它们可以辅助或代替教师进行教学、辅导、评估等各种任务，提高教育质量和效果，激发学习兴趣和创造力。例如，语言学习机器人、编程学习机器人、科学探索机器人等都属于教育机器人。未来，随着5G、人工智能、智能语音、机器视觉、大数据、数字孪生等技术与机器人技术的融合应用，将会产生机器人校园服务新模式和新形态。

服务机器人还有送信机器人、导游机器人、加油机器人、建筑机器人、农业及林业机器人等。其中，爬壁机器人既可用于清洁，又可用于建造；娱乐机器人包括文娱歌舞机器人和体育机器人，它们可以提供各种娱乐服务和体验，增加乐趣和互动性，满足不同年龄和喜好的用户需求。

根据《2024—2029年中国服务机器人产业投资规划及前景预测报告》的数据，世界上至少有48个国家在发展机器人，其中25个涉足服务机器人开发。在服务机器人领域，发展处于前列的国家主要是日本、韩国、美国、德国和中国。服务机器人的应用场景和服务模式正不断拓展。2021年，全球服务机器人市场规模为172亿美元，同年，我国服务机器人市场规模为49亿美元，同比增长33.4%。从产量看，2022年1～12月，全国规模以上工业企业的服务机器人累计完成产量为645.8万套。2023年4月，全国服务机器人产量为706001套，同比增长47.6%。

3. 特种机器人

特种机器人指应用于特殊领域的机器人，一般由经过专门培训的人员操作或使用，辅助/替代人类执行任务。特种机器人有着广泛的应用领域，如医疗、搜救、检修、探索和军事用途等。下面介绍几类重要的特种机器人。

医疗机器人是特种机器人中的一大类，广泛应用于医疗服务中。它们能够提供从咨询服务、手术、辅助检查到重症护理、急救、生命支持、康复、检验采样、消毒清洁、诊断、治疗、护理等多种服务，显著提高了医疗质量和效率，同时也改善了患者的体验和健康状况。特别是在康复治疗方面，针对神经系统损伤、脑认知功能障碍、瘫痪等问题，辅助机器人极大地改善了瘫痪者(包括下肢和四肢瘫痪者)和截肢者的生活质量。例如，利用“图迈”四臂腔镜手术机器人(图1-10)可以实现跨越千里的微创手术。2022年6月11日，“图迈”四臂腔镜手术机器人使用中国电信定制的5G专网完成了一次机器人辅助手术。这次手术是由新疆克孜勒苏柯尔克孜自治州人民医院和江苏省人民医院联合完成的，两地距离超过5000km，是我国首例5G超远程机器人辅助的下腹腔镜手术。这展现了我国在5G超远程手术领域的突破和领先，也标志着我国外科手术由机器人辅助向5G远程微创手术的革命性突破。

探索机器人是另一类重要的特种机器人，融合了机械、电子计算机、传感器、自动控制、人工智能等先进技术。它们可以在恶劣或不适于人类工作的环境中，如水下或太空环境中，执行存在不确定性的任务，广泛应用于水下工程、打捞救生、海洋工程、海洋科学考察和航天等领域。

水下机器人是探索机器人的一个重要分支，随着世界各国对海洋开发的愈加重视，水下机器人的研究和开发日益受到关注。从最初的海洋科学研究和海底资源开发，到如今能够在深海、冰冷的海底以及各种极端环境中执行任务，水下机器人技术取得了显著进展。

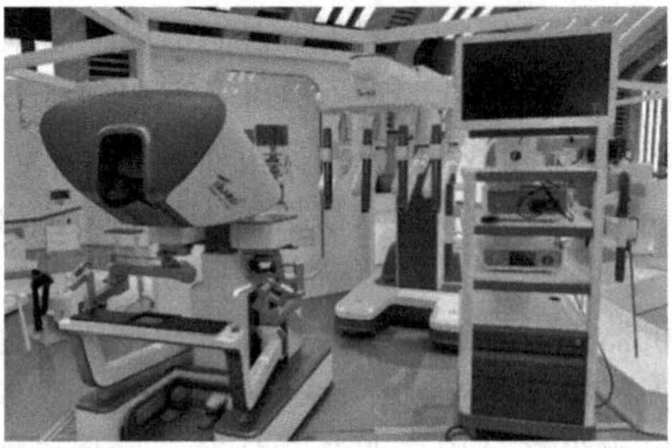

图 1-10　“图迈”四臂腔镜手术机器人

近年来，针对深海环境中的高压和低温等极端条件，研究人员不断创新，使得水下机器人的体积减小、可操作性增强，并配备了高效的燃料电池和先进电池系统，以及各种传感器、高分辨率相机和机械臂等设备，大幅提升了其导航和自主控制能力。2020 年 10 月，“奋斗者”号潜水器已成功下潜到 10058m 的深度，标志着中国水下潜航器的发展进入了新的阶段。2011 年 7 月，中国研制的深海载人潜水器“蛟龙”号成功潜至海面以下 5188m，这标志着中国已经进入载人深潜技术的全球先进国家之列。2012 年 6 月，“蛟龙”号成功下潜至 7062m，使得我国成为世界上第二个下潜深度超过 7000m 的国家。

空间机器人是探索机器人的另一个重要应用领域。空间机器人用途广泛，包括航天器的巡视、检测、维护和更换，卫星发射的协助，太空探索任务的执行以及高风险任务的替代等。空间机器人最常见的是自由飞行空间机器人，明显的特点是具有自主飞行的能力，一般由作为机器人本体的卫星和搭载其上的机械臂组成，可以用来对卫星进行在轨服务，如进行在轨的维修、装配等，典型的如日本宇宙航空研究开发机构研发的 ETS-Ⅶ、美国国防部高级研究计划局的 Orbital Express、德国在轨服务任务 DEOS，以及德国、加拿大、俄罗斯航天局合作研发的 TECSAS 等。图 1-11 给出了这些空间机器人的示意图。随着我国航天技术的迅速发展，我国也研发出了空间机器人。我国的空间站搭载有两个机械臂，分别为“天和”核心舱的大机械臂和“问天”实验舱的小机械臂，这两个机械臂可以合作完成航天员出舱活动支持、舱段转位、舱外载荷的安装更换、舱外货物搬运、舱外状态检查、舱外大型设备维护等任务。

(a) ETS-Ⅶ示意图　　(b) Orbital Express 示意图

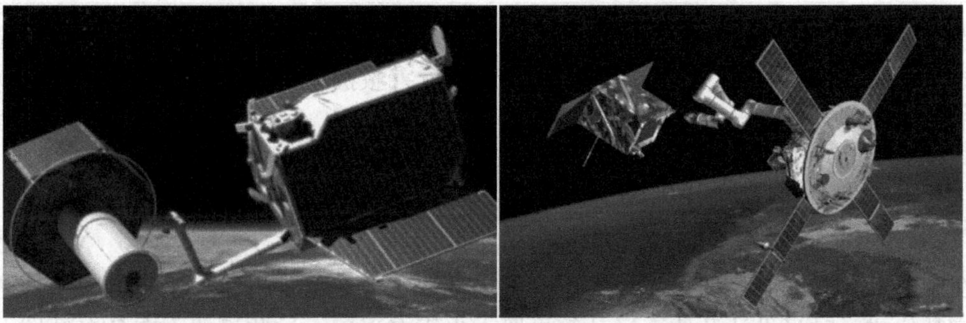

(c) DEOS 示意图　(d) TECSAS 示意图

图 1-11　典型自由飞行空间机器人示意图

我国研发的月球车“玉兔号”属于另一种重要的空间机器人——星球探测机器人。首先，“玉兔号”月球车作为“嫦娥三号”探测器的一部分，成功实现了我国首次月球软着陆，并完成了围绕“嫦娥三号”的旋转拍照，标志着探月工程的重大进展。随后，“嫦娥四号”成功着陆月球背面，这是全球首次在月球背面实现软着陆，“玉兔二号”月球车也成功展开巡视任务，完成了重要的月球探测工作，如图 1-12 所示。在后续的探月任务中，“嫦娥六号”成功采集到 1935.3g 月球背面样品，并顺利完成样品的返回，进一步巩固了我国在月球探测领域的领先地位。此外，火星探测器“天问一号”成功着陆火星，标志着中国首次火星探测任务的圆满成功，我国成为全球首次探索火星即完成软着陆的国家。这些成果标志着我国在星球探测机器人领域迈出了重要步伐，为未来的深空探测奠定了坚实基础。

(a)“嫦娥四号”着陆器　(b)“玉兔二号”月球车

图 1-12　我国的探月机器人

军用机器人是特种机器人的另一个重要分支，它们可以执行侦察、监视、打击、排雷等各种任务，增强作战能力和安全性，减少伤亡和损失。按工作环境分，军用机器人可以分为地面、水下(海洋)和空间军用机器人。其中，地面军用机器人的开发最为成熟，应用也较为普遍。海洋军用机器人在海军中的应用也取得了显著成功，包括执行搜索、定位、救援、回收以及扫雷等任务。空间军用机器人则包括无人机和其他空间机器人，它们都可以用于军事目的，为前线指挥员提供小范围内的具体敌情，填补军用卫星和侦察机无法到达的盲区。

2022 年 5 月，国务院办公厅印发《“十四五”国民健康规划》，提出要推进智能服务机器人发展，实施康复辅助器具、智慧老龄化技术推广应用工程。2022 年 6 月，应急管理部印发《"十四五"应急救援力量建设规划》，提出开展高智能救援机器人、水下抢险机器人等技术与装备研究开发，建设完善地震和地质灾害救援队伍。5G、人工智能、物联网等技术的快速发展，进一步推动了服务机器人行业技术升级、成本下降，助力服务机器人行业应用领域不断扩大。

4. 其他领域机器人

在智能机器人的广泛应用领域中，除了工业、服务和特种机器人，新的类型如艺术创作、宗教仪式、时尚设计及体育运动等机器人也正在兴起。这些机器人在各自领域中的作用日益显现，推动了技术与创新的边界不断扩展。艺术创作机器人通过算法和机器学习(machine learning)技术，在绘画、音乐和雕塑等艺术形式中进行创作。它们能够模仿经典艺术风格或创造全新的艺术表达，这使得在艺术画廊展出的机器人作品经常让观众难以将其与人类艺术家的作品区分开。这种技术不仅颠覆了传统的艺术和创造性认知，也为艺术教育和理论研究提供了全新的视角。时尚设计领域的机器人正在重新定义服装和产品的设计流程。这些机器人辅助设计师完成从概念到成品的每一个步骤，提高自动化程度，优化生产流程，提高效率并减少材料浪费。体育运动机器人在训练和比赛中发挥着越来越大的作用，如足球和高尔夫教练机器人，它们提供精确的数据反馈，帮助运动员优化技能。这些机器人还能在执行高风险运动训练时保障运动员安全，如模拟赛车或滑雪的极端条件，避免真人直接面对危险。这些领域的机器人展示了技术创新并深化了机器人技术与社会、文化和人类行为之间的互动，预示着一个智能化程度更高的未来。

1.3　智能机器人的要素及其技术框架

人工智能同机器人的结合产生了智能机器人，使知识表示、问题求解、搜索规划、机器学习、环境感知和智能系统等基本理论在机器人领域中得到了深入应用与发展。简而言之，由机器来模仿人类的智能行为，就是人工智能，或称为"机器智能"；而应用各种人工智能技术的新型机器人，就是智能机器人。智能机器人是一种智能机器，可基于编程程序根据传感器的输入信息做出决策与采取行动。图 1-13 总结了智能机器人的四大系统要素：深度感知、智能决策、泛化交互和灵巧执行。

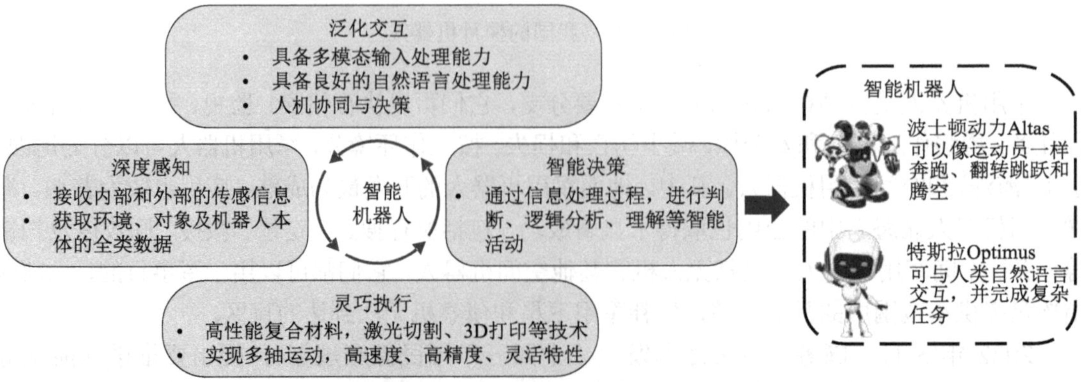

图 1-13　智能机器人的四大系统要素

工业机器人数量的快速增长和工业生产力的发展，对机器人的工作能力也提出更高的要求，特别是需要各种具有不同程度智能的机器人。这些智能机器人，有的能够模拟人类用两条腿走路，可在凹凸不平的地面上行走移动；有的具有视觉和触觉功能，能够进行独立操作、自动装配和产品检验；有的具有自主控制和决策能力。这些智能机器人不仅能应用各种传感器，还能运用人工智能中的各种学习、推理和决策技术。此外，智能机器人还能应用许多最新的智能化技术，如现场感知技术、虚拟现实技术、多智能体技术、人工神经网络技术、仿生技术、多传感器集成和融合技术及纳米技术等。拟人化、智能化、自动化、集群化已经成为未来机器人产业的主要发展趋势。图1-14概括了智能机器人技术框架系统，涵盖了智能机器人信息系统和智能机器人组网方法等内容。

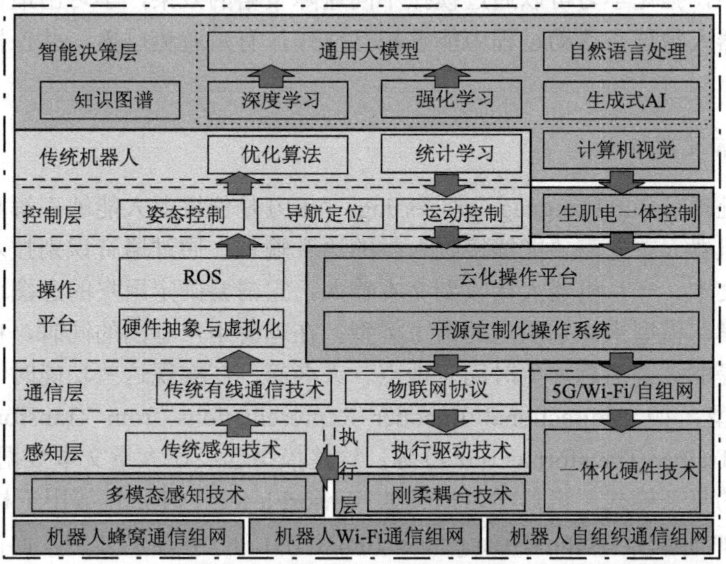

图1-14 智能机器人技术框架系统

工业机器人数量的快速增长与工业生产力的不断进步，对机器人技术革新的需求日益迫切，特别是在提升机器人的智能水平上。在这一背景下，各类智能机器人应运而生，它们不仅具备高级的运动控制、感知交互能力，还逐步融入了更多复杂的智能决策元素。为了进一步推动机器人技术的飞跃，特别是在实现机器人集群系统的高效协同与智能化运作上，人工智能技术的融入显得尤为重要。这些技术不仅提高了机器人的自主性和协同作业能力，还增强了其适应性和智能决策能力。以下列出了机器人领域中几种关键的现代人工智能技术及其应用。

1. *深度学习技术*

深度学习依赖于人工神经网络，特别是深层网络结构，从大量数据中学习并提取复杂的特征。常见的神经网络类型包括卷积神经网络(CNN)、循环神经网络(RNN)、自编码器和生成对抗网络。卷积神经网络适用于图像处理，通过卷积层自动提取图像特征；循环神经网络适用于处理序列数据，如路径规划和动态环境中的决策过程；自编码器和生成对抗网络用于生成新的数据实例和学习有效的数据表示。深度学习可以帮助集群机器人实现协同决策，通过深度学习模型的训练，机器人可以从大量的历史数据中学习到最佳的决策，从而在面对复杂任务时能够做出智能的协同行为。例如，在应对突发事件时，机器人可以通过深度学习模型的帮助，快速做出决策并实现协同行动，提高应对能力和效率。

2. 强化学习技术

强化学习是一种自主学习算法，适合解决需要决策和长期规划的问题。其主要组成部分包括智能体(agent)、环境(environment)和动作(action)。智能体是执行动作的主体；环境是智能体所处并与之互动的空间；动作是智能体对环境采取的行为。例如，在密集或动态变化的环境中，强化学习可以通过模拟不同避障策略的效果，学习出最优的协同避障策略。这样，机器人集群在移动过程中能够相互协作，有效避免碰撞，并保持整体运动的流畅性。

3. 自然语言处理技术

自然语言处理(natural language processing，NLP)是使机器人能够理解和生成人类语言的关键技术。机器人首先需要能够接收人类的语音输入。通过语音识别技术，机器人可以将语音转换成文本。一旦机器人接收到文本输入，它需要确定用户的意图，这通常涉及模式匹配或机器学习模型来识别用户的请求类型。在理解用户意图的同时，机器人还需要从用户的输入中提取关键信息，如时间、地点、人名等。在实现这些功能时，机器人会使用预训练语言模型，如 Bidirectional Encoder Representations from Transformers(BERT)、Generative Pre-Trained Transformer(GPT)等，这些模型已经在大量文本数据上进行了训练，可以捕捉语言的复杂模式。机器学习框架如 TensorFlow、PyTorch 等用于构建和训练 NLP 模型。NLP 库如 Spacy、Natural Language Toolkit(NLTK)等提供分词、词性标注、句法分析等工具。许多云服务提供商提供了 Application Programming Interface(API)，可以直接集成到机器人中，如 Google Cloud Natural Language、Amazon Comprehend 及阿里云智能语音处理等。例如，在智能家居中，Amazon Alexa、Google Home 和小爱同学使用这些技术让用户通过语音控制灯光、温度和家电，同时提供天气预报和播放音乐等服务；在医疗领域，护理机器人可以通过语音与患者交流，记录患者的健康状况并提供药物提醒；在教育领域，智能教育机器人通过语音识别和语义理解与学生互动，回答问题并提供个性化辅导。

4. 计算机视觉技术

计算机视觉(computer vision)技术使机器人能够捕捉、分析和理解视觉信息。这一技术结合了图像处理、模式识别和深度学习等多个领域的成果。机器人通过摄像头等视觉传感器捕捉环境图像，然后利用算法进行目标检测、跟踪、识别和场景理解。通过 Scale-Invariant Feature Transform(SIFT)、Speeded-Up Robust Features(SURF)等算法提取图像中的关键特征点进行特征提取，利用 Fast Region-based Convolutional Neural Network(Fast R-CNN)、You Only Look Once(YOLO)等算法快速准确地识别图像中的物体进行目标检测，通过全卷积网络等技术将图像分割成具有特定语义的区域进行语义分割。例如，在制造业中，机器人可以利用计算机视觉进行精密装配和质量检测；在自动驾驶领域，计算机视觉帮助车辆识别行人、交通标志和障碍物，确保行驶安全；服务机器人在商场中可以通过计算机视觉识别顾客并提供个性化服务；家庭机器人可以通过手势识别接收用户的指令，如跟随或拍照；在安防领域，机器人可以通过人脸识别技术监控和识别潜在的安全威胁，并及时报警。通过这些技术的结合，机器人能够提供更智能、个性化和安全的服务。

5. 多模态融合技术

多模态融合技术允许机器人同时处理来自不同传感器(如摄像头、麦克风、触觉传感器等)的多种类型数据，并将这些数据融合在一起，以更全面地理解环境和用户意图。这种技术提高了机器人的感知能力和交互能力，使其能够更自然地与人类和其他机器进行交互。例如，Pepper机器人可以通过语音识别用户的指令，通过视觉识别用户的面部表情和手势，从而做出相应的反应和动作，提供信息咨询和情感陪伴。在智能汽车中，多模态交互使驾驶员可以利用语音控制导航系统，利用手势控制音量和接听电话，从而提升驾驶的安全性和便捷性。通过这些技术的应用，机器人和智能系统能够更准确地理解和响应用户需求，提供个性化和高效的服务。

这些技术共同推动了机器人集群系统智能化的进程，提高了机器人的自主性、协同作业能力、适应性和智能决策能力。随着人工智能技术的不断发展，未来机器人在更多领域将发挥更大的作用。

1.3.1 智能机器人信息系统

智能机器人信息系统是现代机器人技术的核心，它不仅是机器人获取外界信息的方式，更是机器人实现智能化、自主化操作的关键所在。该系统涵盖了从基础的环境感知到高级的决策制定，为机器人提供了全方位的信息支撑。下面将从多个方面对智能机器人信息系统进行深度探索和技术剖析。

1. 机器人信息感知：超越五感的全方位体验

机器人信息感知是机器人与外部世界进行交互的基础。通过一系列精密的传感器，机器人能够“看”到周围的环境，获取距离、位置、速度、加速度和姿态等多种信息。这些传感器包括但不限于激光雷达、红外传感器、超声波传感器等。它们各自具有不同的特点和适用场景，为机器人提供了多样化的感知手段。在激光雷达的协助下，机器人能够精确测量环境中的距离和位置信息，形成详细的三维地图。红外传感器则能够检测热源，帮助机器人在夜间或视线不佳的情况下进行导航。超声波传感器则能够测量物体的距离和速度，为机器人的移动和避障提供重要信息。

2. 内部传感器：机器人的“自我感知”

除了对外部环境的感知外，机器人还需要对自身状态进行实时监测。内部传感器在这一过程中发挥着关键作用。它们能够检测机器人的电路状态、心跳信号、温度、压力等内部信息，为机器人的稳定运行和故障诊断提供数据支持。例如，电流和电压传感器能够实时监测机器人的电路状态，确保机器人在运行过程中不会出现电路故障；温度传感器则能够实时监测机器人的温度，防止因过热而导致的损坏；姿态传感器则能够实时反馈机器人的姿态信息，确保机器人在移动和操作时保持稳定。

3. 外部传感器：拓宽机器人的感知边界

机器人通过外部传感器进一步扩展其感知能力，涵盖触觉、力觉、滑觉、接近觉、视觉、听觉和嗅觉等多种模态。这些传感器不仅使机器人能够感知物体的形状、硬度、温度等物理属性，还能通过视觉系统捕捉图像信息，实现目标识别、定位与跟踪；听觉传感器使机器人能够识别和理解声音指令，增强人机交互能力；嗅觉传感器则使机器人能够检测环境中的气味分子，应用于环境监测和危险品检测等领域。多模态感知的融合处理提升了机器人对复杂环境的理解能力和决策准确性。

4. 视觉系统：机器人的“眼睛”

机器人视觉系统是其获取外界信息的重要窗口，通过图像采集、处理和分析，实现目标检测、场景理解、路径规划等功能。视觉系统使机器人能够在未知环境中构建地图并实现自主导航，提高了机器人的自主性和适应性。此外，机器人还利用惯性导航、卫星导航等多种技术相结合的方式，实现精确定位和高效路径规划，确保在复杂环境中准确执行任务。

5. 定位导航系统：构建机器人的空间认知

机器人通过集成全球定位系统(global positioning system，GPS)、惯性导航、视觉即时定位与地图构建(simultaneous localization and mapping，SLAM)等先进定位技术，构建了高精度的环境模型，实现了自主导航能力。将复杂的物理空间转化为机器人可理解和计算的数字地图，为机器人的决策提供了坚实的基础。在这一过程中，机器人不仅利用多种定位技术提升定位精度和鲁棒性，还通过环境建模深入理解工作空间的结构和特征，从而更好地适应复杂多变的工作环境。这种空间认知能力的建立，为机器人在未知环境中的自主探索和高效作业提供了有力保障。

6. 多传感器信息融合：提升机器人的智能决策能力

多传感器信息融合技术将来自不同传感器的数据进行综合处理，以获取更全面、准确的环境信息。通过特征提取、数据关联、决策融合等步骤，机器人能够实现对环境的深度理解和智能决策。多模态信息融合进一步拓宽了机器人的感知维度，提高了其在复杂环境中的适应性和鲁棒性。这些技术为机器人实现自主导航、目标识别、任务规划等高级功能提供了有力支持。

综上所述，智能机器人信息系统融合了多项技术，实现了从基础环境感知到高级决策制定的全方位信息支撑。通过内部和外部传感器的协同工作，机器人能够实时监测自身状态并扩展感知边界，涵盖触觉、视觉、听觉等多种模态。视觉系统和定位导航技术的结合，使机器人具备高精度的环境认知和自主导航能力。多传感器信息融合技术进一步提升了机器人的智能决策能力，使其在复杂多变的环境中展现出强大的适应性和鲁棒性。随着技术的不断发展和进步，智能机器人信息系统在未来能够执行更高级的任务，实现更精细的操作，从而在工业生产、服务领域等多个方面展现出更大的价值。

1.3.2　智能机器人集群及组网方法

随着科技的飞速发展，智能机器人已成为现代工业、军事、医疗乃至日常生活中不可或缺的一部分。智能机器人一般认为是一种通过内置的人工智能技术，能够模拟人类行为、具备学习和适应能力的机器人。它不仅可以执行单一的任务，还能够根据环境和外部输入的变化，做出相应的反应和决策。而智能机器人集群的出现，更是将单个机器人的能力提升到了前所未有的高度。智能机器人集群指的是由多个具备自主感知、决策和执行能力的智能机器人组成的集合。这些机器人通过无线通信、协同控制等技术手段，能够实现信息的共享与任务的分配。

机器人集群技术是一种通过多个机器人协同工作来执行任务的一项技术，组网方法则是实现集群协同的途径。通过组网方法，智能机器人能够建立起稳定可靠的通信网络，实现信息的实时交互和共享。这确保了集群中每个机器人都能准确了解任务状态、环境变化和队友动态，从而做出正确的决策和行动。智能机器人组网方法是指通过一系列技术手段和策略，将多个智能机器人有效地组织成一个协同工作的机器人集群，以达到共同完成任务或目标的目的。这种方法涉及机器人之间的通信、协调、控制和优化等多个方面，旨在提高整个集群的工作效率、准确性和可靠性。由于传统机器人之间的有线通信方式不适用于当前的一些复杂场景，下面将简要介绍三种常见的智能机器人无线组网方法：基于蜂窝移动通信网络的智能机器人集群组网方法、基于 Wi-Fi 的智能机器人集群组网方法以及基于自组织网络(简称自组网)的智能机器人集群组网方法。

(1)基于蜂窝移动通信网络的智能机器人集群组网方法是利用现有的蜂窝移动通信网络，实现智能机器人之间的远程通信和协同作业。智能机器人通过内置的蜂窝移动通信模块接入蜂窝移动通信网络，利用网络的广覆盖特性实现大范围内的通信和协同。这种组网方法具有覆盖范围广、通信稳定性高的优点。然而，它也存在一些局限性，如灵活性差、成本较高等。因此，在选择这种组网方法时，需要综合考虑应用场景、成本效益等因素，确保组网方案符合实际需求。例如，北京京东世纪贸易有限公司(简称京东)研发了基于 5G 的智能配送机器人集群组网系统。在这个系统中，每台京东智能配送机器人都内置了高性能的 5G 通信模块，这使得机器人能够通过 5G 网络实现高速、低延迟的数据传输。用户或物流管理人员可以通过京东物流的专属管理平台，将这些配送机器人接入同一个 5G 网络，实现远程监控、任务分配和智能调度。当多台京东智能配送机器人同时工作时，它们会通过 5G 网络实时交换配送进度、路径规划、电池状态以及障碍物信息，确保机器人之间的高效协同作业。

(2)基于 Wi-Fi 的智能机器人集群组网方法主要利用无线局域网技术，实现智能机器人之间的通信和协同作业。通过为智能机器人配备 Wi-Fi 模块，并将其接入同一 Wi-Fi 网络，机器人之间可以建立起稳定、高速的通信连接。这种组网方法使得智能机器人能够实时交换数据、共享信息，进而实现协同作业并高效完成任务。然而，基于 Wi-Fi 的组网方法也面临一些挑战。Wi-Fi 信号的覆盖范围有限，如果智能机器人集群规模较大或作业环境复杂，可能会导致信号覆盖不全。此外，Wi-Fi 网络也容易受到干扰，从而影响通信的稳定性和可靠性。因此在实际应用中，需要针对具体场景和需求选择合适的 Wi-Fi 设备和组网策略，确保智能机器人集群的稳定运行和高效协同。例如，科沃斯机器人股份有限公司(简称科沃斯)生产的智能扫地机器人系列广泛应用于家庭清洁领域。为了提升清洁效率和用户体验，科沃斯研发了基于 Wi-Fi 的智能扫地机器人集群组网系统。在这个系统中，每台科沃斯扫地机器人都内置了高性能的 Wi-Fi 模块，用户可以通过家庭路由器将这些扫地机器人接入同一个 Wi-Fi 网络。通过科沃斯专属的手机 App，用户可以轻松管理两台扫地机器人，实现远程控制和智能调度。当两台科沃斯扫地机器人同时工作时，它们会通过 Wi-Fi 网络实时交换清洁进度、电池状态以及清扫区域的边界信息。这种集群组网方法确保了机器人之间的高效协同作业，避免了重复清扫和遗漏区域的问题。

(3) 基于自组网的智能机器人集群组网方法是指智能机器人之间通过无线通信技术自主建立通信链路，形成无中心的通信网络。这种组网方法不需要依赖固定的通信设施，具有较高的灵活性和抗毁性，特别适用于无固定通信设施或通信设施受损的场景。在自组网中，智能机器人通过自组织的方式自动选择通信路径、建立通信链路，实现信息的传递和共享。这种组网方法可以在广泛地域及全天候条件下进行通信，提高了智能机器人集群的适应性和可靠性。然而，自组网的建立和维护需要较高的技术水平和算法支持，且通信性能受到多种因素的影响。例如，大疆的 Matrice 系列无人机集群，每架无人机均配备了高性能的无线通信模块和自主飞行控制系统。当森林火灾发生时，多架无人机被迅速部署到火灾现场附近。这些无人机通过自组网技术，自主建立通信链路，形成一个无中心的通信网络。在这个网络中，每架无人机都能实时感知并传输火灾现场的图像、热成像数据以及地理位置信息，将数据高效传递给指挥中心，使救援人员能够迅速掌握火灾情况，并做出科学合理的救援决策。同时，无人机集群还可以根据火势变化实时调整监测区域，确保信息的全面性和准确性。

1.4　机器人的未来发展展望

当前，机器人技术已经取得了显著的进步。在硬件方面，机器人的结构设计更加合理、材料选择更加先进，使得机器人具备了更高的运动精度和更强的承载能力。在软件方面，随着人工智能、深度学习等技术的不断发展，机器人已经具备了更高级的学习能力和自主决策能力。这些技术的融合使得机器人能够更好地适应复杂多变的环境，完成更加复杂的任务。从简单的工业机械臂到能够自主导航、感知环境、与人交互的智能机器人，机器人技术不断突破，为人类的生活带来了深刻的变革。技术创新是推动机器人技术发展的关键驱动力，下面将深入探讨这些创新如何引领机器人的未来发展，并展望其广阔的应用前景。

1. 人工智能与机器人技术的融合

人工智能与机器人技术的融合是机器人发展的重要趋势。随着深度学习、强化学习和迁移学习等技术的突破及大模型的广泛应用，机器人将能够模拟人类智能，实现更高层次的自主学习和决策能力。这种智能化不仅限于简单的任务执行，更包括了对环境变化的适应、对复杂问题的分析和解决能力。生成式 AI 的出现将启发新的解决方案，使机器人能够创造出新的东西，如 Chat GPT 等工具已经展示了其强大的语言生成能力。机器人制造商正在开发生成式 AI 驱动界面，用户可以通过自然语言更直观地对机器人进行编程，而不需要专业的编程技能。此外，预测性 AI 可以通过分析机器人性能数据判断设备未来的工作状态，实现预测性维护。图 1-15 展示了 AI 增强的医疗手术机器人愿景，AI 机器人能够协助医生进行精准手术，提高手术效率和成功率；在农业领域，AI 机器人能够智能识别作物病虫害，实现精准施药，提高农作物的产量。

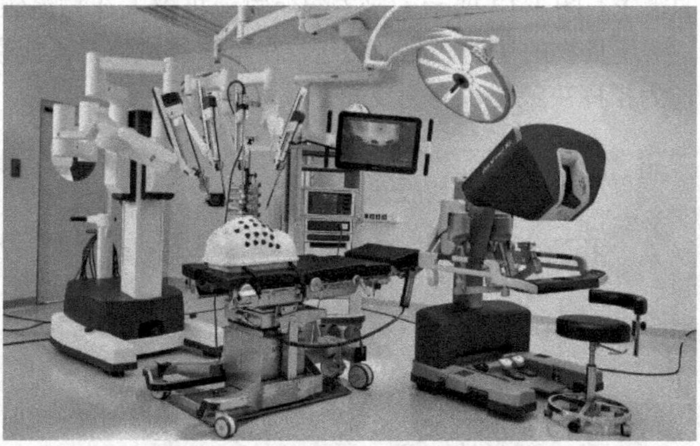

图 1-15　AI 增强的医疗手术机器人愿景

2. 机器人技术与感知、交互技术的融合

感知与交互技术是机器人智能化的基础与核心。随着传感器技术的不断进步，机器人将能够更准确地感知外部环境，包括物体的形状、颜色、位置等，以及人类的语言、表情、姿态等信息。计算机视觉、语音识别等技术的融合将使机器人能够更深入地理解人类需求，提供更贴心、更个性化的服务。此外，自然语言处理、情感识别等技术的发展也将使机器人具备更自然的交互能力，与人类进行更加深入、流畅的沟通。图 1-16 展示了感知与交互的家庭机器人愿景，机器人能够通过语音识别技术识别家庭成员的指令，执行家务任务。

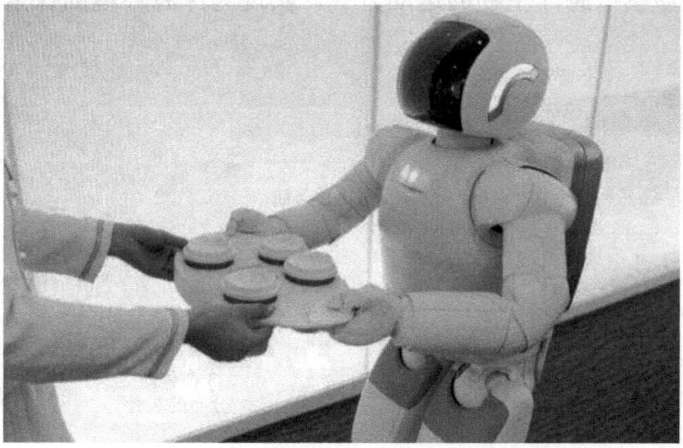

图 1-16　感知与交互的家庭机器人愿景

3. 机器人技术与自主导航、运动控制技术的融合

自主导航和运动控制是机器人实现自主行动的关键。随着 GPS、激光雷达、红外传感及超声波传感等技术的广泛应用，机器人将具备更加精准的定位和导航能力。同时，控制算法的进步和计算能力的提升将使机器人能够更灵活地应对复杂环境，实现更加精准、高效的作业。此外，柔性驱动技术、模块化设计等创新将使机器人具备更强的适应性和扩展性，满足更多领域的需求。图 1-17 展示了自主导航物流机器人在物流领域的应用愿景，其能够自主规划路径，实现货物的快速、准确配送；在军事领域，无人侦察机能够自主巡航，实时传输战场信息，为指挥决策提供有力支持。

图 1-17　自主导航物流机器人在物流领域的应用愿景

4. 柔性机器人与仿生技术的融合

柔性机器人和仿生技术为机器人领域带来了全新的创新方向。柔性机器人采用柔软、可伸缩的材料制成，能够像生物一样灵活地弯曲、伸展和扭转，以适应各种复杂环境。仿生技术则借鉴生物体的结构和功能特点，设计出具有类似生物特性的机器人。这种融合将使机器人具备更加多样化的运动方式和作业能力。图 1-18 展示了仿生柔性海洋探索机器人，仿生机器人能够模拟海洋生物的运动方式，实现对深海环境的探索和研究。

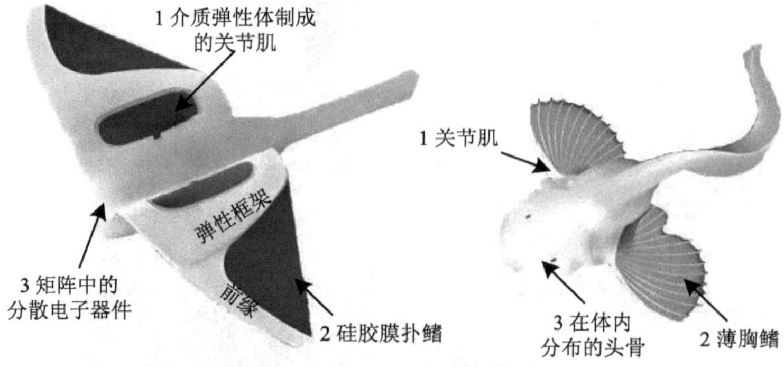

图 1-18　仿生柔性海洋探索机器人

5. 机器人技术与云计算、边缘计算的融合

云计算和边缘计算技术为机器人提供了强大的数据处理和分析能力。云计算提供了强大的计算能力和存储资源，使机器人能够处理大量数据并进行复杂计算。边缘计算则能够将计算任务分散到机器人本身或附近的设备上，实现更快的响应速度和更低的延迟。这种融合使机器人能够更快速地适应环境变化，优化作业策略，并与其他机器人或系统进行实时协作。图 1-19 展示了云计算机器人的应用愿景，在智能制造领域，云计算和边缘计算技术的融合使机器人能够实时接收生产数据，分析生产状态，调整生产参数，实现智能化生产；在智慧城市领域，机器人能够实时收集城市数据，分析交通状况，提供智能导航服务，为城市居民带来更便捷的生活体验。

图 1-19　云计算机器人的应用愿景

6. 模块化与可重构设计

模块化与可重构设计是机器人技术创新的重要方向。通过将机器人系统分解为多个独立的模块，每个模块都具有特定的功能和接口，可以实现机器人的快速组装和拆卸。这种设计使机器人能够适应不同的任务需求和环境变化，通过更换或添加模块来调整或扩展机器人的功能。同时，可重构设计还允许机器人在执行任务过程中进行自我修复和重构，提高机器人的可靠性和稳定性。图 1-20 展示了灾难救援模块化机器人在灾难救援领域的应用愿景，模块化机器人能够快速组装成适应不同环境的救援设备，如挖掘机械、运输车辆等；在科研领域，可重构机器人能够根据实验需求调整自身结构，完成多种实验任务。

随着技术创新的不断推进，机器人行业的未来正被引领向新的高度，其应用领域亦不断拓展。技术创新是驱动机器人技术发展的核心力量，它促使人工智能、感知与交互技术、自主导航与运动控制技术、柔性机器人与仿生技术、云计算与边缘计算以及模块化与可重构设计等领域持续创新与进步，从而使得机器人在更多元化的领域中扮演越来越重要的角色。

图 1-20　灾难救援模块化机器人在灾难救援领域的应用愿景

1.5　本书的宗旨和结构安排

本书以机器人技术为核心，从基础理论到应用实例，系统而全面地介绍了机器人学的各个方面。全书共 10 章，逐层递进地探讨了机器人技术的起源、发展、基本构成、信息感知系统、视觉系统、定位导航系统、多传感器信息融合以及集群技术。本书的结构安排如图 1-21 所示。绪论部分介绍机器人学的起源与发展、机器人的定义、构成和应用场景，以及智能机器人的概念和研究核心。通过这些内容，读者可以了解机器人技术的历史背景和基本知识，为后续章节的深入学习打下基础。后续内容分为智能机器人信息系统和智能机器人集群组网两部分。智能机器人信息系统部分包括第 2～7 章。首先，在第 2 章对智能机器人信息感知技术进行概述，探讨智能机器人信息感知系统的架构、传感器技术与数据采集、数据处理方法，以及不同传感器的分类、常见类型和部署方式，为后续的第 3～7 章做铺垫。接着，第 3 章和第 4 章分别详细介绍内部传感器(包括距离与位置检测传感器、姿态检测传感器和内部状态检测传感器等)和外部传感器(包括触觉、力觉、滑觉、接近觉、视觉、听觉和嗅觉传感器等)，阐述它们的工作原理、常见类别和在智能机器人中的应用。随后，第 5 章深入分析智能机器人视觉系统，包括视觉的基本理论、系统组成、感知流程和视觉算法，探讨视觉检测和跟踪系统的关键技术和应用场景，如喷码检测、产品分拣和定位引导等。第 6 章介绍智能机器人定位导航系统，涵盖了定位、环境建模、路径规划、惯性导航系统、卫星导航系统和视觉 SLAM 导航系统的基本原理、结构及应用。最后，在第 7 章详细讨论多传感器信息融合的基本理论、典型算法、多模态信息融合及其应用。这部分内容通过介绍智能机器人的相关组成及各种传感器的知识，并分析利用多传感器的数据融合实现更加智能化的机器人，让读者对智能机器人有较为全面的理解和认识。

智能机器人集群组网部分包括第 8～10 章。考虑现代智能机器人集群化、网络化的发展趋势，第 8 章重点介绍机器人集群的起源及发展现状，讨论机器人集群的通信网络、组网需求及方式，阐述群体智能(swarm intelligence)的概念及其实现方法，分别对有中心和无中心的智能机器人集群网络进行概述，为第 9、10 章作总览和导读。第 9 章详细介绍有中

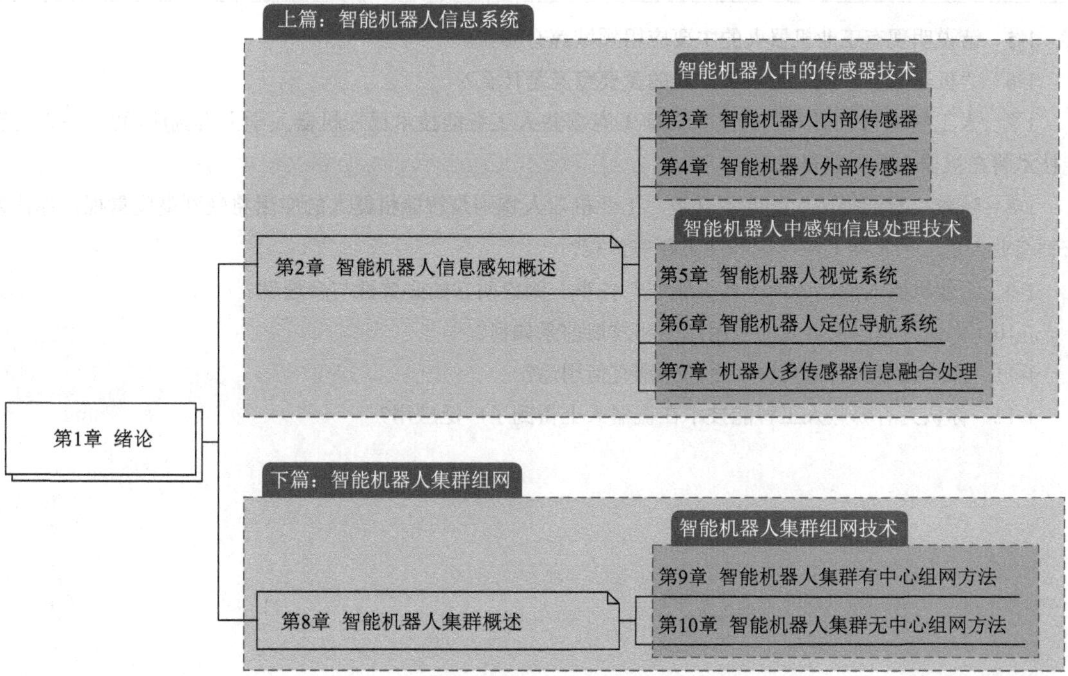

图 1-21 本书结构安排

心智能机器人集群的关键技术和网络拓扑结构，并详细探讨基于蜂窝移动通信网络和 Wi-Fi 的集群组网架构及关键技术，深入分析智能机器人集群的任务分配、轨迹规划、智能化等关键技术。第 10 章介绍自组织网络的基本概念与发展历史，探讨机器人集群自组织网络的组网架构和编队控制方法，讨论基于自组网的机器人集群关键技术和智能化。这一部分重点介绍机器人集群的发展历史及其实际应用，并从有中心组网和无中心组网两个层面分别介绍面向智能机器人集群的几种主流无线信息通信系统体制，分析各种体制各自适用的场景及其关键技术，让读者充分意识到机器人集群的重要作用及其对单机器人的能力拓展。智能机器人集群组网部分在智能机器人的基础上引入了移动通信领域的最新发展前沿，将信息与通信工程学科有机融入智能机器人领域，进一步加强了学科交叉。

本书通过对智能机器人信息系统和集群组网技术的详细介绍，全面展示了智能机器人领域的最新研究成果及应用前景，旨在为读者提供一个全面且深入地了解智能机器人技术的机会。此外，本书对智能机器人技术进行了深化和拓展，可以作为智能机器人相关领域学生和研究人员的教材和参考资料。

1.6 习 题

1-1 请分别为工业机器人和智能机器人下定义。

1-2 机器人的分类方法有哪几种？是否还有其他的分类方法？

1-3 试编写一个工业机器人大事年表(从 1954 年起，必要时可查阅有关文献)。

1-4 机器人学与哪些学科有密切关系？机器人学的发展将对这些学科产生什么影响？

1-5　请说明现有工业机器人的主要应用领域都有哪些。

1-6　“机器人三守则”是什么？它的重要意义是什么？

1-7　人工智能与机器人学的关系如何？有哪些人工智能技术已在机器人学上得到应用?哪些人工智能技术将在机器人学上获得应用?

1-8　随着“智能制造”的逐步升级，工业机器人特别是智能机器人的应用将受到高度重视。你认为在制造业大量应用机器人应考虑和注意哪些问题?

1-9　工业机器人能够应用在什么领域？各举一例说明它的必要性与合理性。

1-10　你认为我国机器人的应用范围和发展前景如何?

1-11　探索机器人有哪几种？它们分别有何用途?

1-12　你认为有哪些人工智能技术在机器人上得到了广泛应用?

第 2 章　智能机器人信息感知概述

智能机器人是由计算机控制的复杂机器，模仿人的肢体及感官功能。信息感知是机器人与外部世界交互的桥梁。人类在工作的过程中，需要通过眼、耳、鼻、舌和皮肤接触等方式获取外界信息，经过脑部处理后，再通过手、脚等器官完成控制、把握、行走等动作，构成了一套“检测-处理-执行”的流程。机器人在工作过程中，也需要完成同样的流程：通过特殊的设备感知关键状态，经过微处理器、计算机或神经网络处理分析后，交由机械臂、轮子或推进器等移动装置或加热设备、制冷设备等非移动装置执行相关工作。用于感知外部状态或机器人自身状态的设备称为传感器，包括内部、外部等感知方式。

智能机器人具备深度感知功能，能够接收传感器所收集的信息，获得环境、物体以及机器人身体等方面的全景数据，同时还能够利用信息加工的流程，完成判断、逻辑分析、理解等智能行为，从而构建出泛化性的交互与智能决策能力。近年来，多模感知、动力学建模、深度学习、定位导航等智能技术逐渐引入机器人研究中，使机器人具有更强的感知、学习与自主能力，能够更好地应对复杂的环境与任务要求。

2.1　智能机器人信息感知系统架构

智能机器人信息感知系统介绍

图 2-1 为机器人感知系统与传感器结构图。机器人具备对周围环境及自身状态的高度敏锐感知能力。信息感知系统是现代机器人系统的必备组成部分。传感器是智能机器人感知能力的数据来源。通过多模态感知系统，机器人可以获取视觉、听觉、触觉、力觉等多种信息，实现对环境的全方位感知。这种感知能力为机器人提供更丰富的信息，使机器人能够更好地适应复杂环境，提高对实际场景的理解和应对能力。

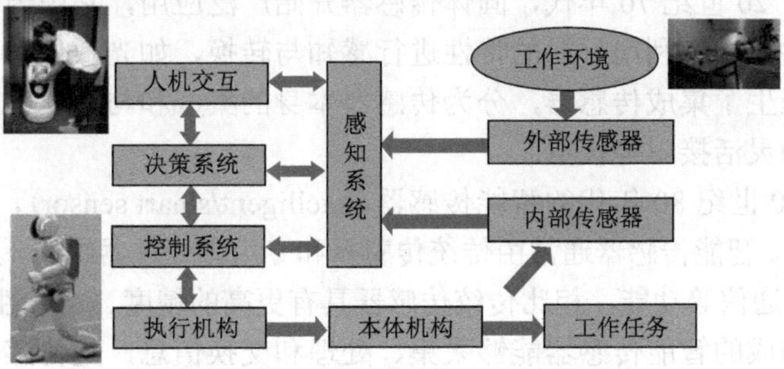

图 2-1　机器人感知系统与传感器结构图

1. 传感器技术

传感器(transducer/sensor)是一种用于检测外界物理量的装置，能够感知并获取被测量的具体信息。其主要功能是将感知到的物理、化学等信号按一定的规律转换为电信号或其他形式的信息输出，以满足信息传输、处理、存储、显示、记录和控制的需求。根据 GB/T 7665—2005 的定义，传感器是一种能够感受被测量，并将其按一定规律转换成可用输出信号的装置或器件。通常，传感器由敏感元件和转换元件组成，敏感元件用于感知信息，转换元件则负责将其转换为信号输出。

图 2-2 展示了机器人传感器的示意图，这些传感器在机器人的控制中扮演着至关重要的角色。正是由于传感器的存在，机器人才能拥有类似人类的感知能力和反应速度。图 2-2 中还对各种传感器进行了分类展示，包括视觉、语言、触觉以及听觉等传感器。通过安装这些设备，机器人的工作能力得到了显著提升，其能够更高效地执行复杂任务。

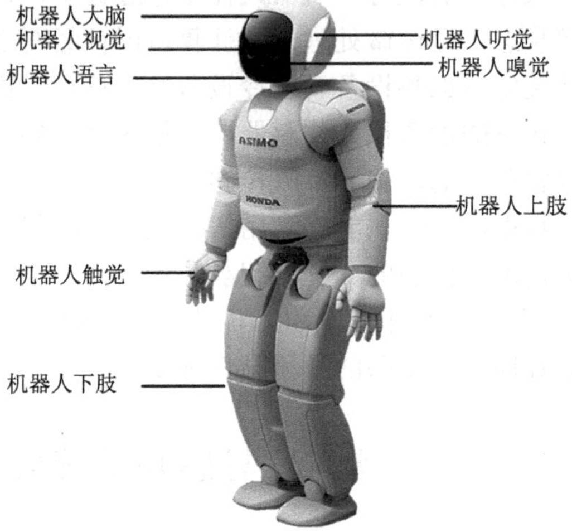

图 2-2　机器人传感器示意图

传感器技术的发展可以粗略地分为三个阶段。

第一阶段为结构型传感器，通过感知结构参数的变化来实现信号的检测和转换，如电阻应变式传感器。

第二阶段始于 20 世纪 70 年代，固体传感器开始广泛应用，它由半导体、电介质和磁性材料等固体元件构成，利用材料的特性进行感知与转换，如光敏传感器。70 年代后期，集成技术的发展催生了集成传感器，分为传感器本身的集成和与后续电路的集成，具备低成本、高可靠性和灵活接口等优点。

第三阶段是 20 世纪 80 年代的智能传感器（intelligent/smart sensor），其定义随着对智能含义的深入而演变。智能传感器通常由传统传感器和专用微处理器组成，具备自诊断、记忆、多参量测量及网络通信等功能，相比传统传感器具有更高的精度、可靠性和自适应能力。

由微处理器构成的智能传感器能够采集、处理和交换信息，是传感器集成化和微处理器的有机结合。智能传感器由基本传感系统和信息处理单元两部分组成。基本传感系统作为智能传感器的重要构成，其性能对系统表现有决定性影响。随着微机械加工技术的进步和微处理器对传感器进行补偿，基本传感系统的一些问题（如输入输出非线性）已得到明显改进。信息处理单元作为智能传感器的核心，通过微处理器接收并处理基本传感系统的输出信号，完成标度转换、线性化补偿、数字调零和数字滤波等任务，这些操作主要依靠软件实现。图 2-3 展示了智能传感器的基本结构。

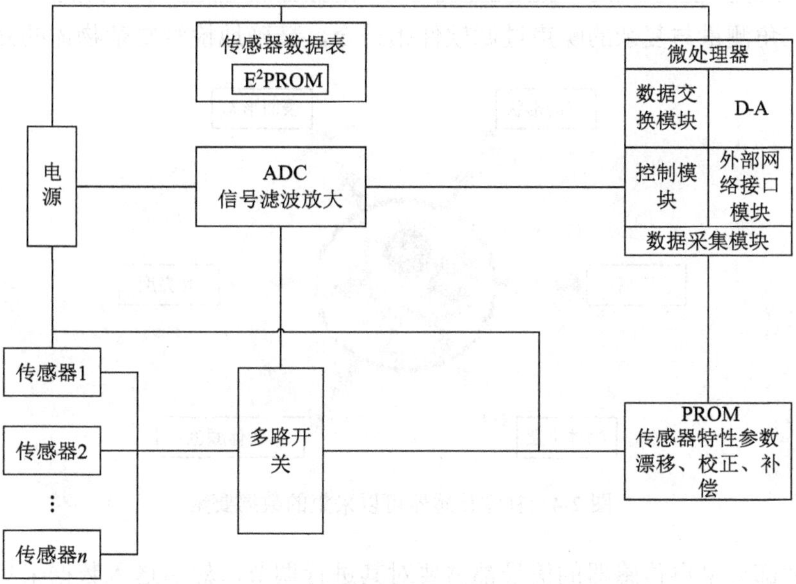

图 2-3　智能传感器的基本结构

21 世纪初，智能化网络传感技术发展迅速，推动了标准化的网络化智能传感器的出现。通过嵌入式微处理器的应用，这类传感器将感知单元、信号处理单元和网络接口有效整合，赋予其自检、自诊断、网络通信等多种功能。这样一来，传感器不仅能够自主监控和维护，还能通过网络实现互联互通，形成全新、标准化的智能传感器网络体系。

IEEE 1451 是一种标准，它规定了一组用于将传感器和变送器与微处理器、测试设备以及控制/现场网络相结合的开放式非网络通信接口。IEEE 1451 国际标准为一组分散的监测与控制应用，包括有线和无线两种方式。可以实现对传感器和变送器的接入方式有：①IEEE 1451.1；②超文本传送协议，IEEE 1451.0。

2. 传感器数据采集

数据获取(DAQ)，即数据采集，指从传感器或其他被测装置中自动提取信号，并将其传送至计算机进行分析和处理。数据获取系统是将测量软硬件产品与计算机或其他专门的检测平台相结合，以实现灵活的、可定制的测量系统。

机器人感知数据的采集是指机器人利用传感器获取外界信息的过程。传感器可以是视觉传感器、听觉传感器、触觉传感器等，其作用是将环境中的物理量转换为机器能够理解的电信号。常见的感知数据包括图像、声音、距离、速度等。

数据获取主要用于测量一些物理数据，如电压、电流、温度、压力或者声音。数据的获取通常采用抽样的方法，也就是每隔一段时间(称为取样时段)对同一点的数据进行反复的采集。大部分的数据都是瞬间的，或者是某个时间段的特征。

以视觉为例，传感器可以采集的数据要素如图 2-4 所示。深度视觉感知可以模拟人类视觉系统，从图像中进行特征提取、识别与分类，其中最新的 3D 传感技术通过 3D 超声波传感器、3D 激光雷达、stereo 立体照相可以实时获取环境物体的三维空间信息，实现机器人深度感知。例如，Toposens 开发出基于仿生学原理的 3D 超声波传感器，该传感器通过基于声音的三角测量与复杂的噪声过滤软件相结合，精确地检测复杂物体的立体信息。

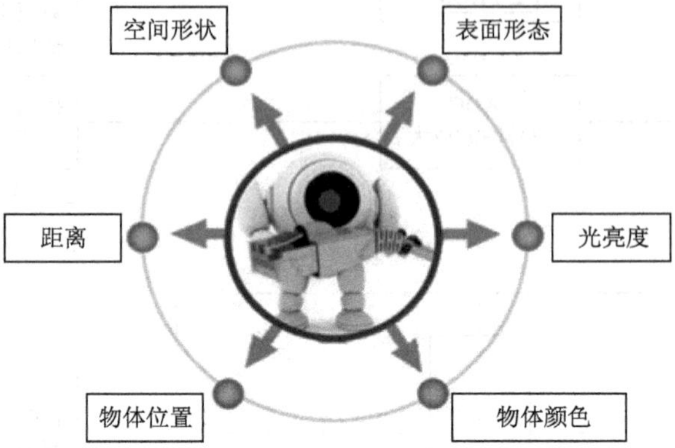

图 2-4　视觉传感器可以采集的数据要素

其中，大部分来自传感器的信号都需要对其进行调节，然后送入数据采集装置，其中包括放大、隔离、滤波、激励、线性化等。由于各种传感器的特点各不相同，因此在满足上述一般功能的同时，还应针对特定的传感器特点和需要，对其进行相应的调节。

3. 传感器数据处理

通过对传感器采集的数据进行处理，机器人能够适应和理解复杂的环境及进行自主决策，并与人类和其他机器进行交互，完成复杂任务需求。

传感器数据具有噪声高、信号弱、采样周期长、数据量大等特点。传感器数据处理可以提高数据质量和可用性，提升实际应用的效果和效率。传感器数据处理可以采用信号放大、数字转换、滤波等方法。信号放大可以放大传感器的输出信号，使其更适合后续数字处理；数字转换可以将模拟信号转换为数字信号，方便数据处理；滤波可以去噪、平滑信号，提高数据的可靠性和准确性。传感器数据处理还可以应用机器学习、人工智能等算法进行数据分析和预测，在工业、医疗健康等领域具有广泛的应用。

机器人感知数据的处理是指将采集到的各种感知数据进行整合和分析的过程。它包括数据清洗、特征提取、数据融合等步骤，旨在提取有效信息并为机器人下一步的行动提供支持。

1）数据清洗

数据清洗是对采集到的原始感知数据进行预处理的过程。它包括去除噪声、滤波、数据对齐等操作，以保证数据的准确性和可靠性。

2）特征提取

特征提取是将感知数据转换为机器能够理解的特征表示的过程。通过提取感知数据中的特征，机器人可以更好地理解环境，执行目标检测、姿态估计等任务。

3）数据融合

数据融合是将不同传感器采集到的数据进行融合，得到更全面、准确的环境信息的过程。通过融合不同传感器的数据，机器人可以提高感知的可靠性和鲁棒性。

传统机器人多依赖优化算法和浅层机器学习，但智能机器人则融合了自然语言处理、生成式 AI、深度学习、强化学习、知识图谱(knowledge graph)和计算机视觉技术，提升其对传感器数据处理的智能度。基于深度感知获取的信息，智能机器人可以通过先进的算法和机器学习技术进行智能决策。通过对大量数据的处理、分析和预测，机器人能够在各种情况下做出合理且高效的决策。

通过语音识别、图像识别、情感计算等技术，机器人可以理解人类的需求和意图，并以人性化的方式回应，实现与人类及周围环境自然、流畅的交互。同时，机器人还能与其他设备、系统进行协同工作，实现更为广泛的应用。

随着 2006 年 Hinton 提出深度学习神经网络，人工智能算法逐渐落地，智能机器人发展进入新阶段。特别在 2020～2023 年这四年里，大模型等 AI 赋能技术使机器人具有更强大的智能和类人特征。通用人工智能突破性的进展，促使智能机器人正在快速走向认知智能。

2.2　机器人信息感知方式

2.2.1　机器人传感器分类

机器人本质上是一种具有自主运作能力的机器。为了实现自主性，机器人需要一整套传感器来满足不同任务的要求，如自主导航、物体检测、接近感测等。根据检测对象的不同和感知的数据，机器人传感器主要可以分为两大类：内部感知传感器和外部感知传感器。

传感器的基本分类如图 2-5 所示。

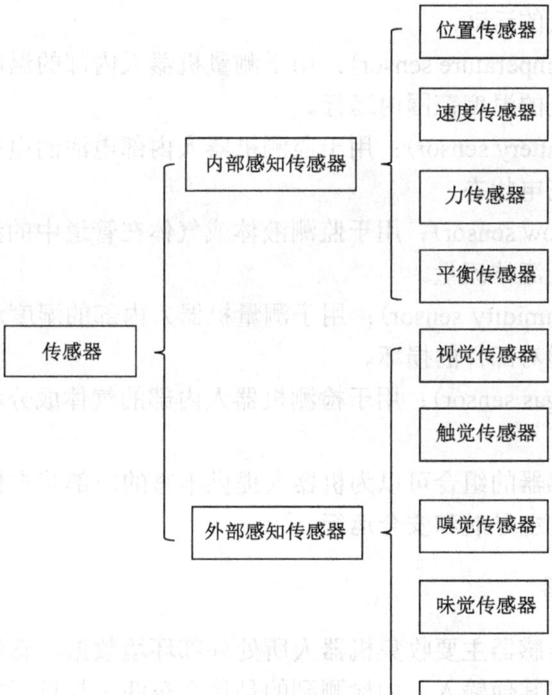

图 2-5　传感器的基本分类

1. 内部感知传感器

机器人内部感知传感器用于监测和控制机器人状态、运动和内部环境，确保正常运行和安全操作。内部的本体感知传感器收集机器人本体速度、扭矩和位置等内部数据。这些传感器通常用于机器人的控制，检测机器人本身的状态，如手臂间的角度，主要用于检测位置和角度。

常见的内部感知传感器包括陀螺仪、加速度计、磁力计、编码器、压力传感器、温度传感器、电池传感器、流量传感器、湿度传感器和气体传感器等，它们提供丰富的内部状态信息和环境感知能力，实现智能控制、自主导航和安全运行。

以下是一些常见的机器人内部感知传感器。

(1) 陀螺仪 (gyroscope)：用于测量机器人的角速度和角度，帮助机器人维持平衡和稳定姿态。

(2) 加速度计 (accelerometer)：用于测量机器人的加速度，包括线性加速度和重力加速度，帮助机器人感知自身的加速度和方向变化。

(3) 磁力计 (magnetometer)：用于检测周围磁场的方向和强度，帮助机器人确定自身的方向和定位。

(4) 编码器 (encoder)：用于测量电机或关节的转动角度或位置，提供运动控制和定位反馈。

(5) 压力传感器 (pressure sensor)：用于测量机器人内部的气体或液体压力，如在液压系统中用于控制机器人的运动。

(6) 温度传感器 (temperature sensor)：用于测量机器人内部的温度，确保机器人的电子元件和机械部件在安全的温度范围内运行。

(7) 电池传感器 (battery sensor)：用于监测机器人内部电池的电压、电流和电量，以便有效管理能源消耗和充电状态。

(8) 流量传感器 (flow sensor)：用于监测液体或气体在管道中的流动速度和流量，如在液体泵系统中用于检测流体流量。

(9) 湿度传感器 (humidity sensor)：用于测量机器人内部的湿度水平，帮助控制机器人的环境条件和防止潮湿对部件的损坏。

(10) 气体传感器 (gas sensor)：用于检测机器人内部的气体成分和浓度，如监测有害气体或检测空气质量。

这些内部感知传感器的组合可以为机器人提供丰富的内部状态信息和环境感知能力，从而实现智能控制、自主导航和安全运行。

2. 外部感知传感器

机器人外部感知传感器主要收集机器人所处外部环境数据，感知环境参数、施加在机器人上的外力以及许多其他输入，如检测到的是什么东西、与目标之间的距离、障碍物的位置、被抓住的物品会不会滑倒等，主要包括目标识别、目标缺陷检测、接近感知、距离感知、力感知、声音感知等。

表 2-1 为机器人传感器的类型、感知内容、应用目的和常用的器件。图 2-6 为机器人传感器常用器件图。

表 2-1　机器人传感器的类型、感知内容、应用目的和常用的器件

类型	感知内容	应用目的	常用器件
明暗觉	光的存在与亮度情况	判断是否存在物体，并得到量化结果	光电断续器、光敏元件
色觉	物体的颜色及浓度	通过颜色识别物体的状态	彩色摄像机、滤波器、彩色 CCD
位置觉	物体的位置、角度、距离	确定物体的空间位置及判断其移动情况	光敏阵列、CCD 等
形状觉	物体的外形	通过提取其轮廓和特征识别物体	光敏阵列、CCD 等
触觉	是否与物体接触及接触位置	用于定位物体、辨识形状、控制速度、安全性检测、路径搜索及异常停止	光电传感器、微动开关、薄膜开关、压敏高分子材料
压觉	对物体的压力、握力、压力分布	用于控制握力、辨别握持物体、测量物体的弹性	压电元件、导电橡胶、压敏高分子材料
力觉	机器人部件(如手指)受到的外力和转矩	用于控制手腕运动、伺服控制以及正解以完成作业	应变片、导电橡胶
接近觉	检测物体是否接近、接近距离和对象面的倾斜	用于位置控制、路径规划、安全保障和异常停止	光传感器、气压传感器、超声波传感器、电涡流传感器、霍尔传感器
滑觉	垂直于握持面方向的物体位移及重力引起的变形	用于修正握力，避免打滑，并判断物体的重量和表面状态	球形接点式传感器、光电旋转传感器、角编码器、振动检测器

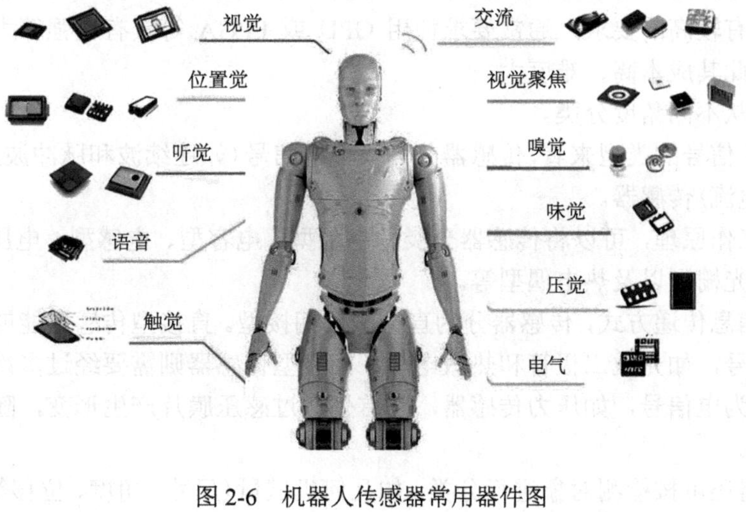

图 2-6　机器人传感器常用器件图

2.2.2　传感器常见类型

根据传感器数据在机器人系统中的使用目的，可以按照由简单到复杂分为以下几个等级。

1. *反射式感知*

反射式感知仅根据传感器的输出结果进行直接的数据处理或判定，执行简单的行为，

如防碰撞和避障等。反射式感知行为简单、处理简单，不需要复杂的算法和神经网络即可完成，反应速度快，但可实现的功能有限。

2. 融合式感知

融合式感知是对多个传感器的输出数据进行融合处理，综合处理多传感器的多尺度数据，历史数据也需要存储并参与计算，因此可以实现对状态的预判功能，并做出反应，如PID 算法等。融合式感知处理简单、反应速度较快，且具有预判能力，适合在机器人的基本作业过程中使用。

3. 经验式感知

经验式感知除了依靠传感器的数据之外，还需要建立相应的知识库或专家系统，机器人根据知识库或专家系统的判决结果执行动作。经验式感知是建立在庞大的人类历史经验基础之上的，能够适应机器人作业期间的各类环境变化，但知识库或专家系统可能会因系统庞大导致机器人系统响应缓慢。

4. 自主学习式感知

自主学习式感知的最大特点是在使用前，并不通过人工方式分析系统关系或构建专家系统，而是构建应用于该系统的神经网络，机器人系统根据神经网络的反馈结果执行作业任务，且在工作的过程中还可以实现神经网络的训练和更新。自主学习式感知对机器人系统的运算能力有较高的要求，通常要求使用 GPU 或 FPGA 等具有较强算力的设备来部署神经网络，因此其成本高、难度大。

传感器可从不同角度分类。

(1) 从输出信号的类型来看，传感器分为模拟电信号(如连续波和脉冲波)和数字电信号(包括电压和电流)传感器。

(2) 按照工作原理，可以将传感器分类为电阻型、电容型、电感型、电压型、霍尔效应型、光电型、光栅型以及热电偶型等。

(3) 根据信息传递方式，传感器分为直接型和间接型。直接型传感器能够将被测信息直接转换为电信号，如光敏二极管和热敏电阻；间接型传感器则需要经过多次转换，才能将被测信息转换为电信号，如压力传感器，它首先通过感压膜片产生形变，随后通过压阻效应改变电阻值。

(4) 传感器还可按检测对象进行分类，如几何机械量(尺寸、角度、位移等)、热工量(温度、压力、流量等)、光学量(强度、波长、频率等)、声学量、生物参数和医学量等。

目前较为常用的是数字传感器。数字传感器通常具有集成度高、抗干扰强、使用简单的特点。数字传感器通常包括以下 4 部分。

(1) 敏感材料：能够感知被测量且随着被测量变化按照一定规律变化的，而对其他干扰因素不敏感的材料。敏感材料通常封装在保护外壳中，构成敏感元件，在电路中使用。

(2) 信号调理电路：位于敏感材料和信号采集电路之间对信号进行预处理的电路，包括衰减器、前置放大器、电荷放大器以及非线性补偿电路等。敏感材料在工作过程中依然会受到非感知信号的影响，而信号调理电路主要的目的是消除这些影响并消除外界其他干扰因素。

(3) 信号采集电路：对敏感元件输出的信号(通常是模拟电信号)进行模数转换，使其成为数字电信号。

(4) 信号输出电路：将采集后的数值按照传感器要求的输出类型进行转换，主要包括通信接口和通信协议两方面。

数字传感器的 4 个组成部分可以根据传感器的结构和特性进行改变，尤其是随着微处理器技术的发展，可以在一定程度上实现信号调理、信号采集和信号输出功能的高度集成和数字化处理。例如，将误差修正功能保存在微处理器内部，实时修正，免去了复杂的外部电路。微处理器内部集成的模数转换器、通信接口和通用输入输出接口可以实现信号采集、信号输出和控制功能。

传感器的主要厂家有霍尼韦尔、TDK、禾赛科技等。国内新型传感器的主要厂家有宇立仪器、华威科、鑫精诚、远形时空、伟景智能、度量科技、柯力传感、他山科技、昊志机电、晶品特装、坤维科技、能斯达等。

2.2.3　机器人传感器的部署

1. 机器人传感器的部署原则

机器人内部状态传感器和外界环境检测传感器与传感器的安装位置无关，而与被检测信息所处的位置有关，因此机器人系统中各个传感器的部署应遵循“就近、适度、勿扰和安全”的原则。

1) 就近原则

传感器应在不干扰被测部件作业的情况下，尽可能靠近被测部件或与之密切接触。例如，某机器人部件在运行过程中发热量较大，应对其温度进行监控。根据就近原则，一体化传感器或者分体式传感器的温度探头应紧贴该发热部件并保证紧密接触，保证良好的导热性能，使传感器的感知温度尽可能接近部件的真实温度。例如，安装有光电编码器的直流电动机，根据就近原则，用于测量电动机转速的光电编码器可以直接安装在电动机轴上，以降低系统的复杂度，提升稳定性，降低成本，缩小体积；用于机器人姿态检测的加速度计和陀螺仪等传感器，则可以直接安装在待测部件上，如躯干、臂和腿等。

2) 适度原则

多传感器可以构建冗余感知系统以提升机器人系统的可靠性，构建描述内外部状态的高维度数据源。高精度传感器可以提供更高精度的各种状态数据，但是高维度、高精度和大量数据会对机器人的数据处理系统和决策系统造成巨大的压力，导致机器人需要更大的存储空间、更快的处理器和更长的处理时间，产生巨大的数据处理成本。因此，传感器选用应坚持适度原则。

3) 勿扰原则

传统传感器测量时往往需要紧贴被测部件或安装在机器人的特定位置上，在部署时可能会存在传感器体积与部件体积接近，导致部件体积、重量增大等问题，进而会导致部件工作状态发生改变。一旦发生类似情况，应该调整传感器的部署方式或者更换传感器的类型，从而尽可能减少对原部件的干扰，即遵循传感器部署的勿扰原则。例如，测量机器人手臂的姿态，应该在满足测量要求的情况下，选择体积小、重量轻的数字传感器，以减少对手臂运动的影响。

勿扰原则的另一方面是尽可能少地消耗被测物。例如，传感器 A 在感知特殊气体的浓度过程中，需要使用气体进行反应才能进行检测，而传感器 B 在检测过程中不消耗任何气体，因此在等同条件下应优先考虑传感器 B，以减少对被测物的消耗。

4) 安全原则

安全原则包括传感器自身安全和被测物安全两个方面。自身安全指在传感器工作周期内应该保证传感器不被工作环境所损害。例如，测量硫化氢气体浓度，既可以选用接触式的电化学传感器，又可以选用基于光谱分析的光学传感器，选用原则应在满足设备要求的前提下满足安全原则。

感知的过程也应该保护被测物的安全，这一点与勿扰原则是类似的。安全原则是传感器应用的底线，安装传感器对被测物所造成的干扰可以通过调整部件的工作模式进行补偿，但对被测物的损坏是无法补偿的。

2. 机器人传感器的汇集

传统的单模态感知中，机器人通过单一传感器获取环境信息，而多传感器、多模态融合综合利用不同传感器的信息，可以使机器人更好地理解周围环境并做出相应的反应，提高物体识别精度和准确性。智能机器人技术正迅速向深度智能驱动、高效以虚驭实、泛在敏捷操作及多元感知交互方向演进。

例如，robot flesh 具有先进的光电特性，可以通过可拉伸的光导来编码触觉刺激，包括变形、温度、振动和损伤刺激；可以用于创造具有高度逼真触觉反馈的交互式设备，实现机器人全息感知。基于生机电融合技术制造的康复机器人可感知人体的脑电、肌电、方位等信息，从而判断人体的运动意图，能够更加智能化地帮助残疾患者、术后康复患者、年老体弱患者实现康复，提升使用便捷性。

多个传感器汇集的形式主要有如下几点。

1) 互补性的

传感器可提供各种数据格式，对三维对象的辨识就是一例。采用彩色相机与激光测距机相结合的方式构建台阶状路面，其中，彩色相机提供颜色、特征等影像，激光测距机则提供距离信息，二者相结合，形成台阶状路面的三维信息。

2) 竞争性的

在传感器同时检测同一环境或物体的相同属性时，可能会产生一致的数据或矛盾。在出现数据矛盾时，系统须通过裁决机制处理，常用方法有加权平均法和决策法。在导航系统中，车辆位置的确定主要依赖两种方式：一种是计算法，通过速度、方向等数据进行推算；另一种是观察路标(如交叉路口或人行道等参照物)。成功观察到路标时，将其观测结果用于修正计算得出的位置信息；若未能观察到路标，则采用计算结果作为定位依据。多传感器信息融合的理想目标是模拟人类的感觉、识别和控制体系。随着机器人智能水平的不断提升，多传感器信息融合的理论和技术将逐步得到完善与系统化发展。

2.3　机器人信息感知性能指标

智能机器人传感器的性能指标

信息感知指对外界事物的感知、理解和反应。机器人的信息感知是通过传感器测量和融合实现的。对于信息感知的评价，既可以从主观角度出发，也可以从客观角度出发。客观来讲，机器人信息感知性能指标主要是传感器的指标参数。

传感器的特性指的是输入量与输出量之间的对应关系。被测的非电量通常分为两种形式：一种是稳定且几乎不随时间变化的，称为静态信号；另一种则是随着时间不断变化的，称为动态信号。因此，传感器的特性也相应地分为静态特性和动态特性。为了确保信号或能量能够按预定规律准确转换，传感器需要具备良好的静态和动态特性。

静态特性是指传感器在输入量保持不变时，输入与输出之间的对应关系，它描述了传感器在稳定条件下的表现。相反，动态特性则反映传感器对随时间变化输入量的响应能力，展示了传感器在处理不断变化的信号时的表现。通常，传感器的输入输出关系可以用微分方程来建模。在理论上，若忽略微分方程中所有高阶导数项(即设一阶及以上的微分项为零)，即可得到静态特性。由此可见，静态特性实际上是动态特性在特定条件下的简化形式。

2.3.1　机器人传感器的指标参数

当系统的输入和输出信号保持不变或仅缓慢变化时，传感器的静态特性得以体现，其主要参数包括测量范围、准确性、精度、灵敏度、分辨率、线性度和重复性等。动态特性则描述了传感器对随时间变化的输入信号的响应能力，不仅需要准确呈现测量值，还需再现测量值的时间变化规律。动态特性是传感器的重要属性之一，时效性能够反映这一特性。

1. 测量范围

测量范围是指传感器能够准确测量的输入信号的范围。这个范围通常以满量程 Y_{FS}表示，即测量上限值减去测量下限值。超过这个范围可能会导致测量误差或传感器损坏。

$$Y_{FS} = \text{测量上限值} - \text{测量下限值} \tag{2-1}$$

2. 准确性

准确性是指信息是否与事实相符合。信任信息来源的基础是其准确性。信息的准确性是评价信息感知的重要指标之一。信息准确性的评价由信息的真实性、客观性、准确度和完整性等因素组成。也就是说，信息准确性必须符合事实真实性和客观性的要求。

准确度是指在特定实验条件下，通过多次测量所获得的平均值与真实值之间的吻合程度，用以衡量误差的大小。误差通常分为偶然误差和系统误差。偶然误差的大小一般用精密度来描述，系统误差则用正确度来表示。准确度可以看作精密度与正确度的综合体现，反映了测量结果受到偶然误差和系统误差共同影响的程度。准确度计算公式如下：

$$D = \text{标准偏差（SD）} / \text{计算结果的算术平均值（}X\text{）} \times 100\% \tag{2-2}$$

误差是测量结果与参考量值之间的差异，通常由测得的量值减去参考量值而得。测得值指的是实际的测量结果，参考量值则通常是基于真值或约定标准来定义的。在测量时，人们通常将量的真实大小视为测量的真值。然而，这一概念实际上是理想化的，因为只有在“量被完全准确地确定并消除所有测量缺陷的情况下所获得的量值”才可认为是真值。因此，真值并不总是能够实现，而是一个理论上的目标。

完整性是指信息的结构是否完整，信息是否全面、清晰地传递给接收端。完整性是评价信息感知质量的重要标准之一。信息的完整性需要考虑整个信息环境的背景、全面的信息内容和传达的方式等多个方面。在评价信息感知质量时，完整性是不能忽略的一方面。

3. 精度

传感器的精度是指传感器所测量的数据结果与真实值之间的误差。这个误差通常表示成一个百分数或绝对数字。计算公式如下：

$$精度 = |实际测量值 - 理论值| / 理论值 \times 100\% \tag{2-3}$$

其中，实际测量值指传感器测量的物理量值；理论值指被测量物理量的真实值或标准值。

传感器的精度越高，测量的结果越接近真实被测量。传感器的精度通常受到多个因素的影响，如环境温度、湿度、电源稳定性以及传感器的制造质量等，主要包括如下几点。

(1) 环境条件：如温度、湿度、压力等。

(2) 安装及使用条件：如安装位置、姿态、载荷、自身振动等。

(3) 信号处理及校正：如放大器、滤波器、数字量转换器、校准算法等。

(4) 质量控制：如制造工艺、材料选择、清洁度等。

4. 灵敏度

灵敏度 k 是指传感器在稳态工作情况下输出量的变化值 Δy 与输入量的变化值 Δx 的比值，它是输出-输入特性曲线的斜率，即

$$k = \frac{\Delta y}{\Delta x} \tag{2-4}$$

式(2-4)反映了传感器在稳态下输出增量与引起该增量的输入增量之间的比例关系，可以用于描述传感器的静态特性，尤其是在输入信号保持不变或变化非常缓慢的情况下。例如，如果某位移传感器在位移变化 1mm 时，其输出电压变化为 200mV，则灵敏度可以表示为 200mV/mm。对于线性传感器，灵敏度等同于其静态特性的斜率；而对于非线性传感器，灵敏度是一个变化量，通常用 $\mathrm{d}y/\mathrm{d}x$ 来表示，反映在特定工作点的灵敏度。

传感器灵敏度受到以下几个因素的影响。

(1) 传感器本身的性能：传感器的灵敏度受到其结构、材料、技术等多种因素的影响。

(2) 环境因素：包括温度、湿度、气压等因素，这些因素会对传感器的输出产生影响，从而影响灵敏度。

(3) 输入信号的特性：如输入信号的大小、频率、波形等。

(4) 传感器与被测物之间的接触方式：接触方式不同，传感器的输入信号也不同，从而影响灵敏度。

5. 分辨率

分辨率指的是传感器所能检测到的最小测量值。当输入量缓慢变化时，如果变化未超出特定值，传感器的输出将保持不变，这个特定值即为传感器的分辨率。只有输入量的变化超过该分辨率，传感器的输出才会发生相应的改变。分辨率的高低与数字传感器的模数转换器(A/D 转换器)密切相关。

在计算传感器的分辨率时，首先需要理解分辨率的概念。分辨率，也称为解析度或解像度，是指量测或显示系统对细节的分辨能力，它决定了位图图像细节的精细程度。在传感器技术中，分辨率描述了传感器能够检测的最小变化量，通常与传感器的灵敏度有关。传感器的分辨率计算公式是

$$\text{分辨率} = 3\text{SD}/\text{灵敏度} \tag{2-5}$$

其中，SD 代表标准偏差，反映了数据的离散程度；灵敏度则代表传感器对输入变化的响应能力。

6. 线性度

通常，传感器的实际静态特性输出呈现为曲线而非直线。为使仪表读数具有均匀的刻度，实际应用中常用一条拟合直线来近似表示该特性曲线。线性度(即非线性误差)则是用来衡量传感器校准曲线与拟合直线之间不一致程度的指标。通过评估线性度，可以了解传感器输出的准确性和可靠性。

拟合直线用于表示传感器在其线性工作范围内的可测量区域，选择方法多种多样。可以将零输入和满量程输出点相连的理论直线作为拟合直线；或者选择一条使特性曲线上各点偏差的平方和最小的理论直线，这种拟合直线称为最小二乘法拟合直线。通过这些方法，可以更准确地描述传感器的线性特性。

线性度的计算涉及传感器校准曲线与拟合直线间的最大偏差$\Delta Y_{\max}$与满量程输出Y_{FS}的百分比，即

$$\delta = (\Delta Y_{\max} / Y_{\mathrm{FS}}) \times 100\% \tag{2-6}$$

δ数值越小，意味着传感器的线性特性表现得越好，也就是说，其输入与输出之间的关系更接近理想的线性状态。因此，线性度是评价传感器静态特性的重要参数，尤其是在被测输入量保持稳定时，其重要性愈加突出。

7. 重复性

重复性指传感器在输入量按同一方向(正向即输入量增大行程、反向即输入量减小行程)做全量程多次测试时，所得特性曲线不一致性的程度，即

$$\gamma_R = \pm\left(\frac{\Delta R_{\max}}{Y_{\mathrm{FS}}}\right) \times 100\% \tag{2-7}$$

式(2-7)用于量化传感器在输入量按同一方向在全测量范围内多次测量时，输出特性不一致的程度。重复性是传感器静态特性中的一个重要指标，反映了传感器在相同条件下重复测量时结果的稳定性和一致性。当多次在相同输入条件下进行测试时，输出特性

曲线越重合，则表明传感器的重复性越好，测量误差也相应越小。这意味着传感器在相同环境和条件下能够稳定地输出一致的结果，从而增强了测量的可靠性。如果重复性不好，意味着传感器在相同条件下多次测量的结果会有较大的偏差，这会影响测量的准确性和可靠性。

传感器输出特性的重复性主要受到多个因素的影响，包括传感器机械部件的磨损、间隙和松动，以及部件内部摩擦、积尘等问题。此外，辅助电路的老化和漂移也会显著影响传感器的输出稳定性。这些因素综合作用，导致传感器在相同条件下无法提供一致的输出结果。

8. 时效性

时效性是指信息的采集时间和接收时间之间的时间差。时效性对于评价信息感知质量有重要的作用。信息接收的时间越接近事件发生的时间，越能够表达出事件的真实性和客观性。时效性可以用响应时间、上升时间和下降时间来表示。

1) 响应时间

响应时间是指传感器输出信号从变化开始到保持稳定输出所需的时间。响应时间越短，传感器对被测量物理量的变化就越能及时地反映出来。常用的响应时间计算公式为

$$响应时间 = 0.9\times(T_2 - T_1) \tag{2-8}$$

其中，T_1 为变化开始的时刻；T_2 为输出信号稳定的时刻。响应时间通常使用毫秒(ms)作为单位。

2) 上升时间和下降时间

上升时间和下降时间是指传感器输出信号从低电平到高电平和从高电平到低电平所需的时间。这两个指标反映了传感器输出信号的快速性和稳定性，通常使用毫秒(ms)作为单位。计算公式如下：

$$上升时间 = 0.9\times(T_1 - T_S) \tag{2-9}$$

$$下降时间 = 0.9\times(T_2 - T_S) \tag{2-10}$$

其中，T_1 为输出信号从低电平到高电平的时刻；T_2 为输出信号从高电平到低电平的时刻；T_S 为信号稳定的起始时刻。

2.3.2 机器人传感器的性能要求

虽然机器人上所用的传感器与其他装置上的传感器原理基本相同，但受工作精度和工作场合等条件的约束，机器人对传感器有着更高的要求，具体要求如下。

1. 精度高、灵敏度高、分辨率高、重复性好

机器人系统中的传感器应当具有比民用设备传感器更高的精度和更好的重复性。例如，工业机器人对机械手的定位和承重的要求，远高于普通民用产品的要求。此外，机器人在工作过程中往往从事的是重复性劳动，其传感器始终在特定范围内进行重复测量，因此为了保证每次测量的准确性和一致性，机器人上的传感器必须有良好的重复性。

2. 稳定性好、可靠性好

机器人的工作环境通常较为复杂和恶劣，与民用传感器的工作环境相比，机器人的工作环境可能面临着高温、高压、高湿度、高粉尘，甚至是有毒、有害、有腐蚀性的威胁，因此机器人所使用的传感器必须能够在这样的环境中保证更高稳定性和可靠性。

3. 抗干扰能力强

机器人工作的场合电磁环境复杂，伺服电动机、推进器以及电焊等设备工作电流大、电流变化快，会向外辐射大量电磁波，造成电磁干扰问题，因此机器人所使用的传感器必须具有对电磁干扰的防护能力。

4. 重量和体积优势强，安装替换方便

机器人所使用的传感器工作时间长、工作强度大，因此在使用时，应能够方便地应对发生的故障，快速地拆卸故障传感器，安装新传感器，以减少机器人因故障导致的停机时间。

2.4 本章小结

机器人信息感知是机器人迈向自主化、智能化的重要基础，是机器人系统获取外界状态和自身状态的重要途径，是机器人与外部环境的重要接口。本章对智能机器人信息感知进行了总体介绍，主要包括机器人信息感知的系统架构、感知方式和性能指标等。

2.5 习　题

2-1　智能传感器是由_____和_____相结合而构成的。

2-2　机器人传感器主要分为_____和_____两类。

2-3　传感器一般由_____、_____、_____、_____等组成。

2-4　简述传感器组成，并分别介绍每个组成部分的功能。

2-5　机器人传感器主要分为哪两种类型?并分别简述每种类型的作用及其在机器人中的作用。

2-6　智能传感器的实现方式主要有_____、_____和_____三种形式。

2-7　简述机器人对传感器的基本性能要求。

2-8　某传感器给定精度为 2%，满度值为 50mV，零位值为 10mV，求可能出现的最大误差(以 mV 计)。

2-9　已知某传感器静态特性方程为 $y=e^x$，分别使用切线法、端基法及最小二乘法在 $0<x<1$ 范围内拟合刻度直线方程，并求出相应的线性度。

第3章　智能机器人内部传感器

机器人系统中的传感器用于采集机器人内部和外部状态信息，实现类似人类的感知作用。根据传感器在机器人系统中的感知类型，可以分为内部感知传感器和外部感知传感器两类。

内部感知传感器简称内部传感器，用于机器人监测自身的状态，收集机器人本体速度、扭矩和位置角度等内部数据，以调整机器人的运作方式和行为。内部状态通常包括机器人本体姿态和各运动部件的姿态、能量状态、运动状态和位置状态，以及机器人自身各部件的运行状态。特别需要注意的是，内部传感器并不特别要求安装在机器人“内部”，监测机器人运动状态的传感器可以是机器人内部的传感器，如电流传感器、电压传感器、加速度计、陀螺仪或电子罗盘(digital compass)等；也可以在机器人外部安装传感器，如使用摄像头监测机器人的状态；或内外结合，例如，机器人使用北斗/GPS卫星定位系统确定自身的位置信息，则该系统既有机器人内部的定位芯片，又有依赖外部的卫星系统等。

距离与位置检测传感器

3.1　距离与位置检测传感器

距离检测传感器在机器人导航和障碍物回避中具有广泛应用，它不仅能够帮助机器人确定工作空间内物体的位置，还能协助判断物体的基本形状特征，提升其环境感知能力。另外，位置检测传感器主要用于测量机器人末端执行器的位置信息。位置检测传感器的工作原理是通过引用某个固定点，或者从该固定点进行定位，从而检测物体的位置，并提供反馈数据。这种反馈用于确保机器人的运动精准性与稳定性。

确定位置的一种方法是使用“距离”，如从某个固定点行进或移动的距离，或者使用“旋转”(角运动)，如机器人轮子的旋转以确定其沿地面行进的距离。无论哪种方式，位置检测传感器都可以使用线性传感器检测物体的直线运动，或者使用旋转传感器检测物体的角运动。

位置检测传感器用于测量机器人的位置，功能上可分为两类。

第一类是固定位置检测传感器，主要用于确定机器人的起始点、终止点或特定位置，通常输出ON/OFF信号。常用的元件包括限位开关和光电开关。限位开关通过物理接触限制机械运动的范围，光电开关则通过监测光强度变化并转换为电信号来探测物体位置。

第二类是可变位置和角度检测传感器，负责测量机器人关节的线性和角位移，是实现位置反馈控制的重要组成部分。常见的脉冲传感器包括直线和角脉冲传感器。直线脉冲传感器通常使用电位计或可调变压器，角脉冲传感器则包括电位计、旋转变压器和光电编码器。光电编码器分为增量式和绝对式，增量式适用于不确定零位的伺服控制，绝对式则提供与初始位置相关的精确角度信息。接下来将介绍几种常用的位置检测传感器。

3.1.1　声波测距

图 3-1 为超声波测距原理图。超声波是指频率超过 20kHz 的机械振动波。它通过发射脉冲信号并测量接收到的脉冲与发射之间的时间间隔，来计算与目标物体之间的距离。超声波位置检测传感器发射通常由压电晶体换能器产生的高频声波，压电晶体换能器产生的超声波从被测物体或目标反射回压电晶体换能器，在此产生输出信号。基于超声波的位置检测传感器可在数米(m)的距离内探测任何类型的物体。基本原理是：测量传感器发射器发出超声波脉冲，然后超声波脉冲被目标物体反射并被传感器接收器拾取的飞行时间。超声波传感器可以用作接近传感器，报告物体在传感器的指定范围内；或者用作提供测距信息的位置检测传感器。

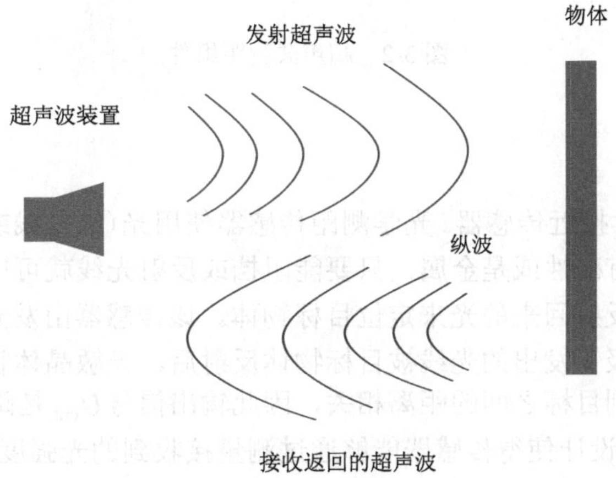

图 3-1　超声波测距原理图

使用超声波进行测距时，测量从发射器发射超声波脉冲(上)到反射脉冲(下)返回的时间。这个时间是初始脉冲从传感器到目标物体飞行时间的两倍。

从发射脉冲到接收反射的时间代表从传感器到目标物体再返回的飞行时间。知道传播的速度和飞行的时间，就可以计算出距离。例如，飞行时间是 3.1ms。对于空气来说，在 70℉ (21.11℃)时声音的速度是 1128ft/s ($1ft=3.048\times10^{-1}m$)，因此到物体并返回的总距离是 3.50ft，从传感器到物体的距离是 1.75ft。

图 3-2 为超声波测距组件。MatBotix Inc.的 MB1634-000 是一种超声波接近传感器，测量范围为 5m(16.4ft)。它需要一个 2.5～5.5V 的电源，工作频率为 42kHz，它将到目标的距离输出为模拟电压、脉冲宽度或晶体管-晶体管逻辑(TTL)串行数据流。它针对目标尺寸变化、工作电压和内部温度(可选择外部温度补偿)进行了补偿，所有这些功能都封装在一个小于 $1in^3$ 的封装中——$0.875in\times1.498in\times0.58in$ (1in=2.54cm) ($22.23mm\times38.05mm\times14.73mm$)。

超声波传感器具有许多优势，尤其是在能够适应多种材料和表面特性的目标物体方面。相比其他类型的传感器，超声波传感器在探测远距离的小物体时表现更加出色。此外，它们在面对外部干扰时表现得尤为可靠，能够有效抵抗如振动、环境噪声、电磁干扰(EMI)

以及红外辐射等因素的影响。然而，超声波传感器也存在明显的局限性，主要在于其宽波束导致分辨率较低。因此，这类传感器常应用于需要检测范围广泛但精度要求不高的任务，如机器人导航和障碍物回避等场景。

图 3-2　超声波测距组件

3.1.2　红外测距

图 3-3 所示为光学接近传感器。光学测距传感器使用光(红外线或可见光)来感应物体。其优点是目标不需要有磁性或是金属，只要能阻挡或反射光线就可以。基本原理是通过发射一束光并检测目标反射回来的光来定位目标物体。该传感器由发光二极管(LED)和光敏晶体管构成。发光二极管发出的光线被目标物体反射后，光敏晶体管接收到反射光。接收到的光强度与传感器到目标之间的距离相关，因此输出信号 U_{out} 是距离 x 的函数，可以表示为 $U_{\text{out}} = f(x)$。这种设计使得传感器能够通过测量接收到的光强度来推算与目标的距离。红外信号调制成某一特定频率，可大大提高信噪比。

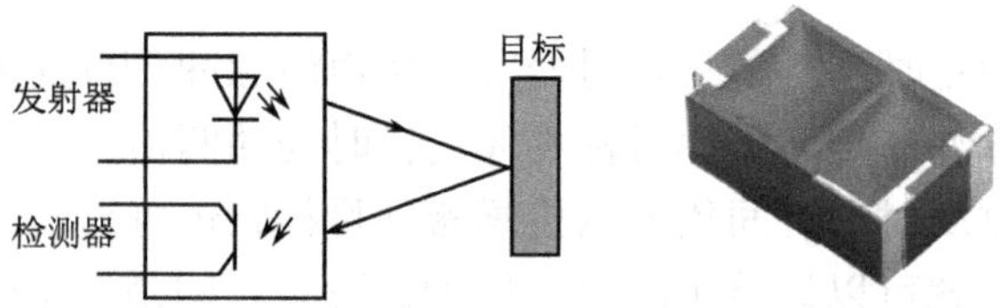

图 3-3　光学接近传感器

Omron Electronics Inc.的 EE-SY1200 是一个出色的光学接近传感器实例，如图 3-3 右侧所示。它是一个安装在小型印刷电路板上的超紧凑光传感器，工作在 850nm 的红外波长下。它包括一对 LED 发射器和光电晶体管，采用表面贴装封装，尺寸为 1.9mm×3.2mm×1.1mm(0.0748in×0.126in×0.043in)，工作温度为–25～85℃。其推荐感应距离为 1.0～4.0mm(0.039～0.157in)。由于它采用小尺寸板安装，因此成为如自动缠绕机中金属化麦拉材料对准之类应用的理想选择。

3.1.3　激光测距

激光测距法可通过回波法或激光测距仪实现。其原理为：氦氖激光器固定在基线，通过反射镜将激光投射到目标物体上，随着电动机驱动反射镜旋转，激光点稳定扫描目标。

反射光由 CCD 摄像机接收，利用图像处理技术检测激光点。根据位置坐标和摄像机的光学特性计算出反射角，再根据三角法精确计算反射点的位置。这种方法不仅提高了测量精度，还扩展了测距范围。

普通连续发射的激光难以测量光的传播时间，因此通常采用脉冲法或相位法来测量激光在介质中的传播时间。脉冲法是指利用持续时间极短、瞬时功率极大、能量非常集中的激光脉冲进行测距的方法。该方法可以用于地形测量、战术测距、导弹轨迹跟踪，以及人造卫星、地月测距的远距离和超远距离测距。

脉冲法的测距原理如图 3-4 所示。由激光发射器发射一个短时间大功率的脉冲激光信号，该信号经过 L 距离的传播之后到达被测物体表面并被反射，反射信号被激光接收器接收，根据激光的传播时间间隔 t，就可以得出目标物体的距离。脉冲法的测距精度与激光发射器的光电转换速度、激光接收器的信噪比和时间计量精度密切相关。

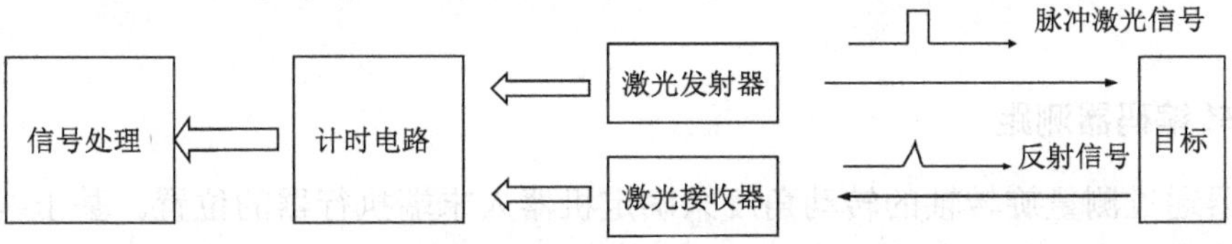

图 3-4　脉冲法的测距原理图

对比脉冲法、相位法和三角法的特性，如表 3-1 所示。

表 3-1　脉冲法、相位法和三角法的特性对比

方法类型	脉冲法	相位法	三角法
测距范围	长	中	中
测距精度	中	高	高
传感器体积	小	小	大
电路系统	复杂	复杂	简单
阵列	适合	适合	不适合
抗环境干扰	高	中	低

可见，脉冲法原理简单、收发光学系统简单，远距离测距只需要增强激光功率、提升接收器灵敏度即可，但是对高精度计时电路的要求较高。相位法同样具有原理简单、收发光学系统简单的优点，但是其测距限制较大，不能超过调制信号的一个周期，无法适用于长距离测距。三角法精度高，但容易受到外界光源的影响。

在激光测距领域，同样存在与声呐类似的阵列测距设备——激光雷达（light detectionand and ranging，LiDAR）。激光雷达的基本原理依然是脉冲法、相位法或三角法，但增加了扫描机构，使激光可以实现“上下+旋转”的扫描工作方式，通过机械旋转实现扫描的激光雷达较为传统，称为机械式激光雷达。图 3-5 是 Velodyne 公司的 64 线激光雷达 HDL-64E 的外观和内部结构示意图，每组发射机有 16 个激光发射器，每组光学接收镜头有 32 个接收器，构成 64 条激光扫描线，在内部电路的控制下，在水平和俯仰方向上形成光学扫描。

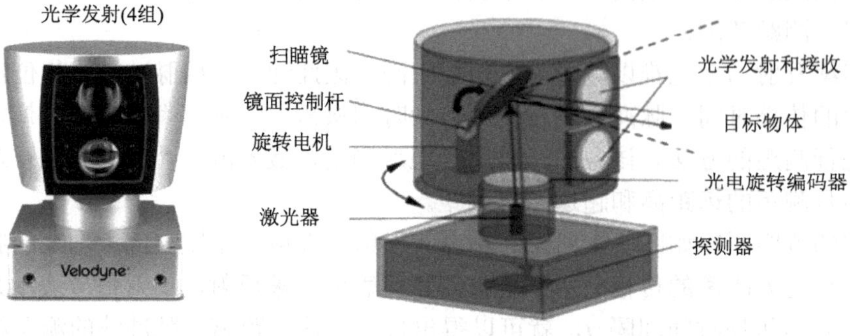

(a) 激光雷达HDL-64E外观　(b) 内部结构示意图

图 3-5　64 线激光雷达 HDL-64E 外观和内部结构示意图

3.1.4　旋转编码器测距

编码器通过测量旋转轴的转动角度来确定机器人末端执行器的位置。基于编码器的光学位置传感器可用于线性和旋转运动。现在市场上绝大多数工业机器人均安装的是光电旋转编码器，俗称“码盘”。用以实现位移测量的编码器有多种，可分为光电式、磁场式、感应式和电容式，其中以光电编码器的应用最为广泛。

光电编码器是一种将输出轴的机械位移转换为脉冲(模拟量)或数字量的传感器。根据工作原理，光电编码器可分为增量式光电编码器、绝对式光电编码器、混合式绝对值光电编码器、旋转变压器和正余弦伺服电机编码器。其中，增量式、绝对式和混合式光电编码器属于数字量编码器，旋转变压器和正余弦伺服电机编码器则属于模拟量编码器。目前，数字量编码器的应用最为广泛。

典型的光电编码器如图 3-6 所示，光电编码器由光栅盘和光电检测装置组成。光栅盘是一个固定直径、带有均匀长方形孔的圆盘，与电动机同轴旋转。当电动机转动时，光栅盘同步旋转。通过发光二极管等元件，光电检测装置输出脉冲信号。通过计算编码器每秒输出的脉冲数量，可实时测量电动机的转速。

图 3-6　典型的光电编码器

1. 增量式光电编码器

增量式光电编码器可以用于测量角位移，并通过检测光电脉冲的频率来计算转速。如果与机械装置配合，它还可以将直线位移转换为角位移进行测量。常见的转换方法包括齿轮齿条系统或滚珠螺母与丝杆的组合。需要注意的是，测量精度受到机械直线-旋转转换器精度的影响。

2. 绝对式光电编码器

增量式光电编码器容易受到外部干扰，可能导致计数错误，且在停电或故障后难以恢复准确位置。绝对式光电编码器解决了这些问题，如图 3-7 所示，其原理和构成与增量式光电编码器类似，包含 LED 光源、旋转码盘、检测光栅、光电检测器和转换电路。绝对式光电编码器通过不同数字表示各个增量位置，直接输出数字信号。如图 3-8 所示，圆形码盘上有多个同心码道，由透光和不透光的扇形区域交替组成，且相邻码道的扇形数量成双倍关系。光源位于码盘一侧，光敏元件位于另一侧。当码盘转动时，各光敏元件根据光照情况输出相应电平信号，形成二进制数。这种编码器不需要计数器，任何位置都可直接读取对应的数字码，码道越多，分辨率越高。例如，具有 N 位二进制分辨率的编码器需配备 2^N 条码道。

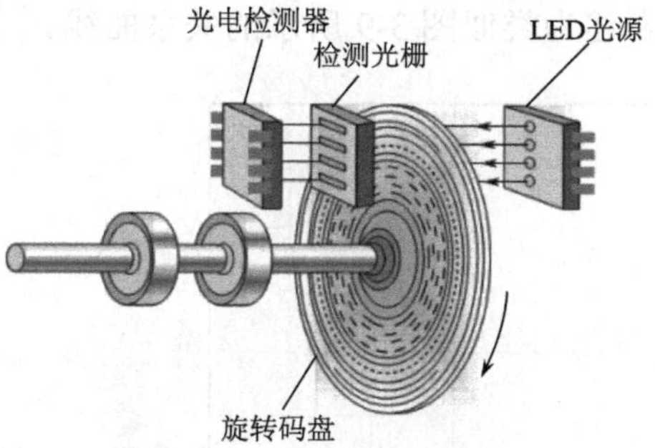

图 3-7　绝对式光电编码器

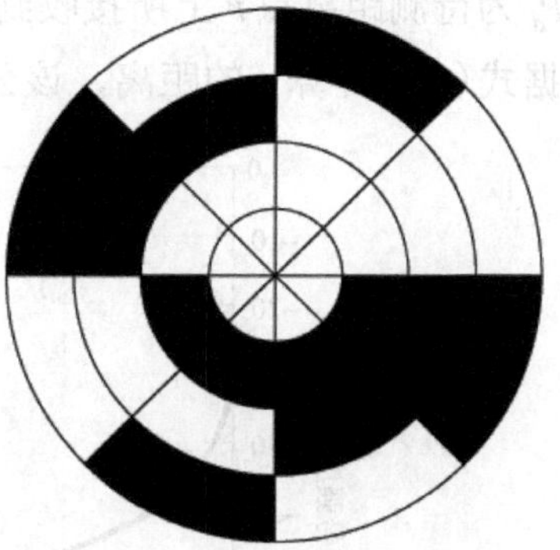
图 3-8　四位二进制的码盘

3. 两种光电编码器的比较

增量式光电编码器具有多个优点，包括结构简单、易于实现、机械寿命可达数万小时、高分辨率以及良好的抗干扰能力，信号传输距离远且可靠性高。然而，它的缺点是无法直接获取转动轴的绝对位置信息。采用相对编码后，掉电时会丢失旋转角度数据，须重新复位。

绝对式光电编码器在每个检测周期内为不同的角度分配独特的格雷码编码，这使得每个输出的位置数据都是唯一且不可重复的。其机械连接设计确保在掉电时编码器的位置保持不变，因此重新上电后，用户可以立即获取当前位置的精确数据。此外，绝对式光电编码器输出的是格雷码，完全消除了模拟信号检测中的误差问题，提升了系统的可靠性和准确性。

表 3-2 为两种编码器的优缺点比较。

表 3-2　两种编码器的优缺点比较

比较项目	增量式光电编码器	绝对式光电编码器
功能	可测量位置和速度	只能测量速度
信息处理	信息处理复杂，需要方向辨别电路	码盘与位置一一对应，信息处理简单，不需要方向处理电路
抗干扰能力	弱	强
加工	易	难
体积	小	大
价格	低	高

3.1.5　电磁波测距

电磁波测距是另一类典型的根据接收机接收到的信号强度计算距离的方法，又称为 RSSI(received signal strength indication)测距。电磁波测距大多基于 ZigBee、Wi-Fi 或蓝牙等无线通信设备实现，如 CC2430 和 CC2431 等。这一类射频设备通常工作在 2.4GHz 频段，具有较长的传输距离和较好的穿透性，设备本身还具备体积小、功耗低等特点。

理论上，RSSI 与距离的关系如下：

$$P_d = P_0 - \ln(r / r_0) \tag{3-1}$$

其中，P_d 为待测距离点 r 上所接收到的信号强度；P_0 为已知距离点 r_0 上的信号强度。因此，可以根据式(3-1)计算 r 的距离，该公式可以表述为类似图 3-9 所示的关系曲线。

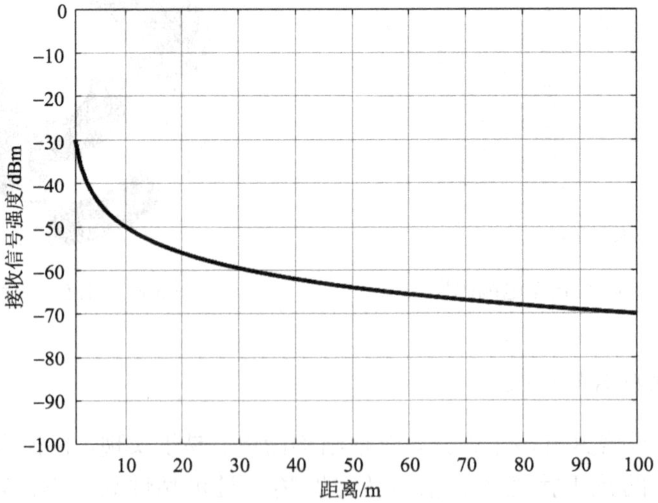

图 3-9　RSSI 与距离的理想关系曲线

在实际的 RSSI 测距过程中，电磁波信号会受到各种外界环境因素的干扰，包括反射、衍射、吸收以及多径效应等，造成接收到的 RSSI 信号出现抖动，测距距离越远，RSSI 信号越弱，出现的抖动幅度就越大，RSSI 的测距精度就越低。RSSI 测距的工作距离较短，一般要求 RSSI 在−80dBm 以上才可以进行有效测距。

但 RSSI 测距的优势在于信号传输的无方向性，即电磁波在开放空间中的自由传播特性，使得其具备了声波测距和红外测距不具备的全向性，可以简单地实现“被测传感器节点发射信号、多参照物节点同时接收”的三角定位功能。

3.1.6　距离与位置检测传感器在机器人中的应用

内部感知传感器收集机器人本体速度、扭矩和位置等内部数据。这些传感器通常用于机器人的控制。

无论机器人本身的设计多么精良，仍须依靠所使用的元件才能充分发挥其功能与效用。机器人所用的控制器需要接收机器人各连接处的即时位置信息反馈，因此编码器也是确保机器人精度不可或缺的重要元件。机器人每个轴的驱动电机末端均安装有编码器，机器人运动控制系统中编码器的作用是将位置和角度等参数转换为数字量。可采用点接触、磁效应、电容效应和光电转换等机理，形成各种类型的编码器。图 3-10 是工业机器人中安装编码器的位置。

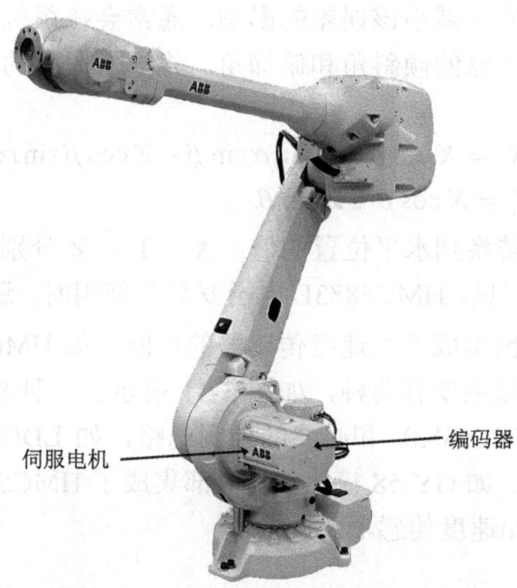

图 3-10　工业机器人中安装编码器的位置

3.2　姿态检测传感器

姿态传感器

姿态检测传感器是用来感知机器人本体以及相关部件与地面之间的相对关系，主要是感知相对角度的传感器。非移动式机器人或在固定轨道上运行的机器人由于位置限制，其姿态也相对固定。而移动式机器人由于位置可变，其姿态会随着位置的改变而发生变化，因此必须检测机器人本体和部件的姿态，以防止机器人失控或出现运动风险，以便机器人及时进行调整。

静止状态机器人姿态主要包括两类：机器人特定位置的朝向和机器人在空间中呈现的各向角度。对于在地球坐标系中的各类机器人来说，机器人特定位置的朝向通常指机器人头部在地球磁场中的指向角度，通常使用电子罗盘进行测量。机器人在空间中呈现的各向角度指机器人本体坐标系相对于地球坐标系的偏移角度，通常使用加速度传感器或倾角传感器(inclinometer)进行测量，测量重力加速度 g 在机器人本体坐标系中的分量，以计算机器人的姿态。此外，处于旋转状态的机器人还需要确定其绕特定轴旋转的角速度，通常使用陀螺仪(又称角速度传感器)进行测量。

3.2.1　电子罗盘

电子罗盘又称电子指南针，与传统的指南针功能相同，是一类用于指示方向的传感器。为了保证电子罗盘能够在任意姿态下指示方向，目前主流的 MEMS(微机电系统)电子罗盘通常在内部安装有三个相互垂直的磁阻传感器，以保证在传感器非水平放置时仍然能够检测地球磁场相对于传感器的方向，如霍尼韦尔公司生产的 HMC5883L 等。

电子罗盘使用内部每个轴向上的磁阻传感器来检测该方向的地磁场强度，即地磁场在 3 个轴上的分量：①当电子罗盘水平放置，即俯仰角和倾斜角均为零时，使用地磁场在 X 轴和 Y 轴的分量即可计算模块的方向值；②当电子罗盘倾斜放置时，方向值的误差取决于俯仰角和倾斜角的大小。为了减小该误差的影响，通常会在系统中增加一个倾角传感器或加速度传感器以测量电子罗盘的倾斜角和俯仰角。将电子罗盘的三轴重新映射到水平平面上，映射过程可以表示为

$$\begin{aligned} X_r &= \boldsymbol{X}\cos\alpha + \boldsymbol{Y}\sin\alpha\sin\beta - \boldsymbol{Z}\cos\beta\sin\alpha \\ Y_r &= \boldsymbol{X}\cos\beta + \boldsymbol{Z}\sin\beta \end{aligned} \tag{3-2}$$

其中，X_r 和 Y_r 分别为要转换到水平位置的值；$\boldsymbol{X}$、$\boldsymbol{Y}$、$\boldsymbol{Z}$ 分别为三个方向的矢量值；α 为俯仰角；β 为倾斜角。可见，HMC5883L 电子罗盘在使用时，还需要配备加速度传感器，因此在部分电子罗盘中，也集成了加速度传感器的功能，如 HMC6343 等。

目前，市售的电子罗盘主要有两种，如图 3-11 所示。一种是只带有 HMC5883L 的独立模块，模块中只包含 HMC5883L 和必要的外围电路，如 LDO、电阻和电容等；另一种是多类型传感器集成模块，如 GY-58 模块，其内部集成了 HMC5883L 电子罗盘、ITG3205 陀螺仪和 ADXL345 三轴加速度传感器。

(a) 基于HMC5883L的模块　　(b) GY-58模块

图 3-11　基于 HMC5883L 的模块和 GY-58 模块

GY-58 模块上的所有传感器都是 I2C 总线，只需要占用微处理器的一个 I2C 即可完成检测和通信功能。例如，将 GY-58 连接至树莓派开发板后，只需要使用 i2cdetect 命令检测

I2C 设备地址即可识别相应的传感器。如图 3-12 所示，其中，地址 68 对应 ITG3205 传感器，53 对应 ADXL345 传感器，1e 对应 HMC5883L 传感器。

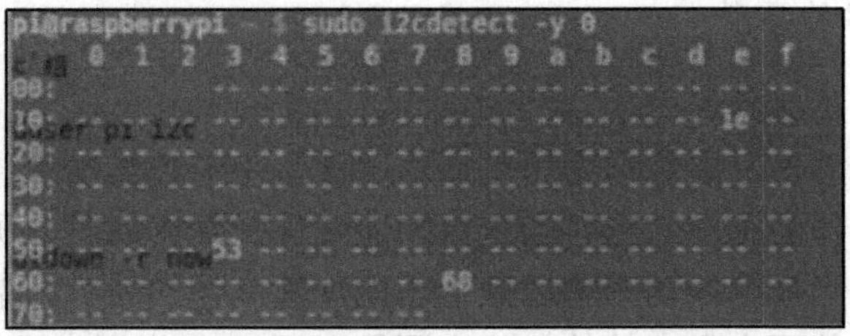

图 3-12　使用树莓派检测 GY-58 模块上的传感器

3.2.2　加速度传感器

在机器人的控制和路径规划中，速度和加速度传感器发挥着重要的作用。通过传感器的组合和计算，可以获得更准确和可靠的机器人位置、速度和姿态等状态信息，为机器人的控制和路径规划提供更加精确的参考数据。

加速度传感器是一种能够测量物体加速度力的装置。这种加速度力可能是由于运动、重力或者两者的结合造成的。在最基本的形式中，加速度传感器可以量化物体速度的变化，这是现代技术中不可或缺的一部分，广泛应用于各种设备和系统中，从智能手机到汽车，再到工业机器人。

加速度传感器的历史可以追溯到 20 世纪初。最初，它们是基于机械系统设计的，随着时间的推移，技术的发展使得这些传感器变得更小、更精确，并且集成了电子系统。近年来，微机电系统技术的出现标志着一个新时代的开始，这使得加速度传感器可以制造得足够小，以至于可以轻松集成到手机和可穿戴设备中。

1. *加速度传感器的工作原理*

1) 基础物理原理

加速度传感器的工作原理基于牛顿的运动定律，即任何物体的加速度与作用在其上的力成正比，与其质量成反比。这类传感器通过检测由加速度而产生的内部力来测量加速度。当传感器(或传感器所附着的设备)移动或改变方向时，内部的微型组件会因惯性而发生位移，这种位移随后转换为电信号，从而量化加速度。

2) 传感器组件与结构

加速度传感器通常由微型质量块、弹簧系统和电子组件组成。这些微型质量块在受到加速度时会相对于其支架移动。这种移动可以是基于压电材料、电容变化或其他物理效应的。在 MEMS 加速度传感器中，这些部件被微型化并集成到单个芯片上。这种微型化不仅减小了尺寸和重量，也提高了传感器的灵敏度和响应速度。

3) 信号转换过程

在加速度传感器中，物理运动转换为电信号的过程是至关重要的。当微型质量块移动时，它改变了与之相连的电子元件的属性(如电阻、电容或压电电压)。这些变化随后被电子电路检测并转换成电信号。这些信号可以被进一步放大、过滤并转换成数字格式，以便于微处理器或计算设备读取和分析。

2. 加速度传感器的类型

1) 压电式加速度传感器

压电式加速度传感器，通常称为压电加速度计，是一种惯性式传感器。其工作原理基于压电陶瓷或石英晶体的压电效应。当压电加速度计受到振动时，质量块施加在压电元件上的力会随之变化。当被测振动频率远低于压电加速度计的固有频率时，这种力的变化与被测加速度成正比，从而实现高效的加速度测量。图 3-13 为压电式加速度传感器结构图，其中 *S*、*M*、*P*、*B*、*R* 分别代表着压电传感元件、质量块、支撑结构、基座和防护罩。

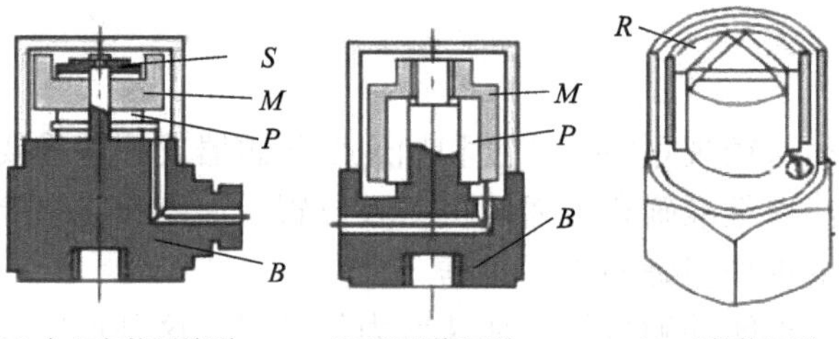

图 3-13　压电式加速度传感器结构图

2) 压阻式加速度传感器

图 3-14 为压阻式加速度传感器，基于先进的 MEMS 硅微加工技术，其具有体积小、功耗低的显著特点，便于与各种模拟和数字电路集成。它广泛应用于汽车碰撞试验、测试仪器以及设备振动监测等领域，提供可靠的加速度测量解决方案。

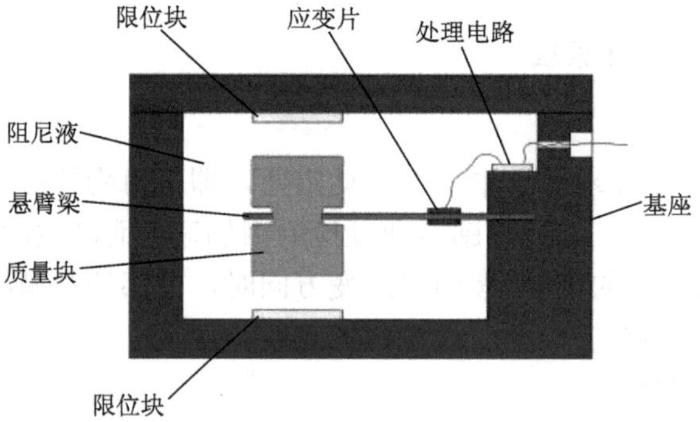

图 3-14　压阻式加速度传感器

3) 电容式加速度传感器

图 3-15 为电容式加速度传感器。电容式加速度传感器是一种基于电容原理的极距变化型传感器，广泛用于各种加速度测量应用中。在某些领域，如安全气囊和手机移动设备中，它几乎是不可替代的。采用微机电系统工艺制造的电容式加速度传感器在大规模生产时具有经济优势，从而有效降低了成本，同时保持了高性能。

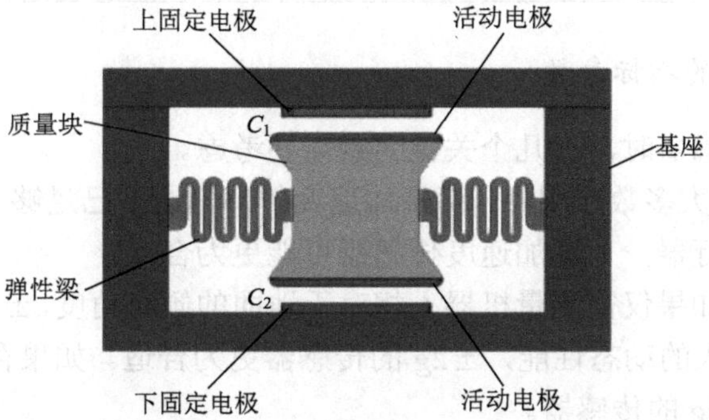

图 3-15　电容式加速度传感器

4) 伺服式加速度传感器

伺服式加速度传感器是一种闭环测试系统，具有优异的动态性能、大范围的动态测量能力和良好的线性度。其工作原理与普通加速度计类似，采用“m-k”系统构成振动系统。然而，伺服式加速度传感器的质量块上还连接有电磁线圈。当基座受到加速度输入时，质量块会偏离其平衡位置，位移传感器会检测到这种位移。经过伺服放大器放大后，信号转换为电流输出，该电流流经电磁线圈，产生的电磁恢复力会将质量块拉回原来的平衡位置，从而实现闭环控制。这种设计使得伺服式加速度传感器能够在高精度要求的应用中表现出色。

由于具备反馈机制，伺服式加速度传感器增强了抗干扰能力，提高了测量精度，并扩展了测量范围。这种技术在惯性导航和惯性制导系统中得到了广泛应用，同时也在高精度振动测量和标定过程中发挥着重要作用。这使得伺服式加速度传感器成为许多精密仪器和系统中的关键组件。

5) MEMS 加速度传感器

图 3-16 为 MEMS 加速度传感器。MEMS 加速度传感器是一种微型化的传感器，利用微机电系统技术制造。它们能够在非常小的尺寸内集成机械和电子功能。MEMS 加速度传感器具有尺寸小、成本低、功耗低和高度集成化的特点，非常适合于可穿戴设备、智能手机和车辆系统。此外，它们还提供了良好的精度和响应速度，满足多种应用的需求。

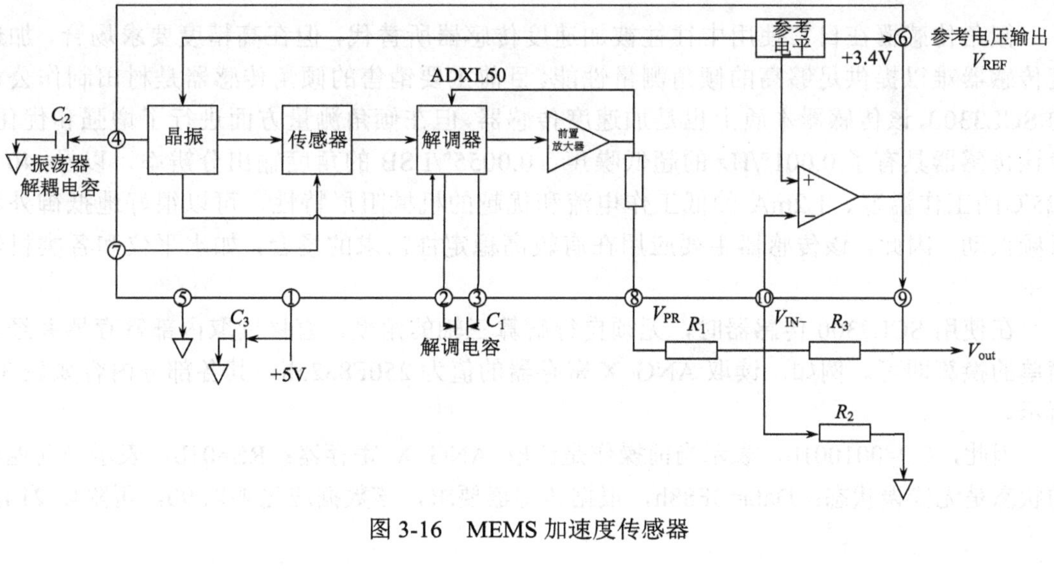

图 3-16　MEMS 加速度传感器

3. 加速度传感器的指标参数

在选择加速度传感器时，有几个关键因素需要考虑。

(1) 测量轴数量：大多数应用中，两轴加速度传感器通常已足够。而对于特定应用，如无人机或无人水下航行器，三轴加速度传感器可能更为合适。

(2) 最大测量值：如果仅需测量机器人相对于地面的倾斜角度，$\pm 1.5g$ 的传感器就足够。然而，若要评估机器人的动态性能，$\pm 2g$ 的传感器更为合适。如果存在突发加速或减速的情况，则需要使用 $\pm 5g$ 的传感器。

(3) 灵敏度：灵敏度越高，传感器对加速度变化的响应越敏感，输出电压变化也越显著，从而提高测量精度。最小加速度测量值(最小分辨率)应远离噪声干扰，确保最佳信噪比。最大测量极限需要考虑传感器的非线性影响以及后续仪器的最大输出电压。该极限可以通过公式计算——最大被测加速度乘以传感器的电荷或电压灵敏度。如果计算结果超过仪器的最大输入电荷或电压，可能会导致测量不准确或损坏设备，应在传感器的“参考量程范围”中进行选择。

(4) 带宽：是指传感器的刷新频率，即每秒产生的读数次数。对于单纯测量倾角的应用，50Hz 的带宽通常已经足够。如果涉及动态性能的测量，如振动分析，则需要选择带宽达到数百赫兹的传感器以满足要求。

(5) 电阻/缓存机制：某些微控制器要求所连接传感器的阻值小于 10Ω。如果加速度传感器的阻值为 32Ω，可能会导致在某些控制板(如 PIC 或 AVR)上无法正常运行。因此，在选购之前应仔细查阅控制器手册，确保传感器与之兼容。

(6) 累积误差：加速度传感器通过在特定时间段内测量加速度，并结合之前的速度和位置数据计算位移和终点速度。尽管缩短取样时间可以提高精度，但也会受到计算机处理速度和传感器响应时间的限制。此外，速度和位置的累加会导致累积误差，长期使用可能显著降低总体精度。

3.2.3　倾角传感器

倾角传感器在日常使用中往往被加速度传感器所替代，但在高精度要求场合，加速度传感器难以提供足够高的倾角测量性能。目前主要销售的倾角传感器是村田制作公司的 SCL3300，该传感器本质上也是加速度传感器，但在倾角测量方面进行了增强和优化，使该传感器具有了 0.001°/Hz 的超低噪声、0.0055°/LSB 的角度输出分辨率，以及–40～125℃的工作温度、1.2mA 的低工作电流和优越的机械阻尼特性，可以很好地抵御外界低频振动。因此，该传感器主要应用在有较高稳定性需求的场合，如水平仪和各类机器人中。

在使用 SCL3300 传感器时，无须自行解算三轴的角度，直接读取内部寄存器并经过简单的换算即可。例如，读取 ANG_X 寄存器的值为 250F8825h，其各部分内容如表 3-3 所示。

因此，OP=001001b，表示当前操作是读取 ANG_X 寄存器；RS=01b，表示当前返回的状态是无错误状态；Data=0F88h，根据传感器要求，该数据应先乘以 90，再除以 214，即 3976d×90/214=21.84°；CRC=25，表示 250F88h 的 CRC 校验值。

表 3-3　ANG_X 寄存器的各部分内容

OP[31:26]+RS[25:24]		Data[23:8]				CRC[7:0]	
2	5	0	F	8	8	2	5

此外，SCL3300 内部还提供了读取加速度值和温度值的功能。例如：

(1) ACC_X=0500DC1Ch，其 Data=00DCh，即 220LSB，若灵敏度为 2700LSB/g，则 X 轴上的加速度为 0.081g。

(2) TEMPERATURE=15161E0Ah，其 Data=161Eh，即 5662d，则传感器的温度为–273+(5662/18.9)≈26.6(℃)。

3.2.4　陀螺仪

陀螺仪是一种基于自由空间移动和手势的定位与控制系统，最初应用于直升机模型中，如今已广泛用于手机等移动设备中。它能够通过在假想平面上的手势操作，控制屏幕光标的移动，甚至进行如绕链接画圈或单击按键的操作。iPhone 中使用的三轴陀螺仪技术就是一个典型应用。

陀螺仪是一种通过高速旋转体的动量矩来检测壳体相对惯性空间角运动的设备。它通常是一个绕支点高速转动的刚体，利用回转效应(也称陀螺旋进)来感知和测量运动。陀螺仪的旋进现象是常见的。例如，很多人小时候玩过的旋转陀螺，就是回转效应的具体表现。

陀螺仪根据用途可分为传感陀螺仪和指示陀螺仪。传感陀螺仪用于飞行器自动控制系统，作为水平、垂直、俯仰、航向及角速度的传感器；指示陀螺仪用于指示飞行状态，是驾驶和导航的重要仪表。现代陀螺仪种类多样，如压电陀螺仪、微机械陀螺仪、光纤陀螺仪和激光陀螺仪，这些电子陀螺仪通常与加速度计、磁阻芯片及 GPS 结合，组成惯性导航控制系统。

由于其优越的动态性能，陀螺仪在航空航天、军事、汽车电子等多个领域有着广泛的应用。例如，它们用于回转罗盘、定向指示仪、炮弹旋转稳定控制以及惯性导航中。图 3-17 为陀螺仪基本构成。

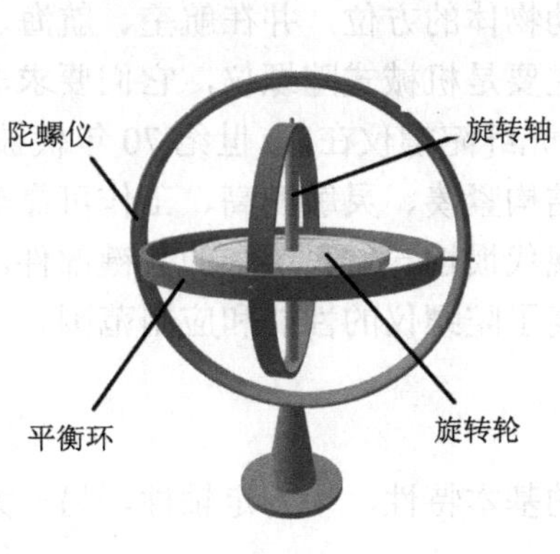

图 3-17　陀螺仪基本构成

1. 陀螺仪的基本原理

图 3-18 为陀螺仪的原理示意图。陀螺仪的工作原理基于角动量守恒定律，它是一种用来感知并保持方向的装置。核心结构是一个可旋转的转子，当陀螺仪开始旋转后，转子的角动量会使陀螺仪具备抵抗方向改变的趋势。

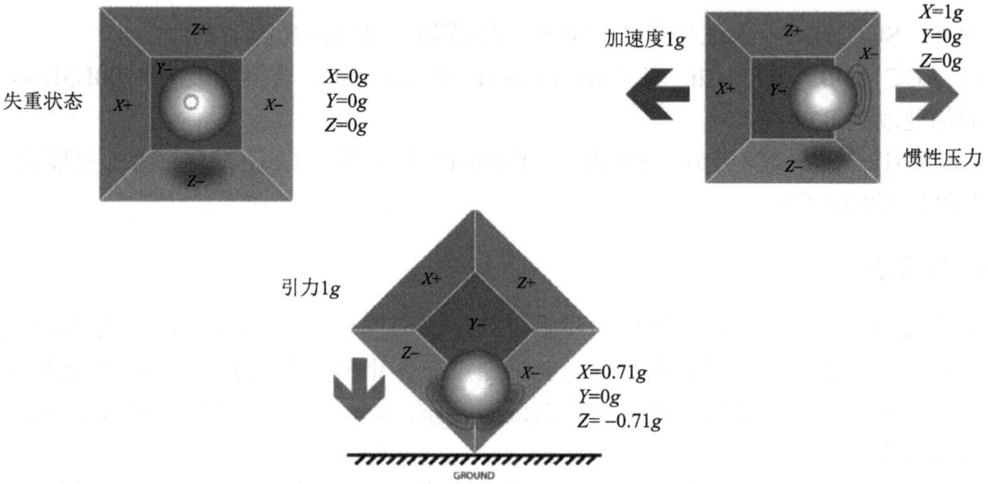

图 3-18　陀螺仪的原理示意图

基本上，陀螺仪利用物体高速旋转时产生的角动量，使旋转轴始终稳定指向一个固定的方向。这种特性在于高速旋转时，陀螺仪的旋转轴具有保持方向稳定的趋势。若角动量足够大，外部施加的小力矩将难以改变它的方向。然而，如果转速不够快或角动量不足，较小的力矩就可能严重影响其稳定性。

陀螺仪的一个重要现象是旋进(岁差运动)，当旋转物体受到外力时，旋转轴会倾向于垂直于外力的方向进行运动。例如，旋转物体在倾斜时，重力会加剧倾斜，进而产生旋进运动。当陀螺仪的旋转轴与水平轴平行旋转时，地球的自转也会对其产生影响，使得旋转体相对于地球的子午线产生岁差运动，这一现象广泛应用于定向和导航系统。

现代陀螺仪精确测量运动物体的方位，并在航空、航海、航天和国防工业中得到了广泛使用。传统的惯性陀螺仪主要是机械式陀螺仪，它们要求非常高的制造工艺与结构稳定性。然而，随着技术的发展，光纤陀螺仪在 20 世纪 70 年代被提出，并在 80 年代后得到了迅速发展。光纤陀螺仪以其结构紧凑、灵敏度高、工作可靠等优点，已在许多领域替代了传统的机械式陀螺仪，成为现代惯性导航系统中的关键部件。与此同时，激光陀螺仪也获得了长足的发展，进一步提高了陀螺仪的性能和应用范围。

2. 陀螺仪的基本特性

陀螺仪有两个非常重要的基本特性，一为定轴性，另一为进动性，这两种特性都建立在角动量守恒的原则下。

1) 定轴性

根据角动量守恒定律，当旋转飞轮上没有外力矩作用时，飞轮的角动量会保持不变。设定飞轮的转动惯量为 $\boldsymbol{J}$，其旋转角速度为 $\boldsymbol{\omega}$，则其角动量可表示为 $\boldsymbol{H}=\boldsymbol{J}\cdot\boldsymbol{\omega}$。在外力矩为零的情况下，飞轮的角动量在惯性空间中将维持不变，这一特性称为定轴性或稳定性，是旋转飞轮式陀螺仪正常运作的基础。

当陀螺仪的转子高速旋转时，若没有外力矩的影响，陀螺仪的自转轴会稳定地指向一个固定的方向。这意味着陀螺仪能够有效抵御任何试图改变转子轴向的外力。陀螺仪的稳定性主要受以下两个因素的影响。

(1) 转动惯量：物体对旋转的抵抗能力，其数值越大，陀螺仪的稳定性越高。转动惯量与转子的质量及其分布有关，增加转动惯量可以通过增大质量或改变质量分布来实现。

(2) 旋转角速度：转子的旋转角速度越大，其稳定性也随之增强。高速旋转使得陀螺仪的角动量增加，进一步提升了其抵抗外界干扰的能力。

因此，为了提高陀螺仪的性能与稳定性，通常会通过增加转动惯量和提升旋转角速度来实现。这也是在现代导航系统中，高速旋转的陀螺仪能够提供优异的定向能力和稳定性的原因。

2) 进动性

当陀螺仪的转子以高速旋转时，施加在外环轴的外力矩会导致陀螺仪绕内环轴旋转；当外力矩作用在内环轴时，陀螺仪则绕外环轴转动。在这种情况下，陀螺仪的旋转角速度方向始终垂直于外力矩方向，这种现象称为进动。进动的角速度方向由动量矩与外力矩共同决定，沿自转角速度的矢量方向追赶外力矩的最短路径。进动角速度受以下三个因素的影响。

(1) 外力矩越强，进动角速度越快。

(2) 转子的转动惯量越大，进动角速度越慢。

(3) 转子的自转角速度越快，进动角速度越慢。

3. 陀螺仪的性能指标

1) 零偏

零偏，亦称零位漂移或零位偏移，零偏或漂移率是陀螺仪性能的关键指标，反映输出信号围绕平均值的波动程度，通常用标准差或均方根(RMS)来量化，并转换为等效输入角速度。当无角速度输入时，陀螺仪输出呈现为缓慢变化的复合白噪声信号。这种情况下，输出曲线的最大波动范围即为零偏值。零偏作为评估陀螺仪性能的重要参数之一，在实际应用中具有显著意义。

2) 分辨率

分辨率通常借助白噪声来界定，多用角度随机游走表示。它可简化为特定带宽下的零偏稳定性与监测带宽平方根之比。角度随机游走反映长期累积的角度误差。这一参数不仅展示了陀螺仪的探测能力，还表明了其对微小角速率的敏感度。同时，它也揭示了与光子、电子散粒噪声效应所决定的探测极限之间的差距，从而为评估陀螺仪性能的改进空间提供了依据。

3) 标度因子

陀螺仪的标度因子描述了输出与输入角速率变化的比例关系，通常以特定直线的斜率表示。这一斜率是通过对全范围输入和输出数据进行最小二乘法拟合获得的。标度因子的不对称性体现在正负输入下的标度因子差异，表明零输入点附近存在斜率不连续现象。标度因子稳定性用于评估误差特性，反映陀螺仪在各种输入角速率下使用标称标度因子实现准确输出的能力。非线性与标度因子密切相关，指实际输入输出关系得出的标度因子与标称值之间的差异。另外，线性度用于表示输入输出曲线偏离理想直线的程度，常以满量程输出的百分比表示。

4) 动态范围

动态范围表示陀螺仪在正反方向能够检测的最大输入角速度，这一最大值除以阈值即可得到陀螺仪的动态范围。动态范围越大，说明陀螺仪对敏感速率的检测能力越强。

5) 带宽

陀螺仪性能评估的一个关键指标是带宽，它反映了设备精确测量角速度的频率范围。较宽的带宽通常意味着更优秀的动态响应特性。在开环系统中，带宽可定义为输出信号相位延迟为 0°～90°的频率区间，也可理解为输出幅值下降到初始值 70.7%时的对应频率。闭环系统的带宽主要受其解调环节中低通滤波器特性的影响。电路设计中，带宽概念同样关键。它体现了电路对信号的处理速度，较大的带宽支持更快的响应速度和更高频率信号的传输。一般认为，使输入正弦波信号能量衰减一半的频率是电路的带宽临界点。

3.2.5 姿态检测传感器在机器人中的应用

扫地机器人采用创新的陀螺仪技术(smart move 技术)，在工作的时候，每一次的方向改变都是 90°转弯，对整个家庭实现等距离弓字形打扫，大大地减少了以往扫地机器人的清扫遗漏行为。同时配合植入的记忆位置信息的特有算法，机器人经过简单的行走与感知，可以在“脑海”里形成一张家居规划地图，可直接智能弥补漏扫的区域，在提高覆盖率的同时，大大减少清扫的重复性。图 3-19 所示为科沃斯扫地机器人所用的陀螺仪规划机器人的行走路线。

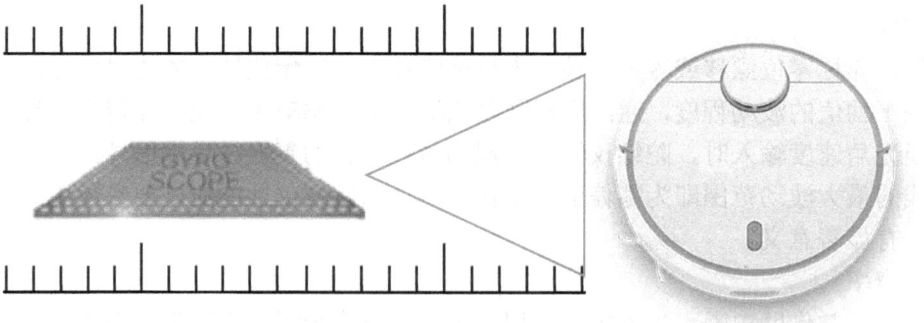

图 3-19　科沃斯扫地机器人所用的陀螺仪规划机器人的行走路线

松下 AIS 公司近日推出了一款新型传感检测模块，将陀螺仪与加速度传感器结合，专为机器人及相关产业设计。该模块能够有效进行姿态检测和位置推算，搭载三轴陀螺仪和加速度传感器，所收集的数据将传输至内置处理器处理，实现对 X、Y、Z 方向的旋转和直线运动的六轴检测以及姿态信息输出。这一技术创新将显著提升智能机械的控制精度和导航能力。

在自动导引车(AGV)上安装陀螺仪，并在关键站点设置定位装置，AGV 能够通过计算陀螺仪的偏差信号和采集地面定位块的信号来确定其当前的位置和朝向。通过对这些信号进行积分与计算，AGV 可以获得其运动速度和精确位置，从而实现对运载体的导航定位。

3.3　内部状态检测传感器

3.3.1　温度传感器

温度传感器是一台可检测和测量热度及冷度并将其转换为电信号的设备，用于测量机器人内部的温度。机器人温度传感器根据热应力发电原理工作，通过温度变化改变元件的电参数，达到测量温度的目的。常见的温度传感器分为接触式和非接触式两种，接触式温度传感器需要直接接触测量对象进行温度测量，而非接触式温度传感器通过红外技术实现温度测量。温度传感器产品主要包括 NTC 热敏电阻、RTD、热电偶和热电堆。

机器人中普遍搭载有温度传感器。机器人在长时间运行过程中会发热，温度传感器可以测量机器人的运行温度，实现对机器人安全状态的实时监控；监测机器人是否过热，以便及时进行温度控制，如控制机器人的运行速度、停机降温等，确保机器人的电子元件和机械部件在安全的温度范围内运行，避免过热导致机器人故障或者出事故。

机器人温度传感器具有高精度、高灵敏度、高分辨率等优点，能够精准地测量机器人运行温度。温度传感器可以测量的温度范围广，可涵盖从极低温度到极高温度的各种情况。温度传感器具有操作简单、安装方便、响应迅速等特点，可以方便地与机器人系统进行集成。

3.3.2　电路状态传感器

机器人系统中的电路状态传感器主要用于测量电路中的电压和电流，以保证系统有足够的能量供应且不超出限定功率。例如，Allegro MicroSystems 公司推出的 ACS714、ACS758 和 A1360 系列霍尔电流传感器，即可用于检测系统中各个部件的工作电流。机器人系统的电压检测较为简单，可采用电阻分压原理获取满足 AD 量程的电压值。特别地，电池传感器可以用于监测机器人内部电池的电压、电流和电量，以便有效管理能源消耗和充电状态。

电路状态传感器也可以使用集成有电流和电压感知功能的集成芯片，如 INA226 等。INA226 是一款功率检测器，具有线电压检测、采样电阻电压检测、采样电阻电流检测和功率计算功能，通过 I2C 接口与微处理器通信。在使用 INA226 时，配置好配置寄存器(configuration register，地址为 0x00，写入 0x4127 即可)后，即可通过读取对应地址的寄存器获得采样结果。

3.3.3　机器人心跳信号

机器人心跳信号通常指机器人与外部设备交互时，确认机器人是否保持在线状态的信号。这个信号以一定的频率进行闪烁，简单的原理就是一个 do 信号的值在“1”和“0”之间进行来回切换。

工业机器人的心跳信号是指机器人的状态信号，其作用是让用户能够及时地监测机器人的运行状态。通过监测机器人的心跳信号，用户可以了解机器人是否处于工作状态、是否出现异常等情况，从而及时采取相应措施，因此正确理解和使用工业机器人的心跳信号非常重要。

机器人的心跳信号是通过工业以太网模块产生的，具体来说，机器人的控制器会周期性地向网络发送心跳包。每个心跳包含有一些机器人与控制系统之间的状态信息，如机器人的工作状态、警报信息、错误代码等。这些信息可以让用户及时了解机器人的状态，进行相应的控制和管理。

心跳信号用来判断通信处于正常状态还是中断状态。这是一种跳变的信号，只要通信正常，它就会按照某种规律变化；一旦在某段时间内检测不到这种变化，就认为通信中断了。

PLC 处理心跳信号比较简单的方法是使用定时器，如果心跳信号处于变化状态，延时接通定时器将无法达到设定时间；当心跳信号停止变化时，延时接通定时器开始计时，并在达到设定时间后触发通信中断并报警。

3.4 本章小结

本章主要从工作原理、基本特性和常见应用等方面介绍了智能机器人的内部传感器。对距离与位置检测传感器、姿态检测传感器、内部状态检测传感器分别进行了具体的分析，阐述了主要的类型并辅以示例说明。

3.5 习题

3-1　判断题。

(1) 超声波近似直线传播。

(2) 压电式超声波传感器的原理是压电效应。

(3) 光电编码器是将位移量转换成以数字代码形式输出的传感器。

(4) 断电后具有记忆功能的是增量式光电编码器。

(5) 光电编码盘的分辨率越高，精度就越高。

(6) 光电编码器能测量速度。

3-2　对比激光测距中，脉冲法、相位法和三角法的特性。

第 4 章　智能机器人外部传感器

以往一般的工业机器人是没有外部感知能力的，而新一代机器人如多关节机器人，特别是移动机器人、智能机器人则要求具有自主校正和应对环境变化的能力，外部传感器可以使得机器人具备这些能力。外部传感器主要用于机器人对周围环境、目标状况的状态特征信息的获取，即用于检测机器人所处环境(如是什么物体、离物体的距离有多远等)及状况(如抓取的物体是否滑落)，通常与机器人的目标识别、作业安全等因素有关，从机器人系统的观点来看，外部传感器的信号一般用于规划决策层。

广义来说，机器人外部传感器就是具有人类五官感知能力的传感器，具体可以分为接触传感器和非接触传感器两类，一般包括触觉、力觉、滑觉、接近觉、视觉、听觉和嗅觉等传感器。外部传感器使机器人和环境能发生交互作用，从而使机器人对环境有自校正和自适应能力，能够更充分地完成更为复杂的工作，大大改善了机器人的工作状况。由于外部传感器为集多种学科于一身的产品，有些方面还在探索之中。随着外部传感器的进一步完善，机器人的功能越来越强大，将在许多领域为人类做出更大的贡献。

4.1　触觉传感器

触觉是机器人获取环境信息的一种重要知觉形式，是机器人实现与环境直接作用的必需媒介。触觉的主要任务是为获取对象与环境信息以及为完成某种作业任务而对机器人与对象、环境相互作用时的一系列物理特征量进行检测或感知。广义上，它包括接触觉、压觉、力觉、滑觉、冷热觉等与接触有关的感觉；狭义上，它是机械手与对象接触面上的力感觉。触觉是接触、冲击、压迫等机械刺激感觉的综合，可以用来进行机器人抓取，机器人利用触觉可进一步感知物体的形状、软硬等物理性质。对机器人触觉的研究集中于扩展机器人能力所必需的触觉功能，一般把与外部直接接触而产生的触觉、压觉、力觉及接近觉的传感器称为机器人触觉传感器。

4.1.1　触觉传感器的基本原理

既然触觉信息是物体和传感器之间通过接触而产生的物理现象，那么希望触觉传感器能够尽可能准确地测量接触的物理现象。下面从连续体力学角度进行说明。Cauchy 原理认为内力(应力张量)和外力(表面力)相互平衡。如图 4-1 所示，设表面微小变化 ds 的平面方向的单位矢量为 v_i，应力张量 σ_{ij} (i,j=1,2,3) 的第一个和第二个下标分别表示平面方向和力的作用方向，则应力矢量 T_j 如下：

$$T_j = \sigma_{ij}^{\mathrm{T}} v_i \tag{4-1}$$

其中，T 表示转置。式(4-1)适用爱因斯坦求和约定，即出现一组相同下标时，对下标求和。对式(4-1)中下标 i 的取值范围求和，则

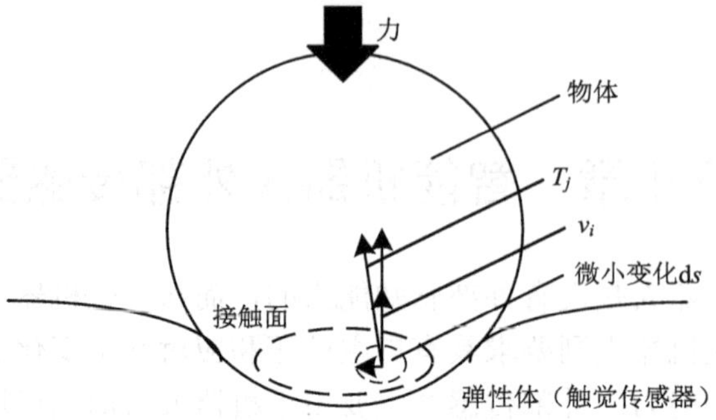

图 4-1　Cauchy 原理

$$
\begin{aligned}
T_1 &= \sigma_{11}^{\mathrm{T}} v_1 + \sigma_{21}^{\mathrm{T}} v_2 + \sigma_{31}^{\mathrm{T}} v_3 \\
T_2 &= \sigma_{12}^{\mathrm{T}} v_1 + \sigma_{22}^{\mathrm{T}} v_2 + \sigma_{32}^{\mathrm{T}} v_3 \\
T_3 &= \sigma_{13}^{\mathrm{T}} v_1 + \sigma_{23}^{\mathrm{T}} v_2 + \sigma_{33}^{\mathrm{T}} v_3
\end{aligned}
\tag{4-2}
$$

由式(4-2)可知，虽然内部需要测量 9 个应力张量成分(根据应力的对称性，实际有 6 个独立成分)，但测量表面时只需要 3 个应力张量成分，即三轴测量就足够。因此，如果想让设计的触觉传感器能够全面地测量接触的物理现象，理论上只需要测量所有应力张量成分或者测量三轴应力张量，称后面这种触觉传感器为三轴触觉传感器。

4.1.2　触觉传感器的分类

触觉传感器用来测量机器人与环境进行物理交互所产生的信息，通过模仿生物皮肤的触觉感知功能，检测接触事件发生时的机械、温度、疼痛等多模态的刺激。人体皮肤对硬度、粗糙度、温度、振动等具有细腻的触觉感知，通过综合分析物体的各项触觉信息，手部肌肉施加合理的力，进行自适应的抓握。

在电子皮肤的辅助下，智能机器人系统或假肢也可以利用触觉信息进行运动轨迹规划、物体操纵、安全操作，并从环境中获取各种信息。对于自由度越来越高的刚体机器人，传统扭矩传感器昂贵且难以部署，因此开发柔性、高灵敏度、高空间分辨率、多模态的电子皮肤是实现高效感知和控制的重要一步。触觉传感器本质上是对接触面形状、压力、摩擦力、温度等信息进行感知识别和转换的传感器，其组成部分包括电极、敏感材料和导电材料等。根据材料作用原理的不同，常用的触觉传感器可分为如下几类[1]。

1. 压阻式触觉传感器

压阻式触觉传感器是利用弹性体材料的电阻率随压力大小的变化而变化的性质制成的，它将接触面上的压力信号转换为电信号。其主要分为两类。

一类是基于导电橡胶等复合型高分子导电材料制成的器件。压敏导电橡胶中加入了碳粒子，将压敏导电橡胶做成薄片，夹在弹性片状电极中，当对传感器加入压力时，粒子之间就会彼此靠近并接触，在电压不变的状态下，电流会随压力增加成比例增加。以压敏导电橡胶为传感材料的触觉传感器抗冲击力强，而且易于大面积化，但由于使用弹性材料，传感器具有严重的滞后现象，灵敏度可能会因磨损而降低。

另一类是根据半导体材料的压阻效应制成的器件，它灵敏度高、响应速度快、便于集成化，可以在芯片上增加放大器和开关等功能元件，如果能进一步增加运算功能和信号处理功能，甚至有望实现智能传感器。但是采用硅工艺时，需要将单结晶硅作为压力检测材料，但单结晶硅抗冲击性极差。

总的来说，压阻式触觉传感器动态范围宽、耐用、原材料易得，后续处理电路相对简单，具有良好的负载能力，与集成电路相容。其缺点是存在迟滞，压敏材料会由于温度和湿度的变化而改变特性，机械和电性能须优化，空间分辨率有限，布线较多，不完全线性等。

2. 电容式触觉传感器

电容式触觉传感器是在外力作用下使两极板间的相对位置发生变化，从而导致两极板间电容的变化，通过检测电容的变化量实现触觉检测。电容式触觉传感器具有结构简单、易于轻量化和小型化、动态范围广、坚固耐用、不受温度影响的优点，但其缺点是信号检测电路较为复杂、电容随结构而变化、空间分辨率有限、对电磁噪声和温度具有较高的敏感性。相对于压阻式触觉传感器，具有更高的频率响应。如图 4-2(a) 所示，电容式触觉传感器由两块导电板组成，两块导电板由可压缩介电材料隔开。当两板之间的间隙在施加的力作用下发生变化时，电容也随之变化，如图 4-2(b) 所示。

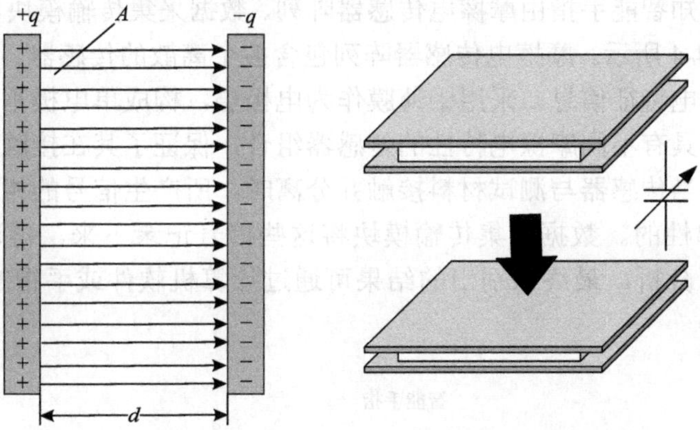

(a) 电容式触觉传感器　　(b) 电容随压力变化

图 4-2　电容式触觉传感器

3. 压电式触觉传感器

压电式触觉传感器是基于压电效应的传感器，是一种自发电式和机电转换式传感器。压电式触觉传感器的敏感元件由压电材料制成。压电材料受力后在表面产生电荷，经电荷放大器和测量电路放大和变换阻抗后，产生正比于所受外力的电信号输出，从而实现触觉检测。压电式触觉传感器具有体积小、质量轻、结构简单、工作频率高、灵敏度高、动态范围广、性能稳定等优点，但也存在噪声大、易受到外界电磁干扰、阵列扫描困难、空间结构比较复杂的缺点。聚偏二氟乙烯(PVDF)薄膜是常见的用于触觉传感器制作的压电材料，基于 PVDF 薄膜的柔性触觉传感器如图 4-3 所示。

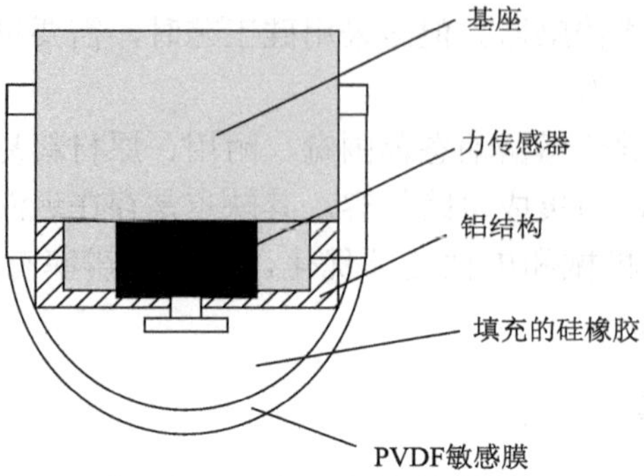

图 4-3　基于 PVDF 薄膜的柔性触觉传感器

4. 摩擦电式触觉传感器

摩擦电式触觉传感器利用两种不同材料之间发生相对运动产生摩擦电荷，形成一定的电势差，由静电感应电荷产生电信号输出。根据电极材料分为四种类型：导体电极、半导体电极、混合电极和水凝胶电极。

摩擦电触觉感知智能手指由摩擦电传感器阵列、数据采集传输模块和显示模块(OLED屏幕)组成，如图 4-4 所示。摩擦电传感器阵列包含多个离散的传感器，可反映传感器与接触材料之间的摩擦电特征信息。采用铝薄膜作为电极层，构成单电极垂直接触分离模式摩擦电传感器。这种具有不同摩擦电特性的传感器组合，保证了其在接触各种材料时产生不同的特征信号，即当传感器与测试材料接触并分离时，所产生信号的相对振幅、电压方向或波形都是有规律性的。数据采集传输模块将这些信号记录下来，再通过蓝牙传输到计算机进行机器学习分析，最终识别出的结果可通过计算机软件或手指的 OLED 屏进行实时显示。

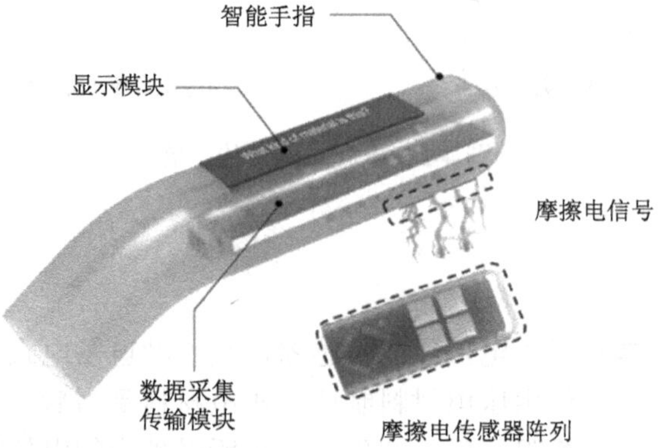

图 4-4　摩擦电触觉感知智能手指结构

5. 电感式触觉传感器

电感式触觉传感器通过测量线圈自感或互感系数的变化，将测量的变化转换为电信号输出，可分为自感式传感器、差动变压式传感器和电涡流传感器三种类型。磁性材料一般为铁氧体、镍铁合金等软磁材料。作为定位及检测手段，多种传感器已经普及到生产线各个环节中，特别是应用于自动化机器人上的机器视觉传感器以及广泛用于定位的电感式触觉传感器，电感式触觉传感器实时监控着整条线的运行状态。

6. 光纤式触觉传感器

光纤式触觉传感器在外界施加的力、温度等作用下，引起光学参数变化，进而可获得被测参数。光纤式触觉传感器具有光纤及光学测量的特点和优势，如尺寸小、重量轻、耐腐蚀、易布设、无源传感、抗电磁干扰、传感精度高等。光纤式触觉传感器作为一种新型传感器，具有替代传统各类触觉传感器的潜力和广阔的应用场景。

表 4-1 总结了上述不同原理传感器的优缺点对比及应用。

表 4-1　不同原理传感器的优缺点对比及应用

传感器类型	原理	优点	缺点	应用场景
压阻式触觉传感器	弹性体材料的电阻率随压力大小的变化而变化	频响宽、精度高、系统鲁棒性好	延迟较大，撤去力之后需要 15～20ms 才能恢复；温度误差大，因此需温度补偿或恒温条件下使用	机器人平衡控制
电容式触觉传感器	外力作用下两极板间的相对位置发生变化，从而导致两极板间电容的变化	对温湿度变化低敏感、响应时间快、滞后低、功耗低、器件结构较为简单	输出阻抗高、负载能力差、寄生电容影响大	机器人精确接触感知
压电式触觉传感器	压电效应	体积小、质量轻、结构简单、工作频率高、灵敏度高、动态范围广、性能稳定	噪声大、易受到外界电磁干扰、阵列扫描困难、空间结构比较复杂	机器人材料识别
摩擦电式触觉传感器	两种不同材料之间发生相对运动产生摩擦电荷，形成一定的电势差，由静电感应电荷产生电信号输出	自供能、灵敏度高、快速响应、尖锐峰值等，多用于高精细行业	能量消耗大、难以完成长期监控和动作识别	机器人智能手指
电感式触觉传感器	测量线圈自感或互感系数的变化，将测量的变化转换为电信号输出	结构简单、灵敏度高、输出功率大、抗干扰能力强及测量精度高	本身的频率响应不高，不适于快速动态测量；分辨率与测量范围有关，测量范围大，分辨率低，反之则高	机器人定位及检测
光纤式触觉传感器	外界施加的力、温度等作用，引起光学参数变化	尺寸小、重量轻、耐腐蚀、易布设、无源传感、抗电磁干扰、传感精度高	光纤损耗和探测器容易老化、光纤价格贵	机器人光学皮肤

4.1.3　触觉传感器在机器人中的应用

在工业生产的各个环节中，几乎都需要传感器进行监测，并把数据反馈给控制中心，以便对出现的异常节点进行及时干预，保证工业生产正常进行。触觉传感器将赋予机器人更类似于人的触觉，完成抓、握、捏、夹、推、拉等更多灵巧的作业，实现更多的功能[2]。

1. 医疗机器人

在医疗健康领域，触觉传感器的应用也越来越多。例如，在手术过程中，触觉传感器可用于检测手术器械的位置和方向，从而减少手术过程中的失误；在康疗机器人中，触觉传感器可以帮助机器人感知肢体的变化和运动状态，提高康复理疗的效果。

Yaskawa 安川医学机器人(图 4-5)在康复和医疗辅助领域应用触觉传感器进行人性化操作。通过使用触觉传感器，机器人可以感知患者的触感和压力信息，实现更人性化的康复和医疗辅助。通过精确的运动控制和高清晰度的图像传输，机器人可以帮助外科医生进行复杂的手术操作。例如，机器人可以实现微创手术，减少手术创伤和恢复时间，提高手术成功率。

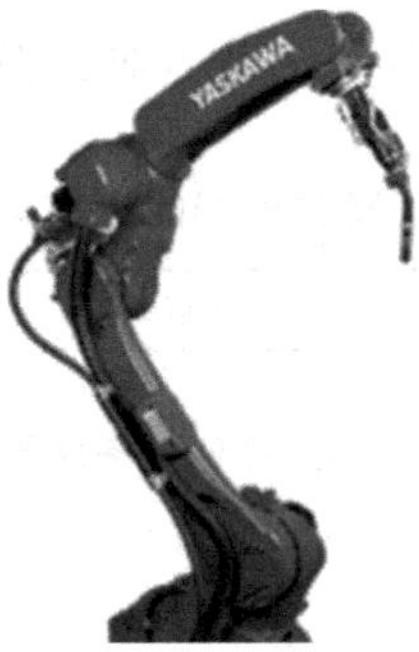

图 4-5　Yaskawa 安川医学机器人

假肢手的发展历程按照功能性可以分为装饰型假肢手、身体驱动型假肢手和主动型假肢手。装饰型假肢手起源最早，但缺乏功能性；身体驱动型假肢手固定在人体躯干部，通过线缆进行控制，能显著提高截肢患者的日常生活质量，但只能完成简单的动作；主动型假肢手使用电机作为动力源以减少使用者的负担，不仅更加美观，还具有更高的自由度，一方面能更加智能地完成运动任务，另一方面还能根据传感信息提供触觉反馈。

目前国外已经成熟的多自由度商业化假肢手有英国 Touch Bionics 公司研发的 Limb 假肢手、英国 RSLSteeper 公司研发的 Bebionic 假肢手以及德国 Vincent 公司研发的假肢手。其特点是自由度多，可以完成如力量抓握、侧捏、精捏等不同动作，但其价格昂贵(国内购买价格在 30 万元以上)，且重量大于 500g。

2. 工业机器人

工业机器人触觉传感器是机器人感知外部环境的重要工具，能够使机器人“感受”到与周围物体接触时的各种特性，提供关于物体质地、硬度、温度、压力等方面的信息。

1) 柔性抓取

对于不规则形状或易损物品的抓取，触觉传感器能让机器人根据接触物体时的压力分布调整抓取策略，实现柔性抓取，减少损伤。为了适应不同形状和大小的产品，包装机器人配备触觉传感器以实现柔性和智能抓取。传感器实时监测机器人手指与物体之间的接触压力，调整抓取力度，防止产品受损。

柔性触觉传感器具有柔软、生物贴合性强、轻薄便捷等特点，适用的下游场景广泛，包括人形机器人、智能穿戴、医疗检测、智能床垫、感压笔、耳机、按摩椅、足底检测等。目前，柔性触觉传感器正处于从实验研发过渡到产业落地阶段，已在医疗设备、可穿戴设备等领域落地，在人形机器人电子皮肤等应用处于探索阶段。

2023 年 12 月，特斯拉发布 Optimus Gen2 的最新视频。视频显示，Optimus Gen2 能精准地抓握鸡蛋，并完成抓取、传递等动作。核心在于其每个手指指尖配置触觉传感器，实现对物体强大的控制、感知和抓取能力，并且能呈现出接触点的多少及亮度。

2) 触摸交互

在人机协作(human-robot collaboration，HRC)场景中，触觉传感器使得机器人能安全地与人类共同工作，通过感知接触力避免对操作人员造成伤害。在现代协作机器人中，如库卡 LBR iiwa 系列，其关节内置了力矩传感器，可感知到轻微的碰撞或阻力变化，当与人类工人接触时会立即减缓或停止动作，保护人员安全。

Universal Robots 的协作机器人(图 4-6)在多种应用场景下应用触觉传感器进行安全交互。通过使用触觉传感器，机器人可以感知与人类的接触和压力信息，实现安全、高效的合作。

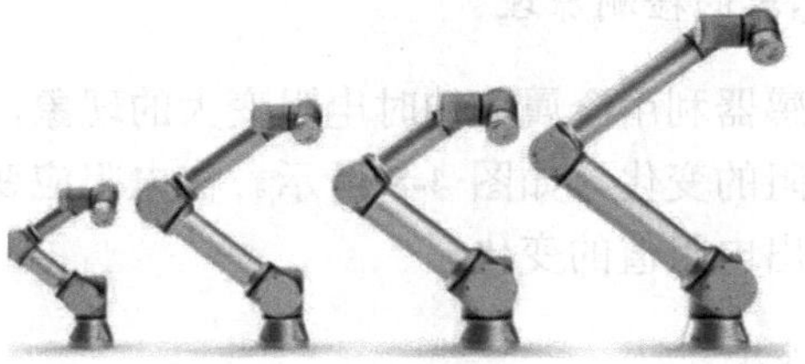

图 4-6　Universal Robots 的协作机器人

总之，随着科技的逐渐发展，触觉传感器技术在机器人领域的应用也越来越广泛。这种技术不仅可以提高机器人的运动稳定性和适应性，还可以增强机器人的智能化程度和自主控制能力。相信在未来的时间里，触觉传感器技术还将会继续完善，更好地为人类、为社会服务。

力觉传感器

4.2　力觉传感器

机器人在作业过程中常常需要感知来自外部的力，因此帮助机器人感知力觉的传感器称为力觉传感器。力觉传感器经常装于机器人关节处，是用来检测机器人的手臂、手腕和脚腕所产生的力或其所受力的传感器。手臂部分和手腕部分的力觉传感器可用于控制机器人手部所产生的力，在重载作业、限制性作业、协调作业等方面是有效的，特别是在镶嵌类的装配工作中，它是一种特别重要的传感器。脚腕部分的力觉传感器可以感知机器人脚腕所受到的力，用于协调人形机器人的行走。例如，在 2023 年 12 月 12 日特斯拉新发布的第二代人形机器人擎天柱 Optimus Gen2 中，就新增加了足部力觉传感器，如图 4-7 所示，其步行姿态更接近人类，并且行走速度提升了 30%。尤其是近些年来，机器人浪潮席卷，人形机器人正处于量产前夕，对于力觉传感器的研究将在机器人的发展中起到至关重要的作用。

图 4-7　第二代人形机器人擎天柱 Optimus Gen2 的足部特写

4.2.1　力觉传感器的基本原理

根据测量原理的不同，力觉传感器主要分为应变片式、电容位移计式和光纤光栅式。目前，市场应用的六维力觉传感器大部分是基于应变片式的测量。基于电容和光学等原理测量的传感器有一定的理论研究和实验，下游尚未得到广泛应用。

1. *应变片式力觉传感器的检测原理*

电阻应变片式力觉传感器利用金属拉伸时电阻变大的现象，将它粘贴在加力方向上，可根据输出电压检测出电阻的变化，如图 4-8 所示。在电阻应变片左、右方向上施加力，用导线接到外部电路，得出电阻值的变化。

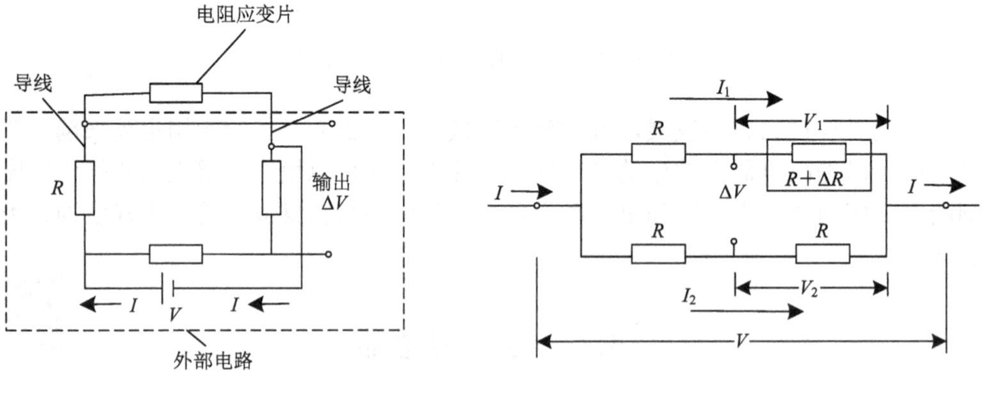

图 4-8　电阻应变片式力觉传感器原理图

当不加力时，电桥上的电阻阻值都是 R；当加左、右方向力时，电阻应变片的电阻变化一个很小的电阻 ΔR，则输出电压为 ΔV。电路上各部分的电流和电压之间存在如下关系：

$$\begin{cases} V = (2R + \Delta R)I_1 = 2RI_2 \\ V_1 = (R + \Delta R)I_1 \\ V_2 = RI_2 \end{cases} \tag{4-3}$$

其中，$\Delta R \ll R$。因此 $\Delta V = V_1 - V_2 \approx \dfrac{\Delta R V}{4R}$，则电阻值的变化为

$$\Delta R = \frac{4R\Delta V}{V} \tag{4-4}$$

如果已知力和电阻值的变化关系，就可以测出力。上述的原理分析是电阻应变片测定一个轴方向的力，如果测定任意方向上的力，应在三个轴方向分别贴上电阻应变片。对于力控制机器人，当对来自外界的力进行检测时，根据力的作用部位和作用方向等情况，传感器的安装位置和构造会有所不同。例如，当检测来自所有方向的接触时，需要用传感器覆盖全部表面。这时，要将许多微小的传感器进行排列，用来检测在广阔的面积内发生的物理量变化，这样组成的传感器称为分布型传感器。

2. 电容位移计式力觉传感器的检测原理

以浙江大学设计的电容位移计式三维力觉传感器为例，探讨电容位移计式力觉传感器的检测原理。传感器的结构如图 4-9 所示，由四个电容阵列构成。电容位移计式三维力觉传感器主要通过不同位置的电容在外力加载下的变化反馈 x、y、z 方向的三维力信息。其中电容的改变主要表现在电容极板间距的改变上。对于每个电容，其初始电容为 C_0，极板相对面积为 A，则加载力前的电容极距 d_0 为

$$d_0 = \frac{\varepsilon \times A}{C_0} \tag{4-5}$$

加载力后的电容极距 d 为

$$d = \frac{\varepsilon \times A}{C} \tag{4-6}$$

四个电容在 x、y、z 方向上的等效距离变化 d_x、d_y、d_z 分别为

$$\begin{cases} d_x = \dfrac{\varepsilon \times A\left(\dfrac{1}{C_{11}} + \dfrac{1}{C_{12}} + \dfrac{1}{C_{21}} - \dfrac{1}{C_{22}} - \dfrac{1}{C_{0-11}} + \dfrac{1}{C_{0-12}} + \dfrac{1}{C_{0-21}} + \dfrac{1}{C_{0-22}}\right)}{2} \\ d_y = \dfrac{\varepsilon \times A\left(\dfrac{1}{C_{11}} + \dfrac{1}{C_{12}} - \dfrac{1}{C_{21}} - \dfrac{1}{C_{22}} - \dfrac{1}{C_{0-11}} + \dfrac{1}{C_{0-12}} + \dfrac{1}{C_{0-21}} + \dfrac{1}{C_{0-22}}\right)}{2} \\ d_z = \dfrac{\varepsilon \times A\left(\dfrac{1}{C_{11}} + \dfrac{1}{C_{12}} + \dfrac{1}{C_{21}} + \dfrac{1}{C_{22}} - \dfrac{1}{C_{0-11}} + \dfrac{1}{C_{0-12}} - \dfrac{1}{C_{0-21}} - \dfrac{1}{C_{0-22}}\right)}{4} \end{cases} \tag{4-7}$$

那么，加载的三维力 F_x、F_y、F_z 与 d_x、d_y、d_z 分别存在一定的关系：

$$\begin{cases} F_x = f(d_x) \\ F_y = g(d_y) \\ F_z = h(d_z) \end{cases} \tag{4-8}$$

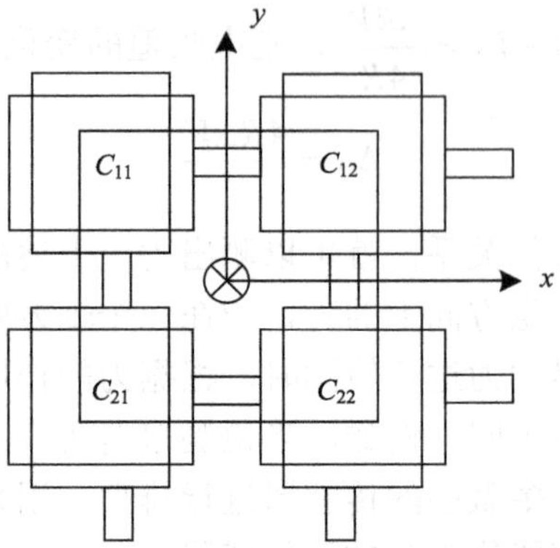

图 4-9　电容位移计式三维力觉传感器结构图

3. 光纤布拉格光栅式力觉传感器的检测原理

光纤布拉格光栅(fiber Bragg grating，FBG)式力觉传感器与传统的电阻应变片式、电容位移计式力觉传感器相比，由于所使用的敏感元件为 FBG，因此具有抗电磁干扰、耐腐蚀性强、可在恶劣环境下工作、可沿一根光纤排列多个 FBG、易于接线的优点。光纤布拉格光栅式力觉传感器原理如图 4-10 所示，布拉格光栅经激光刻蚀于细微的单模光纤纤芯中，使用宽带光入射于光纤内作为信号光源，光纤布拉格光栅反射特定波长的光信号，即经过光栅后的透射光信号出现“塌陷”，而光栅反射回的光信号为峰状光谱，当刻有光栅处的光纤受到温度和轴向应变作用时，该反射光谱产生漂移，中心波长值发生规律性变化。

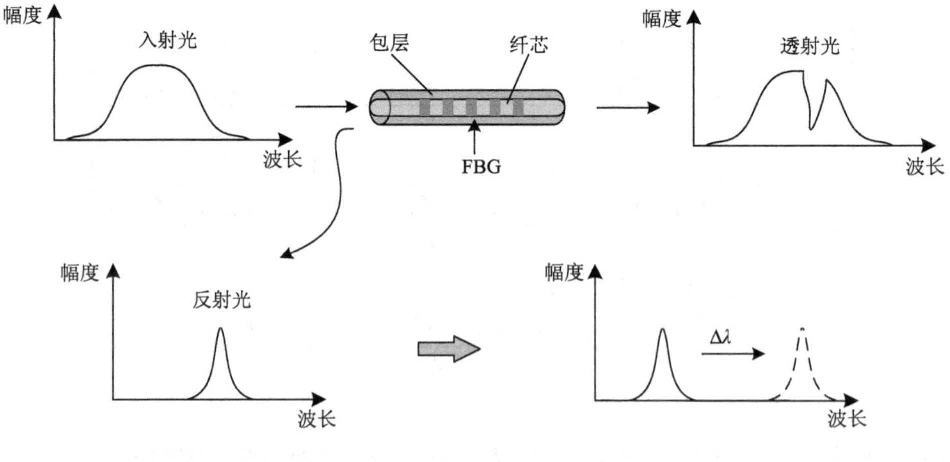

图 4-10　光纤布拉格光栅式力觉传感器原理图

以上三种原理的力觉传感器的特点总结如表 4-2 所示。

表 4-2 三种原理的力觉传感器的特点总结

传感元件类型	原理	优点	缺点
应变片式	通常采用的是硅应变片或金属箔，本质是材料本身发生形变进而转化为阻值变化	精度高、技术成熟、测量范围广、成本低、频响特性好	生产工艺复杂、金属箔式应变计输出微弱
电容位移计式	极距的变化导致电压变化	高灵敏度和高分辨率、频率范围宽、结构简单、环境适用性强	调理电路复杂、信号漂移难以抑制
光纤光栅式	通过光纤、光栅反应形变，再转化成力	可靠性高、测量范围广、抗电磁干扰能力强	对测试环境要求高、刚性偏弱

4.2.2 力觉传感器的分类

力觉传感器，顾名思义就是感知并度量力的传感器。按照测量维度，力觉传感器可以分为一至六维力传感器。能测几个维度，就是几维力传感器。最常见的是一维、三维和六维力传感器[3]。

(1) 一维力传感器：如果力的方向和作用点是固定的，此时可以选择用一维力传感器进行测量。可以通过安装定位，使被测量力 F 的方向完全与标定坐标轴 (OZ 轴) 重合，这样就可以对力进行精确测量，如图 4-11 (a) 所示。代表产品有称重传感器、压力传感器等。若力的方向与传感器的测量轴线平行但不重合，此时传感器的测量结果将会出现较大的误差。

(2) 三维力传感器：如果力 F 的作用点 P 始终与传感器的标定参考点 O 保持重合，力 F 的方向在三维空间中随机变化，那么用三维力传感器就能完成测量任务，如图 4-11 (b) 所示。因为被测量的力可以分解为三维力传感器标定坐标系下的三个正交分量 (F_x、F_y、F_z)，三维力传感器的三个测量单元可以分别对其进行测量。当力的作用点远离传感器时，这个力在经过正交分解并平移至三维力传感器的校准中心后，传感器既要承受力 F_x、F_y、F_z 三分量的作用，又要承受 M_x、M_y、M_z 三个弯矩的作用，这种情况下，三维力传感器的测量结果将会出现较大偏差。

(3) 六维力传感器：如果力的方向和作用点都在三维空间内随机变化，此时应该选择用六维力传感器进行测量。因为空间中任意作用点上的力可以在六维力传感器的标定坐标系内，分解为沿标定坐标轴的三方向分力 (F_x、F_y、F_z) 和绕标定坐标轴的三方向力矩 (M_x、M_y、M_z)，如图 4-11 (c) 所示。这类传感器更适用于参考点的距离较远且随机变化的情景，测量精度要求较高。

综合而言，如果力的方向和作用点是固定的，可以采用一维力传感器；如果力作用点与传感器标定参考点重合，但力的方向随机变化，可以用三维力传感器；如果力的方向和作用点都在三维空间里随机变化，就应该选用六维力传感器进行测量。

在智能机器人实现力觉感知时，只感知一维力是不够的，应能同时感知直角坐标三维空间的两个或两个以上方向的力或力矩信息。因此，机器人往往需要装配多维力觉传感器从而为机器人的控制提供力/力矩感知信息。

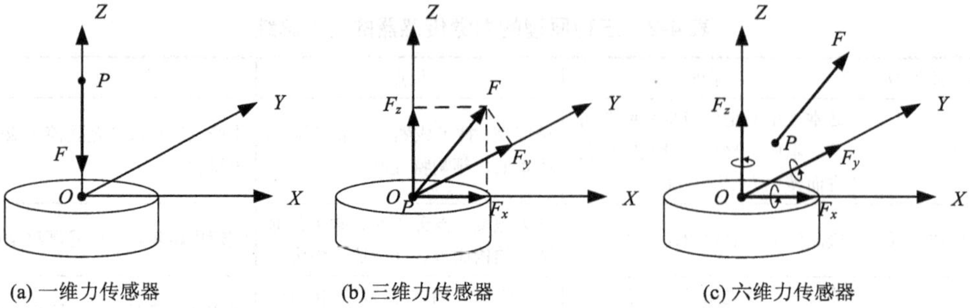

图 4-11　一维、三维和六维力传感器对比

O-力传感器标定参考点；*P*-力的作用点；*OXYZ*-传感器标定坐标系

4.2.3　力觉传感器在机器人中的应用

1. 服务机器人

1) 手术机器人

手术机器人的力感知可作为力反馈的依据以提升手术的安全性。当手术机器人拥有力反馈功能时，医生就可以精确感知机器人末端工具(或末端执行器)和人体的相互作用力，区分健康组织和病变组织，并进行精准力输出控制，从而避免因用力过大造成缝合处的二次损伤。因此，六维力传感器产品已成为类似应用场景中的刚需。

在全球最大的医疗设备公司 Medtronic(美敦力)的手术机器人中，力觉传感器发挥着至关重要的作用，不仅能够实时测量手术器械与人体组织之间的接触力，为医生提供即时的反馈，这种反馈有助于医生更加精确地感知手术器械的位置和力度，从而进行更精细的手术操作，而且通过实时监测接触力，医生可以避免对脆弱组织或血管造成过度压迫或撕裂，大大降低了手术风险。

2) 康复机器人

ReWalk Robotics 公司的 ReWalk Personal 6.0 康复机器人，如图 4-12 所示。该机器人使

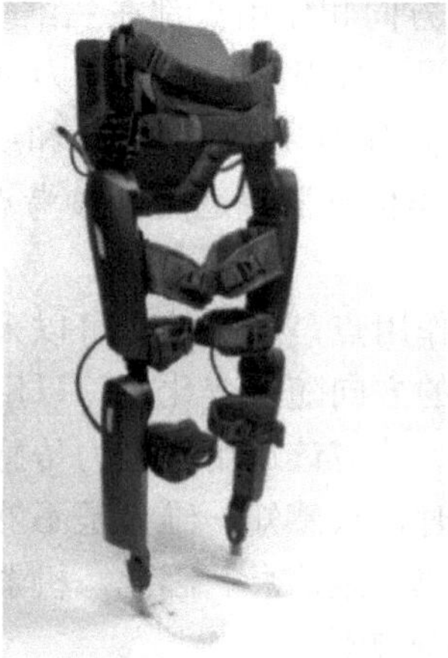

图 4-12　ReWalk Personal 6.0 康复机器人

用力觉传感器来感知用户的步态和体重分布，从而能够实时调整机器人的辅助力度和步态模式，帮助用户进行更有效的康复训练。在 ReWalk Personal 6.0 康复机器人中，力觉传感器放置在用户的腿部支撑结构、脚底或其他关键接触点上。

当用户使用 ReWalk Personal 6.0 康复机器人行走时，力觉传感器会检测并记录用户的步态模式。通过测量每一步的地面反作用力、步长和步速等参数，传感器能够实时评估用户的行走能力。这些数据随后传输到机器人的控制系统，控制系统根据这些信息调整机器人的辅助力度和步态模式，以更好地匹配用户的自然步态。

2. 工业机器人

1) 打磨机器人

抛光打磨是现代工业设备生产制造中必不可少的环节，目前，生产过程对加工精度的要求越来越高，因此对打磨质量、效率、精度方面的要求也越来越高。因此，智能打磨机器人成为复杂产品加工技术的一个重要发展方向。例如，FANUC 的 M-20iA 机器人就是一款多功能工业机器人，广泛应用于金属加工和模具制造。

2) 物料搬运机器人

在仓库或生产线上，工业机器人经常需要搬运不同重量的物料。KUKA 的 KR 5 ARC HW 焊接和物料搬运机器人，如图 4-13 所示。通过使用集成的力觉传感器，机器人可以感知物料的重量，并据此调整其搬运策略，如选择合适的运动速度和抓取力，确保物料的安全搬运。

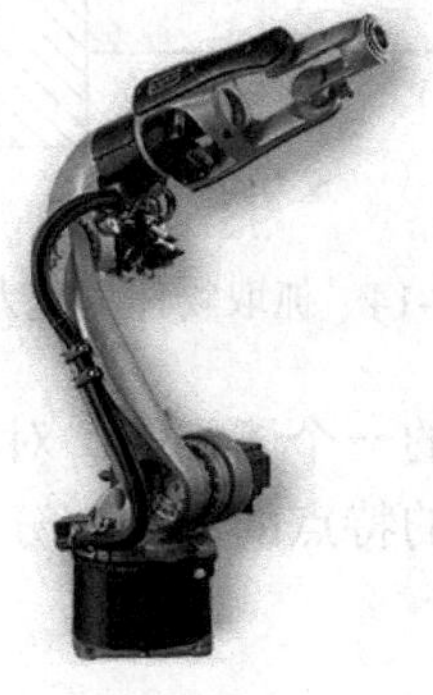

图 4-13　KUKA 的 KR 5 ARC HW 焊接和物料搬运机器人

4.3　滑觉传感器

在抓取未知属性的物体时，机器人应能够确定最佳的握紧力。当握紧力不确定时，需要监测被夹持物体是否滑动，并根据监测信号，在不损坏物体的情况下，选择最安全的夹持方式。用于实现这一功能的传感器称为滑觉传感器。

4.3.1　滑觉传感器的基本原理

为了在抓取物体时使用适当的握力，需要对接触表面的相对滑动情况进行实时监测，对握力进行判断并做出调整。在这种情况下，需要使用滑觉传感器。滑觉传感器主要用于检测机械手爪与被抓物体之间的滑动程度，滑觉检测功能是实现机器人灵活抓握的关键条件。如图 4-14 所示，当机械手爪抓取水平放置的物体时，若手爪施加的水平压力不足，水平方向压力会被向下的物体重力克服，从而导致物体下滑。

阻力 R 为一种将物体的运动约束在一定面上的力。阻碍物体运动的摩擦力 F 作用在这个面的切线方向，大小与阻力 R 有关。设 μ_0 为静止摩擦系数，静止物体在即将运动时，会有 $F \leqslant \mu_0 R$（当 $F = \mu_0 R$ 时为最大摩擦力）；设 μ 为运动摩擦系数，在物体运动时，会有摩擦力 $F = \mu R$。当如图 4-14 所示的物体处于滑落状态时，物体的质量为 m，重力加速度为 g，则手爪施加的压力 f 为了把物体束缚在两个手爪面之间，垂直作用于手爪面的水平压力 f 相当于阻力 R。当向下的重力 mg 比最大摩擦力 $F = \mu_0 R$ 大时，物体会从两个手爪面之间滑落。当重力 $mg = \mu_0 f$ 时的把持力 $f_{0\min}$ 即为最小把持力。

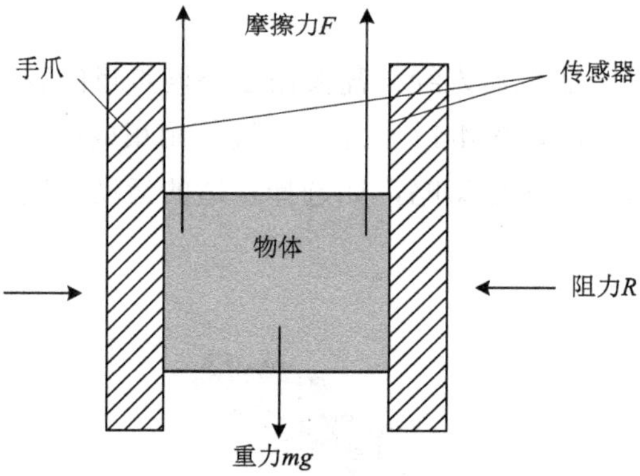

图 4-14　抓取物体时受力分析

滑觉传感器本质是触觉传感器的一个子类别。对滑觉传感器的分类主要根据所测量物理量的不同和应用于滑动检测方法的特点的不同，分为三类。

1. 基于位移检测的滑觉传感器

这类滑觉传感器通过监测机械手爪与物体之间是否产生相对运动来检测滑动。例如，通过感光元件捕捉一系列图像，观察图像变化来判断是否发生了相对位移。工业机器人的末端执行器经常会选择使用此类传感器。然而，视觉系统与滑觉传感器的集成对图像处理能力和软件算法计算能力的要求较高，因此不适合用于机械手爪等结构的控制系统中。

2. 基于微振动检测的滑觉传感器

当机械手爪接触物体时，传感器会因接触压力产生形变，进而产生电荷，电荷会形成有规律的阶跃式触觉信号。在提升物体的过程中，如果机械手爪的夹持力不足，物体会相对传感器产生滑动，导致传感器橡胶表面发生微振动，进而产生交变电荷，形成有规律的滑觉信号。这类传感器根据原理可分为以下几类。

(1) 三维加速度滑觉传感器。其集成于多感知皮肤 HEX-O-SKIN 中，能够检测冲击、滑动及物体粗糙度等信息，构成多传感器信息网络的一部分。目前已应用于人形机器人，并具有应用于机械手爪的潜在价值。其优点包括功耗低、尺寸小以及成本低等。

(2) 压阻材料作为滑觉传感器。这种传感器通过在半导体材料基片上添加扩散电阻形成。基片是主要的测量组件，扩散电阻则以电桥方式连接在内部。如果基片因外部压力变形，则其内部电阻会发生变化，从而检测到压力。其基本结构和工作原理是将两个电极交替盘绕成螺旋结构，将力敏导电橡胶置于电极正上方，整体放置在环氧树脂玻璃或柔软纸板基底上。滑觉传感器工作期间，监测正负电极间的电压信号，并将其转换为数字信号，通过 DSP(数字信号处理) 芯片处理数字信号，判断物体是否发生滑动。压阻式滑觉传感器具有制造简单、易弯曲和使用灵活等优点，广泛集成应用于机械手爪上。

(3) 压电传感器。在压电传感器领域，PVDF 与锆钛酸铅压电陶瓷(简称 PZT) 是最为普及的两种压电介质材料。图 4-15 展示了由日本大阪大学 Koh Hosoda 团队开发的一种柔性指尖装置，其结构由两层硬度各异的硅胶构成，分别称其为内层与外层，承担了不同的信号捕获任务。这些层级内部随机集成了多种传感器组件，总计 24 个感受元件，每个感受元件涵盖了 6 个应变计以及 6 个 PVDF 传感元件。贴近皮肤表面的应变计负责侦测皮肤与接触物体间的局部静态形变，内层应变计则监控整个手指所受的力学状态。PVDF 传感元件则专注于捕捉那些瞬时且快速变化的应变响应。

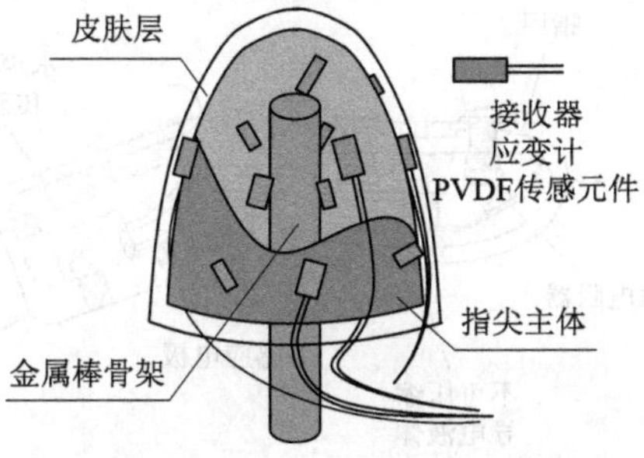

图 4-15　Koh Hosoda 团队开发的一种柔性指尖装置

(4) 电容式滑觉传感器的单元结构如图 4-16 所示。为了增强滑觉传感器的灵敏度，每个电容式滑觉传感器由四对相互垂直排列的差分电容器组成。电容式滑觉传感器技术在机器人领域有广泛应用，如意大利科学家制作的人形机器人 iCub、Willow Garage 公司设计的机器人平台 PR2 手爪。在 PR2 的手爪上覆盖着有硅胶保护层的电容式滑觉传感器阵列，通过对采集的数据实时进行一阶离散巴特沃思滤波处理，结合加速度计检测物体与环境的接触状态，能够实时高速响应滑动事件。

(5) 利用光电原理来检测滑动。光电滑觉传感器的工作原理是将传感器与接触物体之间的振动信号转换为光信号，然后通过内部电子组件将该光信号进一步转换为电信号。最终，这些信号经过后续的采集和处理电路来实现滑动检测。

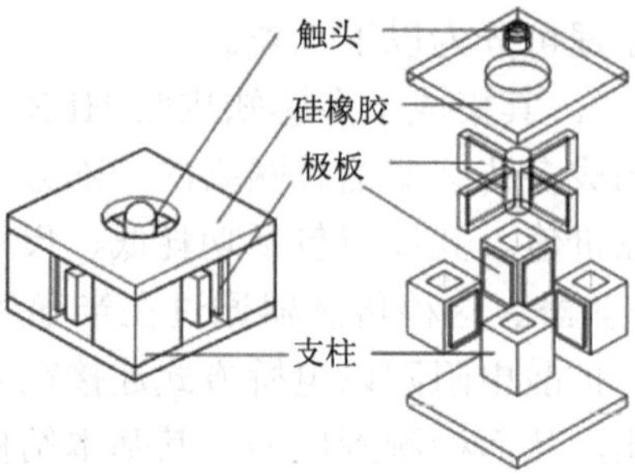

图 4-16 电容式滑觉传感器的单元结构图

3. 基于三维力信息的滑觉传感器

滑觉传感器凭借其对三维力信息的处理能力，能够即时解析接触点处的法向与切向力分量。BioTac 作为一种先进的柔性三维力阵列触觉传感器，其表面设计巧妙，采用刚性结构作为支撑，并密布有多个电极，外层则覆盖有导电液体与硅胶皮肤，实现了多模态信息的融合感知。在接触过程中，导电液体的阻抗特性会随接触力的大小、方向、接触位置以及接触物体的形变而动态变化。为了精确输出力值信息，传感器反馈的力数据须经过卡尔曼滤波器的处理与分析。如图 4-17 所示，该滑觉传感器已成功集成于 Shadow 机械手上，展示了其在实际应用中的潜力。

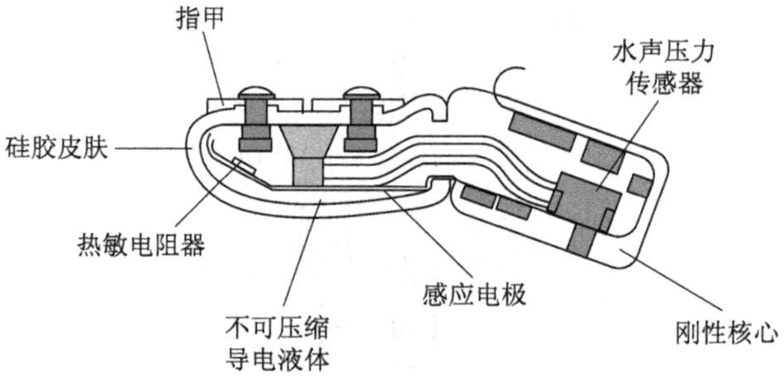

图 4-17 BioTac 滑觉传感器及其在 Shadow 机械手上的应用

4.3.2 滑觉传感器在机器人中的应用

图 4-18 展示了贝尔格莱德大学开发的一种球形机器人专用滑觉传感器。该传感器由一个金属球和若干触针构成，金属球表面均匀分布着多个导电和绝缘的小格。当工件滑动时，金属球随之转动，从而在触针上产生脉冲信号。脉冲信号的频率与滑移速度相关，脉冲的数量则对应滑移的距离。只要金属球与握持物体接触并转动，传感器就会输出脉冲信号。此外，由于球体在受冲击力时不会旋转，因此它具有很强的抗干扰能力。

南方科技大学材料科学与工程系教授郭传飞与合作者开发了一种类似人类手指的高分辨人工滑觉传感系统，其能分辨细腻质地。该柔性滑觉传感器能让系统在触摸物体表面时识别表面质地的微小特征，如图 4-19 所示。结合机器学习，他们将该传感器整合到一个人类手部义肢上，发现该传感器能捕捉到细小的触觉信号，并能识别 20 种不同材质，包括亚麻、尼龙、聚酯纤维和泡泡纱，准确率可达 100%。研究结果或能提高机器人和人类义肢的细触觉能力，有望应用于虚拟现实。

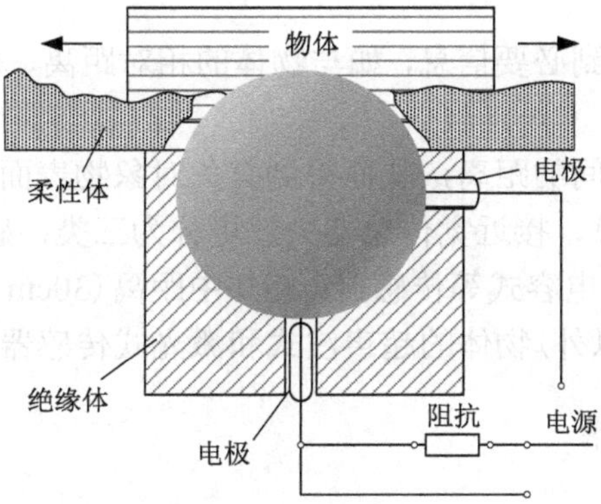

图 4-18　球形机器人专用滑觉传感器

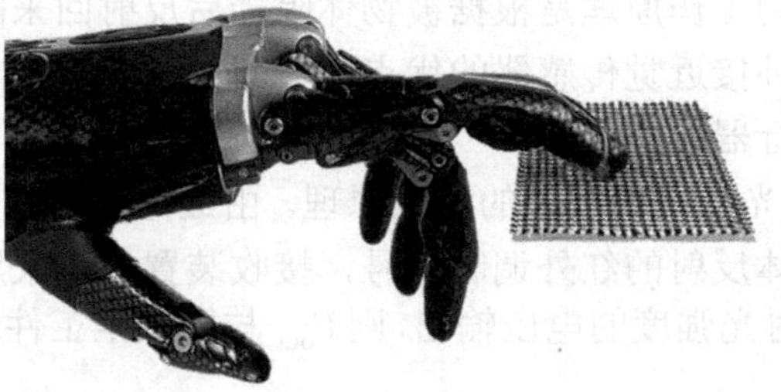

图 4-19　滑觉传感器正在一块织物上识别其质地

4.4　接近觉传感器

对于机器人系统而言，获取外界环境的信息必须依赖相应的传感器进行数据采集。尽管当前人机交互在视觉与触觉领域已取得了显著进步，但视觉传感器在全面监测机器人周边环境方面仍存在局限，触觉传感器则仅限于在与外部物体实际接触时才能发挥效用，因此对于机器人与周遭环境实现有效交互而言，发展近距离感知能力显得尤为重要。

具体而言，视觉传感器虽能提供丰富的场景信息，但受限于视野范围、光线条件及物体遮挡等因素，难以确保对环境的全面无死角监控。相比之下，触觉传感器虽能精准感知接触力及物体表面特性，但其作用范围仅限于与机器人直接接触的物体，对于非接触状态的物体则无能为力。因此，为了弥补这一缺陷，增强机器人在复杂环境中的适应性与交互能力，开发具备高精度与广覆盖范围的近距离感知技术显得尤为重要。这种技术能够确保在视觉传感系统或其他远程传感系统出现故障或局部失效时，机器人仍能在各个位置近距离感知外部环境，从而使交互变得更加准确和安全。在机器人非接触感知的碰前安全避障领域，接近觉传感器有着广泛的应用，对提高机器人智能化和安全性具有深远意义。

接近觉传感器是机器人用以探测自身和周围物体之间相对位置和距离的传感器。虽然人体没有专门的接近觉器官，但为了机器人工作过程的安全，设计了接近觉传感器。这种传感器主要有以下几点作用[4]。

(1)发现前方障碍物，限制机器人的运动范围，改变路径或停止，以避免与障碍物发生碰撞。

(2)在接触对象物前得到必要信息，如与物体的相对距离、相对倾角，以便为后续动作做准备。

(3)获取物体表面各点间的距离，从而得到有关对象物表面形状的信息。

根据感知范围(或距离)，接近觉传感器大致可分为三类：感知近距离(毫米级)物体的磁力式(感应式)、气压式、电容式等传感器；感知中距离(30cm 以内)物体的红外光电式传感器；感知远距离(30cm 以外)物体的超声波式和激光式传感器。

4.4.1　测距式接近觉传感器

1. 红外接近觉传感器

红外接近觉传感器的工作原理是根据被物体阻挡后反射回来的红外能量的强度来判断与物体之间的距离。红外接近觉传感器的优点在于其发送器和接收器都很小，因此能够将其安装在机器人末端执行器等位置。

图 4-20 所示是红外光强法接近觉的测量原理。由红外发光管发射经过调制的信号，红外光敏管接收经目标物体反射的红外调制信号，接收装置也可采用 CCD(电荷耦合器件)。设输出信号 V_{out} 代表反射光强度的电压输出，则 V_{out} 与探头至工件间距离 x 之间的函数关系为

$$V_{out} = f(x, p) \tag{4-9}$$

其中，p 为工件的反射系数。

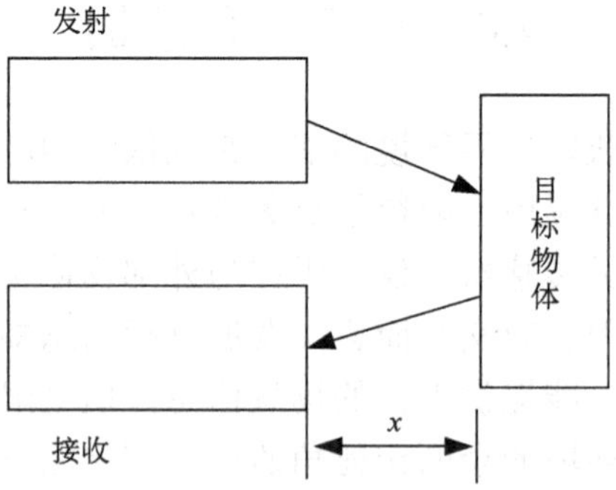

图 4-20　红外光强法接近觉测量原理图

当工件为 p 值一致的同类目标物体时，x 和 V_{out} 一一对应。典型的响应为非线性曲线，如图 4-21 所示，距离 x 的推算根据预先对各种目标物体的接近觉测量实验数据进行插值得到。

反射系数 p 与目标物体表面颜色、粗糙度等有关。目标物体颜色接近黑色或透明时，反射光很弱，因此针对不同目标，接近的感觉不同，那么用这种传感器测量距离是相当复杂的。红外光强法接近觉对大多数目标能找到接近的感觉，如果不强调接近的精确距离，这种简单的测距系统用作机器人的接近觉是完全能够胜任的。

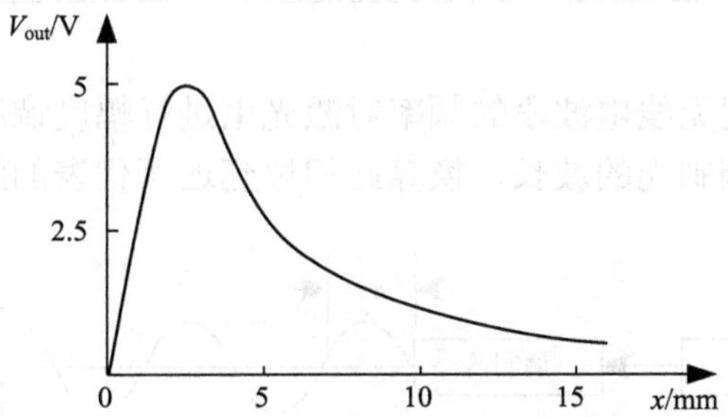

图 4-21　接近觉响应曲线

基于红外信号的接近感测通常需要一个红外 LED 和一个光传感器构成光学前端。红外 LED 向被感测物体射出一束红外信号，一部分信号会反射回来，被红外 CMOS(互补金属氧化物半导体)光传感器探测到。通过信号调制和模数转换，数字化的红外信号可以由微处理器或 MCU(微控制单元)进行后处理，用于各种各样的接近感测用途。

2. 激光接近觉传感器

与红外接近觉传感器原理类似，激光接近觉传感器应用技术属于光电半导体技术，运用激光二极管发射波，而后接收回波来辨识物体的距离。红外线技术适合短距离运用，激光技术则适合长距离范畴。目前，激光雷达测距广泛用于移动机器人避障、前车碰撞警示等。在有源测距仪中，激光雷达的精度相对较高、方向性好，而且基本不受环境可见光变化的影响。

激光雷达以激光为载波，可以用振幅、频率和相位来搭载信息作为载体。激光雷达测距的基本原理是通过测量激光发射信号与其回波信号之间的往返时间来计算目标距离。激光雷达首先发射激光束，当该激光束击中障碍物后反射回来，随后被接收系统捕捉和处理。通过激光发射和接收之间的时间差，可以计算出障碍物的距离。根据测量方法的不同，激光雷达的测距原理可分为脉冲法和相位法。

1)脉冲法测距

脉冲式激光测距仪原理如图 4-22 所示。首先由激光发射系统发出一个脉冲激光，被目标物体反射后，激光接收系统中的光电探测器接收到反射的脉冲激光信号，通过计算激光发射和回波信号到达之间的时间 t，得出目标物体与发射处的距离 L。光速为 c，那么测距公式为

$$L = ct / 2 \tag{4-10}$$

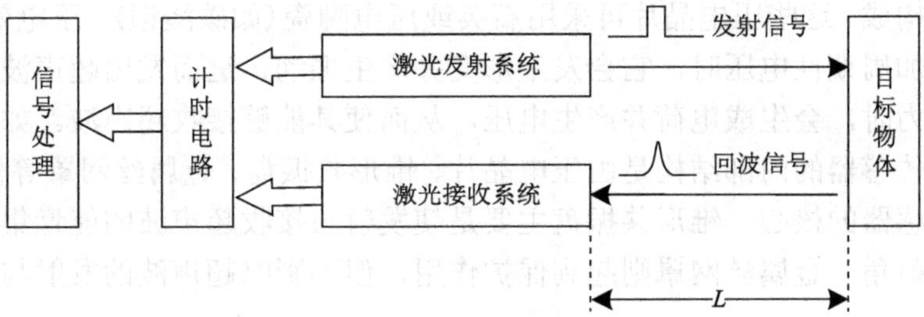

图 4-22　脉冲式激光测距仪原理图

2) 相位法测距

相位式激光测距仪用无线电波段的频率对激光束进行幅度调制并测定调制光往返所产生的相位延迟，再根据调制光的波长，换算此相位延迟所代表的距离，如图 4-23 所示。

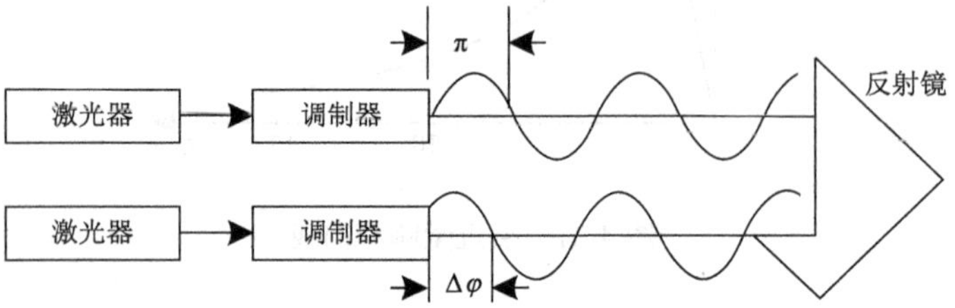

图 4-23　相位式激光测距仪原理图

假设 f 为调制频率，N 为光波往返过程的整数周期，$\Delta\varphi$ 为总的相位差，则间隔时间 t 还可以表示为

$$t=\left(N+\frac{\Delta\varphi}{2\pi}\right)\frac{1}{f} \tag{4-11}$$

则测距公式为

$$L=\frac{1}{2}ct=\frac{c}{2f}\left(N+\frac{\Delta\varphi}{2\pi}\right) \tag{4-12}$$

3. 超声波接近觉传感器

前面讨论的各种接近觉传感器的响应均和被检测物体的材料有密切的关系。超声波接近觉传感器对材料的依赖性大为降低，同时还可以进行比较精确的距离测量。超声波接近觉传感器已在移动式机器人中用于确定障碍物的距离，以检验前进道路上的障碍物，避免碰撞。有时，其也用于大型机器人的夹手上。

超声波探测原理基于超声波在物体表面反射的特性。如金属、木材、混凝土、玻璃、橡胶及纸张等材料，几乎能够完全反射超声波。这一特性使得超声波检测技术在这些物体的识别中得以广泛应用。超声波在传播历程中，会遭受温度效应及衰减作用的双重影响。具体而言，温度波动会改变超声波的传播速率，而在空气中的传播伴随着距离的增加，其强度会逐渐下降，这主要归因于衍射效应引发的扩散损耗以及介质对能量的吸收。此外，超声波的频率越高，其衰减率也相应越大，进而限制了其有效传播距离。

超声波接近觉传感器，也称为超声波换能器或超声波探头，能发射和接收超声波，主要由压电晶片构成。这些压电晶片可采用石英或压电陶瓷(如碳酸钡)。压电效应是可逆的，对压电晶片施加周期性电压时，它会发生形变并产生振动，进而发出超声波。反之，当压电晶片受到压力时，会生成电荷并产生电压，从而使其能够接收超声波。如图 4-24 所示，超声波接近觉传感器的内部结构是由压电晶片、锥形共振盘、金属丝网罩等构成的。其中，压电晶片是传感器的核心。锥形共振盘主要是使发射与接收超声波的能量集中，并使传感器有一定的辐射角。金属丝网罩则起到保护作用，但不影响超声波的发射与接收。

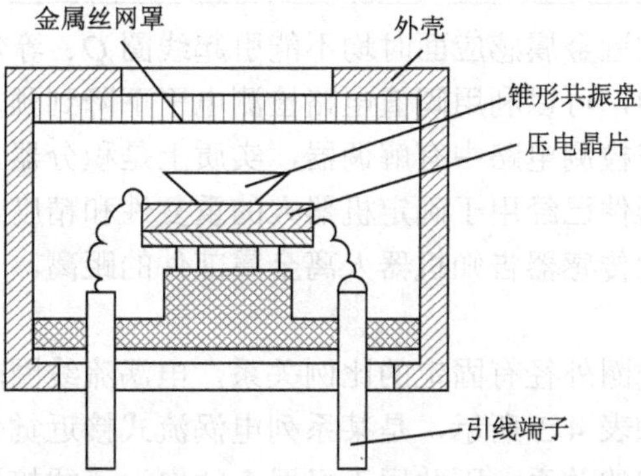

图 4-24　超声波接近觉传感器的内部结构

4.4.2　感应式接近觉传感器

常见的用于感知近距离物体的传感器有能够感应金属体的电涡流式接近觉传感器、霍尔效应接近觉传感器和电容式接近觉传感器，能够感应非金属体的电容式接近觉传感器。

1. 电涡流式接近觉传感器

电涡流式接近觉传感器是利用电涡流效应制造的传感器。根据法拉第电磁感应定律，金属导体在磁场中切割磁感线时或置于变化的磁场中时，导体内部会产生涡旋状的感应电流，这种电流称为电涡流，这一现象称为电涡流效应。

1) 检测原理

根据电涡流在导体中的传播特性，该传感器可分为高频反射式和低频透射式两种类型，但其基本工作原理仍然相似。用于机器人接近检测的电涡流式接近觉传感器通过一个敏感线圈在金属导电靶中感应出高频(涡流)电流，因此属于高频反射式接近觉传感器。根据电涡流式接近觉传感器的工作原理，被测参数可以转换为线圈的品质因数 Q、等效阻抗 Z 和等效电感 L 这三个参数。针对这三种参数的变化，存在三种典型的测量电路：Q 测试电路、电桥电路和谐振电路。其中，电涡流式接近觉传感器主要采用谐振电路。传感器产生的振荡幅度取决于金属表面与线圈之间的距离以及电路中的磁耦合量，其检测原理如图 4-25 所示，通过检测传感器的振荡幅度便可以获得位置。

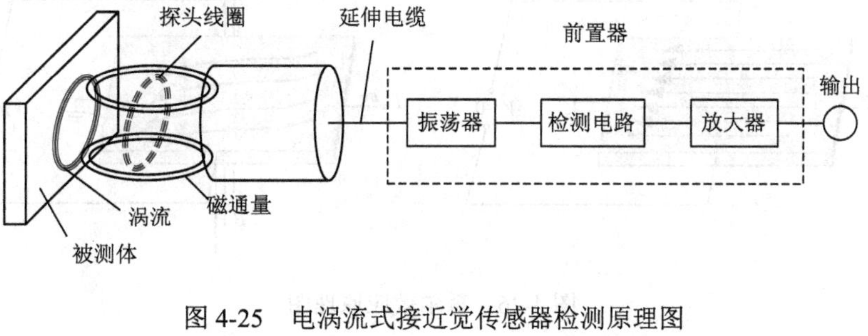

图 4-25　电涡流式接近觉传感器检测原理图

金属体探头远离或靠近金属感应面时均不能引起线圈 Q、等效阻抗 Z 和等效电感 L 的变化，因此在实际应用中，可以利用阈值电路检测电平下降到预定值处的位置来确定传感器离物体的绝对量程。在检测电路中有解调器，实质上是积分器，通过产生较小直流输出来响应这种变化。这类器件已经用于确定机器人的重复性和精度，如装在机械手末端操纵装置上的电涡流式接近觉传感器告知机器人离金属部件的距离。

2) 测距范围

涡流范围与电涡流线圈外径有固定的比例关系，电涡流线圈的直径越大，测距范围就越大，但分辨率越低，如表 4-3 所示，是某系列电涡流式接近觉传感器探头直径、线性量程以及和最小被测面之间的关系，因此用于机器人的电涡流式接近觉传感器适用于近距离探测。

表 4-3　某系列电涡流式接近觉传感器探头直径、线性量程以及和最小被测面之间的关系

探头直径/mm	线性量程/mm	线性范围/mm	线性中点/mm	非线性误差/%	最小被测面直径/mm
Φ5	1	0.25～1.25	0.75	±1.0	Φ15
Φ8	2	0.50～2.50	1.50	±1.0	Φ20
Φ11	4	1.00～5.00	3.00	±1.0	Φ30
Φ25	12	1.50～13.50	7.50	±1.5	Φ50
Φ50	25	2.50～27.50	15.00	±2.0	Φ100

这种器件的主要缺点是必须校准用作靶体的不同金属材料(如铜和钢会产生不同的输出)，因此在机器人应用中，对不同材料的被检测部件应重新校准检测器。

2. 霍尔效应接近觉传感器

霍尔效应接近觉传感器作为一种能量转换装置，其功能在于将磁场的变化转换为输出电压的相应变动。该传感器在磁场测量以及产生或影响磁场的物理量测量中展现出广泛的应用潜力，具体包括接近开关、位置检测、转速监控以及电流测量设备等领域。其运行的核心机制在于：当电流以垂直于外部磁场的方向流经导体时，载流子将发生偏斜，并在与电流及磁场均垂直的方向上诱导产生一个附加电场，进而在导体两端形成电位差异。这一现象称为霍尔效应，这种电势差也称为霍尔电势差。霍尔效应的原理如图 4-26 所示。

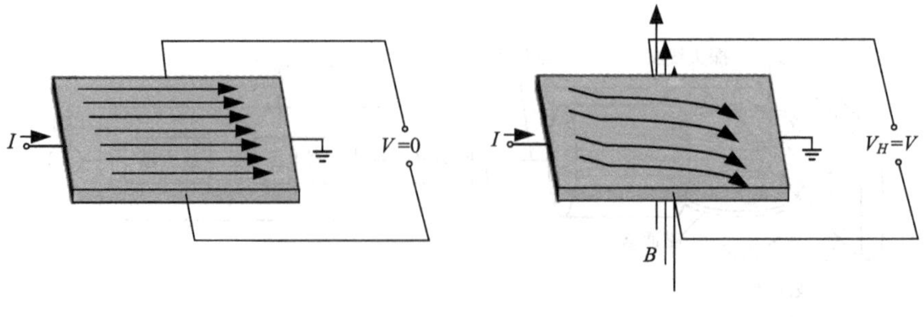

图 4-26　霍尔效应原理图

3. 电容式接近觉传感器

霍尔效应接近觉传感器和电涡流式接近觉传感器仅能检测金属体，而电容式接近觉传感器能感应几乎所有的固体和液体材料。根据电容变化检测接近程度的方法有很多，最常用的一种是将电容器作为振荡电路的组成部分，将起振转换成输出电压。如图 4-27 所示，检测电极与大地之间存在电容量，当检测物体接近检测电极时，由于检测电极加有电压，检测电极就会受到静电感应而产生极化现象，感应电荷增多。由 $C = Q / V$ 可知，随着电荷量的增多，检测电极电容 C 增大。由于振荡电路的振荡频率 $f = \frac{1}{2\pi\sqrt{LC}}$ 与电容成反比，当 C 增大时，振荡电路的振荡减弱，甚至停止振荡。检测电路将振荡电路的振荡与停振状态转换为开关信号后向外输出。

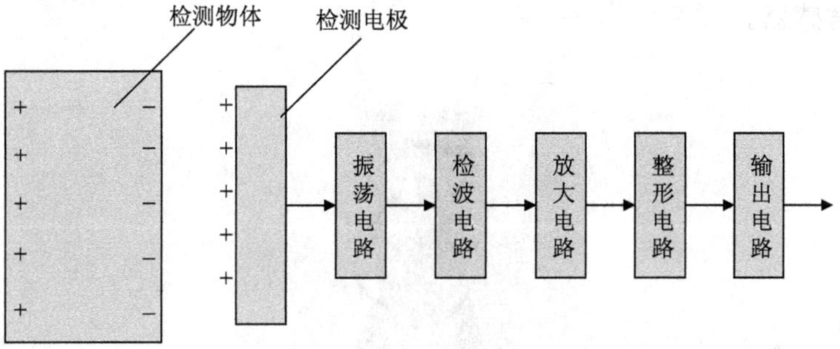

图 4-27　电容式接近觉传感器检测电路

需要注意的是，为了既能够探测金属也能探测非金属，电极板通常做成外壳与设备的机壳相连接，如图 4-28 所示。当物体接近传感器时，无论其是否为导体，都会导致电容的介电常数发生变化，从而改变电容量。这一变化会影响与测量头连接的电路状态，进而控制传感器的工作状态。

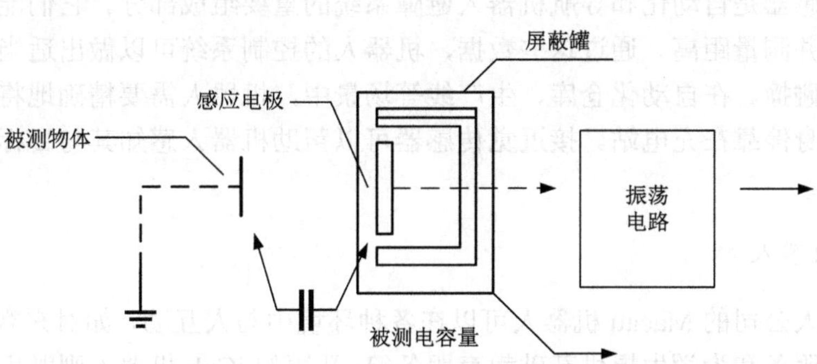

图 4-28　电容式接近觉传感器结构

4.4.3 接近觉传感器在机器人中的应用

1. 工业机器人手夹持器

工业机器人手夹持器适用于多种工业自动化的生产、装配等操作，能完成高风险环境下的信息探测、物资收集、探测、排爆等工作，是一种具有多自由度、能够灵巧抓握对象的机械结构构件。工业机器人手夹持器一般采用钳形结构，通过钳形结构的开合和夹紧的方式对物体进行控制，因此决定夹持成败的关键因素是准确测量与控制钳口开度。

在工业机器人手夹持器中，接近觉传感器是一种常用的测量开合元件，它的测量利用磁场的变化与被测金属零件之间的相对位置关系进行。接近觉传感器通过安装在工业机器人手夹持器的其中一个夹钳上进行检测。当物体被夹紧时，接近觉传感器通过感应磁场大小的变化来判断两者之间的距离。如图 4-29 所示，RG2-FT-onrobot 智能机器人手夹持器就采用了接近觉传感器。

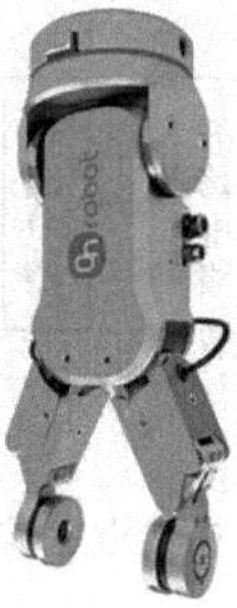

图 4-29　RG2-FT-onrobot 智能机器人手夹持器

2. 自动化和导航机器人

接近觉传感器是自动化和导航机器人避障系统的重要组成部分。它们能够检测机器人周围的障碍物并测量距离。通过这些数据，机器人的控制系统可以做出适当的决策，避免与障碍物发生碰撞。在自动化仓库、生产线等场景中，机器人需要精确地将物品放置在指定位置或将自身停靠在充电站。接近觉传感器可以帮助机器人感知其与目标位置的距离，确保精确停靠。

3. 协作机器人

泰克机器人公司的 Macau 机器人可以在各种环境中与人互动，如对来客推广产品、为游客提供导游服务和为学生提供基础教育服务等；开源的 iCub 机器人则既可以与外界环境交互，又可以从与环境交流过程中学习。在协作机器人与人类共同工作的场景中，接近觉传感器能够实时监测机器人与人类的距离。当机器人接近人类时，传感器会触发减速或停止等安全措施，避免机器人对人类造成伤害。

4.5　视觉传感器

视觉传感器

4.5.1　视觉传感器的基本原理

视觉传感器的基本原理如下所示。

(1) 人的视觉。人眼包含具有感光细胞的视网膜和附属折光系统等部分。人眼能够捕捉到的电磁波波长范围为 370～740nm，这个波段称为可见光谱。视网膜采集的信息传递到大脑进行处理。

(2) 机器人视觉。机器人的视觉工作过程如图 4-30 所示，其视觉系统通常由光电传感器构成。距离信息和明暗信息两种类型的数据能够帮助机器人在空间中识别物体的位置和形状。其一般通过超声波、激光反射和立体摄像等方式获取距离信息，通过电视摄像机和 CCD 固态摄像机获取明暗信息。

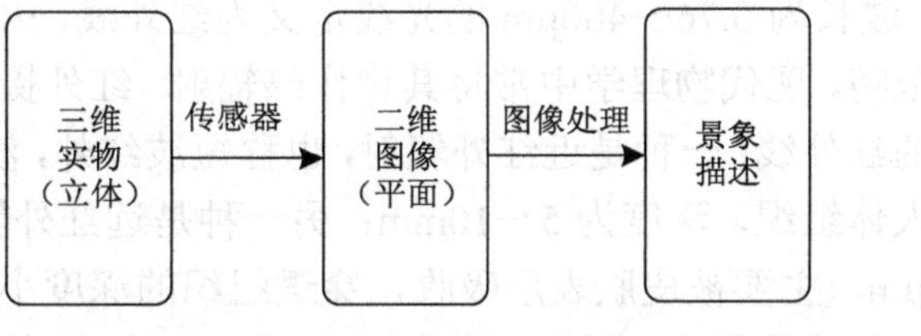

图 4-30　机器人的视觉工作过程

4.5.2　光学摄像头

光学摄像头是一种广泛使用的景物和图像输入设备，能将景物、图像等光学信息转变为电视信号或图像数据。光学摄像头主要有黑白摄像机和彩色摄像机两种。工业视觉系统中常选用黑白摄像机，主要原因是系统只需要具有一定灰度的图像，这种图像经过处理后变成二值图像，再进行匹配和识别。它的好处是处理数据量小、处理速度快。

光学摄像头有许多优点，如非接触和非破坏性测量，几乎不受干扰，高速传输以及可遥测、遥控等。其主要包括一般光学计量仪器、激光干涉式、光栅、编码器以及光纤式等光学传感器及仪器。根据不同构造，光学摄像头可以分为以下几类。

(1) 单目摄像头：通过单个摄像头拍摄平面图像来感知和判断周围环境，识别摄像头范围内的固定物体和移动物体。目前汽车领域的主流解决方案仍选择这种摄像头，但因为对平面图像的处理依赖复杂算法进行测距，所以准确度较低，需要改进和优化。

(2) 双目摄像头：通过两个不同位置的摄像头产生的视差和立体匹配技术实现精准测距。其模仿人眼功能，能够感知物体的距离和大小，从而完成对周围环境信息的采集。

(3) 阵列式摄像头：一个大镜头由多个小镜头组合而成，来执行一个大镜头的工作。其原理类似于昆虫的复眼和阵列式天文望远镜。与传统相机相比，阵列式摄像头的视野和拍摄范围由多个小镜头决定，能够采集更大更广范围的信息，同时获得了更小的体积，其结构如图 4-31 所示。

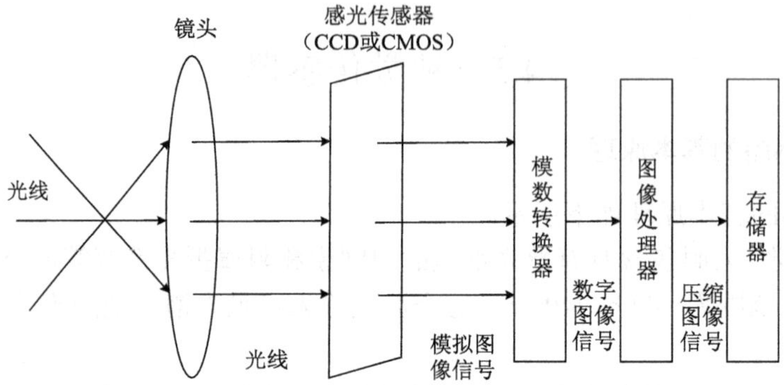

图 4-31　阵列式摄像头结构图

4.5.3　红外摄像头

在光谱范围内，波长为 0.76～400μm 的光线定义为红外线，由于其位于可见光谱之外，因此属于不可见光范畴，现代物理学中常将其称作热辐射。红外摄像头以其低功耗的特点，主要运用两种类型的红外线：一种是近红外辐射，也称短波红外，波长范围为 0.76～1.5μm，能够较深入地穿透人体组织，深度为 5～10mm；另一种是远红外辐射，亦称长波红外，波长范围为 1.5～400μm，主要被皮肤表层吸收，穿透组织的深度小于 2mm。这类红外技术显著增强了夜间图像的捕获能力，因为所有高于 0K(–273.15℃)的物质都可以产生红外线，所以大多用户需要红外摄像头来追求很强的摄像效果。

在夜间或光照条件不佳的情况下，红外摄像头可以关闭其红外滤光片，允许 CCD 或 CMOS 感应到红外线，从而实现夜视功能。此时，红外摄像头能够捕捉到由红外线反射形成的影像，而不是可见光反射的影像。现代红外摄像头通常使用高亮度的发光二极管作为红外光源，并采用特殊的光学设计和材料来消除可见光和红外线焦面偏移的问题，以保证清晰的成像质量。

4.5.4　激光雷达

激光雷达是一种利用激光束探测目标特征(如位置和速度)的系统。其基本原理是向目标发射激光，接收反射回来的激光信号，再与发射信号进行对比，通过处理后获取目标的各种信息，包括距离、方向、高度、速度、姿态乃至形状等。其系统主要由激光发射器、光学接收器、转台和信息处理单元构成，其中，激光发射器负责将电脉冲转换为光脉冲，光学接收器则将回波光脉冲转换为电脉冲信号。激光雷达使得对飞机、导弹等目标的探测、跟踪和识别成为可能。

与普通微波雷达相比，激光雷达使用的信号是激光束，相比微波的工作频率，激光束高许多，带来了很多优点，主要有以下几点[5]。

(1) 分辨率高。激光雷达具备极高的角度、距离与速度分辨率。激光雷达能够同时跟踪多个目标，其距离分辨率可低至 0.1m，速度分辨率则能控制在 10m/s 以内。其角度分辨率通常达到 0.1mrad，意味着在 3km 的距离内能够区分相距仅 0.3m 的两个目标。而微波雷达无法达到这一水平。这种高分辨率使激光雷达能够利用距离-多普勒成像技术，生成清晰的目标图像。

(2) 隐蔽性好、抗有源干扰能力强。激光雷达具有强大的抗有源干扰能力，适合复杂的信息战环境。激光的直线传播特性及优异的方向性使得其光束极为狭窄，因此仅在传播路径上才能被接收，大大增加了敌方截获的难度。此外，激光雷达的发射系统口径较小，接收区域也相对狭窄，使得接收机收到敌方故意发射的干扰信号的概率极低，自然界中能够对激光雷达造成干扰的信号源也比较少。

(3) 低空探测性能好。激光雷达只会对被照射的目标产生反射，不会受到地物回波的影响，可以在“零高度”进行部署和工作。而微波雷达因受到各种地物回波的影响，在低空存在一定的盲区。因此，激光雷达低空探测性能显著优于微波雷达。

(4) 体积小、质量轻。传统的微波雷达体积庞大，整个系统的重量可达数吨，天线口径甚至可达几米到几十米。相比之下，激光雷达更加轻便，整个系统的重量最轻可达几十公斤，发射望远镜的口径一般只有厘米级，架设和拆卸非常方便。同时，激光雷达轻巧的结构相对简单，易于维修和操作。

然而，激光雷达也存在明显缺点。首先，激光雷达的检测效果会受天气和大气条件影响。在晴朗天气下，激光衰减较小，传播距离较远；但在大雨、浓烟或浓雾等恶劣天气中，衰减急剧增加，传播距离受到显著影响。其次，由于激光雷达的直线传播特性，其波束极窄，空间搜索非合作目标的难度较大，这直接影响了激光雷达的探测效率，通常只能在较小范围内进行搜索和捕获。因此，在战场上激光雷达的单独应用较少。

4.5.5　视觉传感器在机器人中的应用

1. 人工网膜

人工网膜采用光电管阵列来替代传统的网膜以感知光信号。其最基本的形式是一个 3×3 的光电管矩阵，而更复杂的阵列可以达到 256 像素×256 像素或更高。例如，在 3×3 阵列中，数字字符“1”生成的正负像如图 4-32 所示；大写字母“I”的正负像则见图 4-33。这些图像会事先存储为标准参考图像。在工作过程中，当接收到数字字符“1”的输入时，其生成的正负像将与已存储的“1”和“I”的正负像分别进行比较，结果见表 4-4。

	0	1	0		−1	0	−1
正像	0	1	0	负像	−1	0	−1
	0	1	0		−1	0	−1

图 4-32　数字字符“1”生成的正负像

	1	1	1		0	0	0
正像	0	1	0	负像	−1	0	−1
	1	1	1		0	0	0

图 4-33　大写字母“I”的正负像

表 4-4　比较结果

相关值	与“1”比较	与“I”比较
正像相关值	3	3
负像相关值	6	2
总相关值	9	5

在对比两者时，数字字符“1”的总相关值为 9，这正好等于阵列中光电管的总数。这表明输入的图像信息与预先存储的数字字符“1”的信息完全一致，因此可以判断输入的字符是数字“1”，而非大写字母“I”或其他字符。

2. 光电探测器件

在光探测技术的范畴内，光电管与光敏二极管是其主要的基础组件。通过将固态探测器以线性或矩阵的方式排列，可以实现直接的测量操作或图像捕获功能。当前，在机器人视觉领域的非接触式测量应用中，电荷耦合器件(CCD)已成为固态阵列探测器的主流选择。线性阵列的单元数目最高可达 4096，CCD 面阵则能支持 512 像素×512 像素乃至更高清晰度的图像。由 CCD 构建的固态摄像机，不仅具备出色的几何定位精度、宽广的光谱响应范围、提升的灵敏度以及快速的图像扫描速度，还拥有紧凑的结构设计、低能耗以及高度的耐用性和可靠性。

3. 高速视觉系统

在追求机器人高效执行复杂任务的过程中，超高速影像传感技术被视为关键要素。针对高速机器人系统的研发，1kHz 的传感速率通常足以应对多数任务需求。高速视觉系统定义为能够同时实现高速图像捕捉与处理的系统。构建此类系统，需要将图像捕捉与图像处理功能集成至单一的视觉处理芯片之内。这要求芯片内置数据处理模块与光检测元件，并具备优化的像素传输机制，以确保图像数据能够同步从捕捉模块传输至处理模块。此外，为了进一步提升影像的传输与处理效率，研究人员设计了一种新型视觉系统，该系统通过限制摄像头向外传输影像的区域至特定小范围，从而实现了速度的提升。

另外，还有将进行特定处理的模块直接以一对一的方式安装在高速摄像机里的视觉系统，以便实现高速影像传感。例如，用于物品检查等产业领域的高速图像处理板，以及机器人影像实时处理专用的单板图像处理系统，都属于这类视觉系统的开发成果之一。

4. 应用场景

在应用场景层面，人形机器人除工业场景，还将进入医疗保健、教育、娱乐等生活场景，因此对环境感知能力提出更高要求。例如，人形机器人需要适应复杂的环境(如地毯、瓷砖、木材和楼梯)，应对儿童、宠物等带来的挑战。如果机器人要辅助家务或医疗工作，还需要能够判断材料并据此调整握力。

为了支持人形机器人实现更人性化的交互，关键在于提升机器人的理解能力，这要求机器人首先能够“看得见”——环境感知、物体的识别与跟踪、面部表情和肢体动作抓取。

进一步，机器人需要“看得懂”，通过 AI 赋予的理解力来智能规划行进路线，准确识别需要移动的物体，甚至预测行人的移动方向等。

市面上主流的人形机器人通常配备先进的机器视觉系统，结合多模态感知能力和 AI 算法，实现环境理解、任务执行、安全和避障等功能。以特斯拉的 Optimus 人形机器人为例，它搭载 8 个摄像头的纯视觉方案，通过算法处理图像，实现物体识别、环境理解等功能。其他机器人，如小米的 Cyber One、波士顿动力的 Atlas、智元的 RAISE A1、宇树的 H1 以及优必选的 Walker X，通过 3D 视觉和其他传感器结合，实现对环境的感知功能，如表 4-5 所示。

表 4-5　主要人形机器人视觉传感器方案对比

	特斯拉	型号：Optimus 纯视觉方案，8 个摄像头
	小米	型号：Cyber One iTOF 模组+RGB 模组， 可选的 IMU 模块
	波士顿动力	型号：Atlas ToF 深度相机，激光雷达
	智元	型号：RAISE A1 RGBD 相机，激光雷达
	宇树	型号：H1 3D 激光雷达，深度相机
	优必选	型号：Walker X RGBD 相机，双目相机

4.6 听觉传感器

听觉传感器是一种能够捕捉和处理声音信号的装置，主要用于将声音信号转换为电信号，以便进行进一步的分析和处理。这种传感器利用语音信号处理技术，使设备能够识别和理解声音，从而实现与人类的互动。机器人可以由听觉传感器实现“人-机”对话，这使得机器人能够更自然地与人类互动，完成更复杂的任务。同时，声音信号具有良好的传播能力，不受障碍物、弱光或黑暗环境的影响，这使其能够有效弥补其他传感器在视场和穿透非透光障碍物方面的缺陷。此外，听觉传感器还具备抗电磁干扰和隐蔽性强等优点，使机器人能够 360° 全方位地收集所需的声音信息。因此，声源定位已成为机器人研究领域中的一个重要课题。在听觉传感器的协助下，未来的机器人将会在更多场景中实现更加灵活和高效的应用，进一步融入人们的日常生活和工作中。

4.6.1 听觉传感器的基本原理

听觉传感器的基本原理包括声音捕捉、信号转换、信号处理和语音识别几个关键步骤。

首先是声音捕捉。听觉传感器利用麦克风或麦克风阵列来获取环境中的声音。麦克风阵列由多个全向麦克风组成，这些麦克风分布在不同位置并按照特定规则排列，从而能够对空间中传播的声音信号进行有效的空间采集。麦克风阵列采集的语音信息不仅包含语音的音调、响度信息，还包含语音的空间位置信息。麦克风阵列可以同时捕捉多个方向的声音，为后续机器人实现声源定位提供基础。

其次是信号转换。将捕捉到的声波转换成模拟电信号，这个电信号代表了声音的频率、振幅和时间变化等特征。为了进行数字处理，模拟信号通过模数转换器（ADC）转换为数字信号。这个过程确保了声音信号可以被数字系统处理和分析。

接下来是信号处理。信号处理单元对数字信号进行滤波、降噪、增益调整等预处理，以确保信号的质量和可用性。滤波用于去除不需要的频率成分，减少噪声的干扰；降噪算法进一步降低环境噪声的影响，确保信号清晰；增益调整则是为了确保信号强度适中，便于后续处理。

最后是语音识别。语音识别技术使机器人能够将传感器收集的语音信号经过识别和理解的过程，转换为相应的文本或指令。语音识别的理论模型如图 4-34 所示。

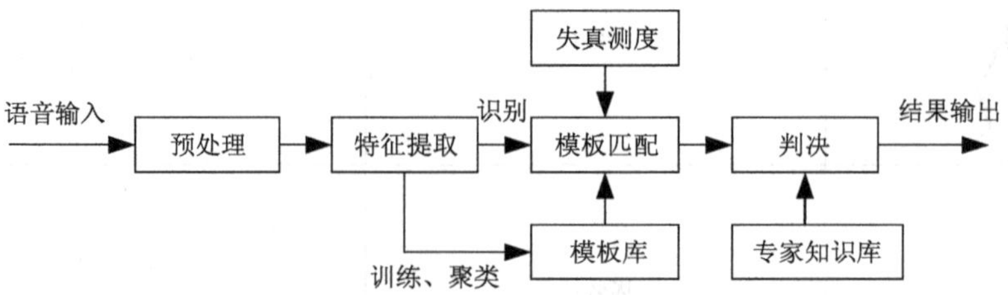

图 4-34　语音识别的理论模型

机器人语音识别的过程与人类处理语音的方式基本相同。目前，主流的语音识别技术基于统计模式识别的基本原理，一个完整的语音识别系统大致可以分为三个主要部分。

1. 语音特征提取

语音特征提取是语音识别系统中的关键步骤，其主要目的是从原始声音信号中提取能够反映语音信息的特征参数。这些特征参数是后续声学模型与模式匹配以及语义理解步骤的基础。整个过程可以分为以下几个阶段。

首先，进行预处理。在这一阶段，通过预加重来增强高频成分，以补偿由声带振动和声道形状引起的频率衰减。然后，将连续的语音信号分成若干短时帧(通常为 20～30ms)，每一帧代表语音信号在该时间段内的特性。为了减少信号在分帧时带来的不连续性，还会对每一帧信号进行加窗处理，如使用汉明窗。

其次，提取特征参数。时域特征包括短时能量和过零率，这些特征能够反映语音信号的强度和变化情况。更为重要的是频域特征，通过傅里叶变换将时域信号转换到频域，可以得到频谱信息，反映语音信号的频率成分。常用的频域特征有梅尔频率倒谱系数(MFCC)和线性预测倒谱系数(LPCC)。

通过这些步骤，语音特征提取能够有效地保留语音的有用信息，为后续的声学模型与模式匹配以及语义理解提供基础。

2. 声学模型与模式匹配

声学模型与模式匹配是语音识别系统的核心部分，是决定系统识别准确性和性能的关键环节。在这一步骤中，系统将从原始语音信号中提取的特征参数与预先训练好的声学模型进行比较和匹配，以识别出输入语音对应的基本单元，如音素、词等。

声学模型通过大量的语音数据进行训练，以捕捉语音信号的统计特性。常用的声学模型包括高斯混合模型(GMM)、隐马尔可夫模型(HMM)和深度神经网络(DNN)等。在模式匹配过程中，系统将提取的特征参数与声学模型进行比较，以确定最匹配的语音单元。模式匹配通常采用维特比算法(Viterbi algorithm)等动态规划方法，以找到最优的状态序列。这一过程不仅要考虑当前帧的特征参数，还需要结合上下文信息和语言模型，以提高识别的准确性。

通过声学模型与模式匹配，语音识别系统能够从复杂的声音信号中提取出有用的信息，并将其转换为文本或其他可理解的形式。

3. 语义理解

语义理解是语音识别的最后一步。在识别出语音的基本单元后，系统需要根据上下文信息和语言模型进行语义分析，以生成最终的识别结果。这一步骤不仅仅是简单的词语匹配，还涉及自然语言处理技术，如句法分析、语义分析等，以确保识别结果符合自然语言的逻辑和语义。

4.6.2 听觉传感器在机器人中的应用

商场、图书馆、医院场景下的服务机器人往往配备听觉传感器以便实现人机交互，提供更优质的服务。睿博天米科技(深圳)有限公司于2019年在中国发售的temi机器人就配备了多个麦克风阵列，还具有远场语音识别能力，这使得用户无须靠近机器人也能清晰发出指令，即使在嘈杂环境中，机器人也可以精准捕捉用户的语音指令，并支持多种语言的语音识别，使用户能够通过自然语言与机器人进行互动。除此之外，temi还能利用麦克风阵列实现声音定位功能，在检测到声音来源方向后自动转向发出声音的位置，增强用户的交互体验。SoftBank Robotics旗下的NAO机器人和Pepper机器人，均同样配备了多个麦克风阵列，构成其先进的听觉传感器系统。在实现语音识别和声音定位的同时，通过这些听觉传感器，Pepper机器人还能够根据用户的语调和声音变化调整互动方式，提供个性化的互动体验，从而提升用户满意度和互动效果。听觉传感器还增强了机器人的环境感知能力，使其能够参与教育、研究、娱乐等多种应用场景，提升互动的智能化水平。

4.7 嗅觉传感器

机器嗅觉作为一种创新的仿生检测技术，其运作机制模拟了生物嗅觉系统。该系统的核心构成包括一个具备交叉敏感性的化学传感器矩阵以及配套的计算机模式识别算法，这些组件共同实现了对多种气味的检测、分析及鉴别功能。其运作流程为：气味分子首先被机器嗅觉系统中的传感器矩阵捕获，进而转换为电信号；这些原始信号随后通过多种处理手段进行加工与传输；最终，经过处理的信号输入至计算机模式识别系统，以做出准确的判断。嗅觉传感器的应用广泛，不仅可用于气味的识别，还能有效鉴别产品真伪，并贯穿从原材料到生产工艺的全程控制，从而确保产品质量的稳定可靠。

机器人嗅觉的发展脉络可以追溯到20世纪80年代，当时科学家开始研究让机器人通过嗅觉来感知周围的环境。近年来，随着人工智能和机器学习技术的发展，机器人嗅觉的研究也取得了重大突破，目前的机器人不仅能够识别单一的气味，还能够在复杂的环境中识别和区分多种气味。将嗅觉和视觉算法结合的研究项目，使机器人在食品检测、环境监测、医疗诊断等领域得到了广泛的应用。

4.7.1 嗅觉传感器的基本原理

人类的嗅觉系统以及哺乳动物的嗅觉机制，主要由嗅觉受体细胞、嗅球和大脑皮层这三大部分构成。首先，嗅觉受体细胞负责在空气中检测并识别各种气味分子，这些信息在鼻腔内部经历初步的处理后，传递到嗅球；随后，在嗅球内部，这些气味信息会得到进一步的加工和整合，并继续传递至大脑皮层；最终，大脑皮层会对这些气味信息进行解码和识别，从而让人体感知到不同的气味。

电子鼻作为一种模拟生物嗅觉系统的设备，其基础构造与生物嗅觉系统具有一定的相似性。该设备主要由三个核心部分组成：一是传感器阵列，用于感知并捕获气味信息；二是信号预处理单元，负责对捕获的气味信息进行初步的处理；三是模式识别模块，用于对气味信息进行深入的分析与识别。图4-35清晰地展示了电子鼻系统与生物基本嗅觉系统在结构上的对应关系。

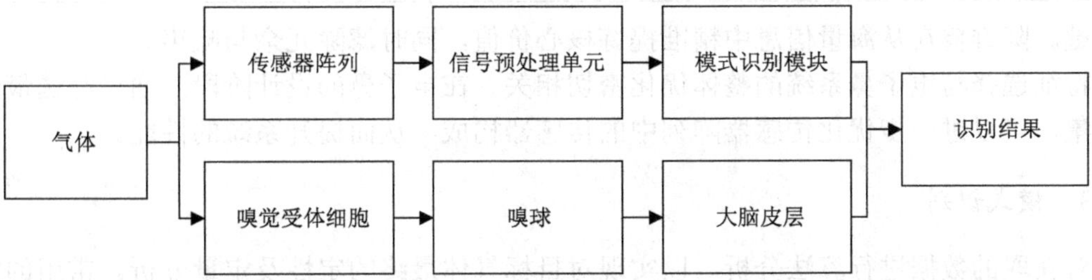

图 4-35　电子鼻系统与生物基本嗅觉系统在结构上的对应关系

4.7.2　嗅觉传感器在机器人中的应用

1. 气体传感器阵列

气体传感技术汲取了生物嗅觉系统中嗅觉受体细胞的灵感，采用特定的材料或精妙的结构设计来捕获气味信息。这些信息经由一系列物理或化学反应转换成相应的电信号，也就是传感器的响应信号。气体传感器阵列则是由多个具备不同特性的气体敏感元件组合而成，这些元件能够感知气体的化学特征并将其转换为电信号。根据工作原理的不同，常见的气体敏感传感器主要划分为光学、热学、电化学、生物学等多种类型，具体分类如图 4-36 所示。

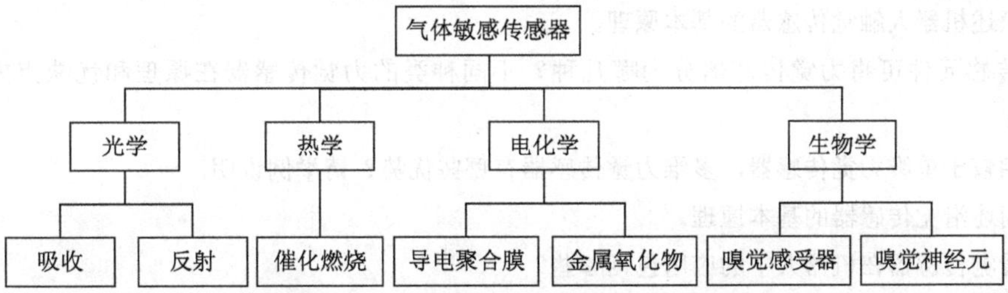

图 4-36　气体敏感传感器的具体分类

当前，常见的气体传感器结构设计包括一维纳米线/管，二维超薄膜及多层结构，三维纳米多孔材料、多孔聚合物框架，以及零维纳米粒子等。

2. 信号预处理

在电子鼻系统的架构中，信号预处理环节主要包含以下四个关键步骤：对传感器响应信号的滤波处理、基线校正操作、数据的归一化与标准化流程以及特征的有效选择与提取。

电子鼻系统内置传感器阵列，常部署于密闭气室内。系统启动后，会先向气室内持续通入纯净空气作为参考，确保传感器达到稳定基线状态。接着，目标气体被导入气室，并在一定时间后，再次通入纯净空气以清除目标气体，使传感器恢复初始基线。电子鼻获取的原始信号维度依据传感器数量及其采样点数目而定，往往极为庞大，可轻易超过数万维。但这些原始数据中混杂了大量冗余与噪声信息，若直接利用这些数据进行建模，将造成模型复杂度剧增、效率低下，并可能诱发过拟合风险，因此对原始数据进行降维处理变得尤为关键。降维旨在从海量信息中精准提炼核心价值，同时滤除冗余与噪声。

特征选择与电子鼻系统的整体优化密切相关。在电子鼻的设计阶段，通过筛选最佳特征子集，可以进一步优化传感器阵列中的传感器构成，从而提升系统的性能。

3. 模式识别

对获取的数据进行算法分析，以实现对目标气体最终的定性及定量分析。常用的定性分析算法有聚类、人工神经网络、支持向量机(SVM)、Fisher 线性判别分析等。常用的定量分析算法有人工神经网络、支持向量回归机、超限学习机、偏最小二乘等。

4.8 本章小结

本章对机器人外部常用传感器的基本原理与应用进行了详细介绍和分析。机器人的外部传感器系统主要包括触觉、力觉、滑觉、接近觉、视觉、听觉以及嗅觉，本章分别对以上传感器的基本原理进行了具体分析，并对其应用范围进行了阐述和说明。

4.9 习题

4-1 常见的机器人外部传感器有哪些？

4-2 简述机器人触觉传感器的基本原理。

4-3 传感元件可将力觉传感器分为哪几种？不同种类的力觉传感器在原理和优缺点方面有哪些区别？

4-4 相较于单维力觉传感器，多维力觉传感器有哪些优势？请举例说明。

4-5 简述滑觉传感器的基本原理。

4-6 滑觉传感器在机器人中的应用包括哪些？

4-7 试描述机器人视觉过程的基本流程。

4-8 与普通微波雷达相比，简述激光雷达的优点有哪些。

4-9 试绘出机器人语音识别的理论模型流程图。

4-10 举例说明嗅觉传感器在机器人中的典型应用，并给出实际应用案例。

第 5 章　智能机器人视觉系统

近年来，随着计算机软硬件的发展，以及传感器技术、人工智能等学科的发展，越来越多的研究者关注赋予机器人感知世界的能力。在众多的感知手段中，机器人视觉感知系统是最重要的感知手段之一。人类获取的信息 83%来自视觉系统，而机器人视觉感知系统是人类视觉在机器人上的延伸。作为机器人的“眼睛”，视觉感知系统能自动获取视觉信息，并基于获取的视觉信息实现自动测量、检测跟踪、分析判断和决策控制等功能。机器人视觉感知系统具有信息快速获取、高集成度、智能化等优点，正逐渐成为智能交通、工业自动化检测、生物医学成像与分析、国防安全、航空航天等关系国计民生重要领域的核心系统。智能机器人视觉的研究旨在使机器人能通过视觉感知这个世界，这是机器人路径规划、运动控制等的前提。本章主要介绍智能机器人视觉领域的基础知识，包括机器人视觉基本理论、视觉检测系统、视觉跟踪系统以及智能视觉感知典型应用。

5.1　机器人视觉基本理论

机器人视觉技术在机器人自主定位导航、目标物体抓取、人脸识别、障碍物检测与运动估计、视觉伺服控制等方面有着广泛应用，是构建智能机器人系统必不可少的关键技术。在工厂流水线场景下，工业机器人的机器人视觉系统主要用于识别工件，确定工件的位置以及为机器人运动轨迹的自适应控制提供视觉反馈。通过高清摄像头实时采集传送带上的工件图像，利用深度学习算法对工件进行自动识别和分类，分拣机器人根据识别结果，将工件分拣至指定的区域或容器中。该系统大大提高了分拣效率和准确性，降低了人力成本，为工厂带来了显著的经济效益。工业机器人进行分拣的示意如图 5-1 所示。

图 5-1　工业机器人进行分拣的示意图

5.1.1　机器人视觉的定义

为了更好地理解机器人视觉的含义，必须理清机器人视觉和其他研究领域之间的区别与联系。图 5-2 是一个知识图谱，展示了机器人视觉与其他领域之间的区别与联系。

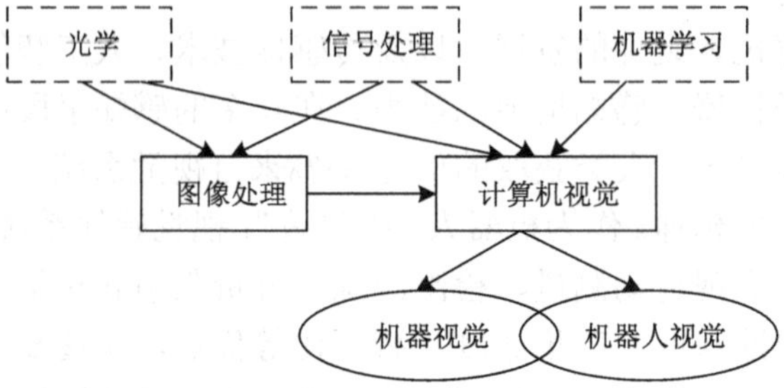

图 5-2　机器人视觉知识图谱

图像处理和计算机视觉有很强的联系，但是不能将两者混为一谈。这两个领域都受到光学领域、信号处理领域研究的影响，但它们的研究目标有所不同。图像处理主要研究把输入图像按某种需求转换成具有所需特性的另一幅图像，如图像去噪处理、增强处理、修复处理等。计算机视觉技术更侧重于研究从图像中提取信息并且理解和感知它们。因此，在实际的应用过程中，可以先使用图像处理技术对原始图像进行处理，然后使用计算机视觉技术从图像中获取需要的信息。例如，使用图像处理技术将彩色图像转换为灰度图像，然后用计算机视觉技术检测图像中的对象。

机器视觉和机器人视觉都属于计算机视觉的范畴，都是把视觉信息作为输入，获取周围环境的有用信息。机器视觉指视觉的工业应用，某些机器视觉的应用(如零件的缺陷检测)与机器人技术无关。机器视觉技术可以用来指导机器人工作。例如，工业机器人领域中零件快速检测分析等使用的视觉技术也可以称为机器视觉。但是机器人视觉不一定必须是工业应用，且必须将相关的机器人技术纳入其技术和算法中，如机器人运动学、参考系校准及环境的物理感知等。没有机器人视觉，机器人将会失去基本的判断力。

在机器人视觉研究中，不仅要考虑捕获和输入视觉信息，还要对这些信息进行处理和分析，进而提取出有用的信息给机器人。在移动机器人系统中，需要机器人视觉系统能够观察周围环境，计算和评估周围场景的三维模型和信息，进行机器人路径规划使其行进到指定目的地等。例如，在机器人抓取任务中使用的视觉伺服技术就是一个只能称为机器人视觉技术而不是计算机视觉的例子。视觉伺服是指采用计算机视觉数据，从图像中提取视觉特征，控制机器人末端执行器相对于目标的位姿，引导机器人或者执行器向目标物体运动的技术。机器人视觉伺服依托机器视觉技术，通过图像反馈进行快速处理，实时调整机器人姿态，形成自适应的闭环控制系统。

综上所述，计算机视觉、机器视觉、机器人视觉之间的信息流差异见表 5-1。从表中可以更好地理解机器人视觉与其他视觉技术的区别。

表 5-1　计算机视觉、机器视觉、机器人视觉之间的信息流差异

技术	输入	输出
信号处理	电子信号	电子信号
图像处理	图像	图像
计算机视觉	图像	信息/特征
图像识别/机器学习	信息/特征	信息
机器视觉	图像	信息
机器人视觉	图像	机器人行动

总的来说，机器人视觉是利用摄像机等成像仪器获取被测物的形状或图像信息，利用计算机、嵌入式系统等完成图像处理，对有效数据进行辨识，形成机器人运动指令的技术。机器人视觉技术是机器人实现环境辨识和人机交互的基础，也是提高机器人智能水平的关键所在。

机器人视觉识别具有如下特点。

(1) 灵活性。机器人视觉系统能够根据不同的检测环境和被测目标进行灵活配置。这意味着，无论是在明亮还是昏暗的环境中，无论是在静止还是动态的场景中，机器人视觉都能通过调整参数或算法来适应这些变化，从而确保视觉识别的准确性和稳定性。

(2) 精确性。机器人视觉识别技术的精确性是实现复杂任务的关键。在实际生产中，工人难以处理大量的高难度工作，而这项技术能够通过精确操作有效取代人工。

(3) 廉价性。随着信息技术的广泛应用和处理器价格的下调，机器人视觉识别技术的应用变得更加经济，为机器人智能化应用提供了有力的技术支持。

5.1.2　机器人视觉系统的组成及功能

机器人视觉系统一般包含硬件和软件两大部分。

图 5-3 描述了整个机器人视觉系统的组成内容。其中，机器人视觉系统的硬件部分包含视觉传感器、图像采集与处理设备、计算机及其外设、机器人及其控制器等。软件部分包含视觉处理软件、计算机软件、机器人控制软件[6]。图 5-4 为机器人视觉系统硬件组成示意图。

1. 视觉传感器

视觉传感器是整个机器人视觉系统信息的直接来源。视觉传感器的主要功能是将景物的光信号转换成电信号，获取机器人视觉系统所需的最原始图像。构成视觉系统的传感器有图像传感器和距离传感器。目前常用的图像传感器产品有 CCD 摄像机、CMOS 摄像机、集成数字摄像头、立体视觉摄像头等。距离传感器有激光雷达、红外距离传感器、超声距离传感器等。

2. 图像采集与处理设备

图像采集与处理设备是服务机器人视觉系统的关键组件，负责将摄像头信号转换为处理单元所需的格式，并运行预设的视觉算法。

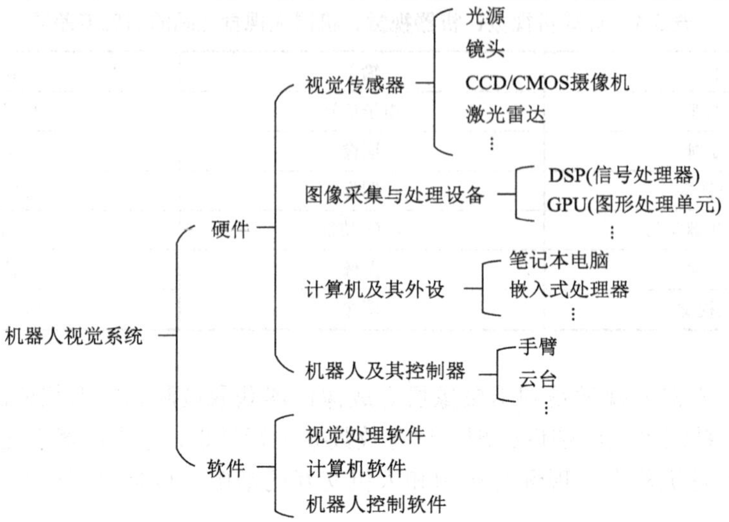

图 5-3　机器人视觉系统的组成内容

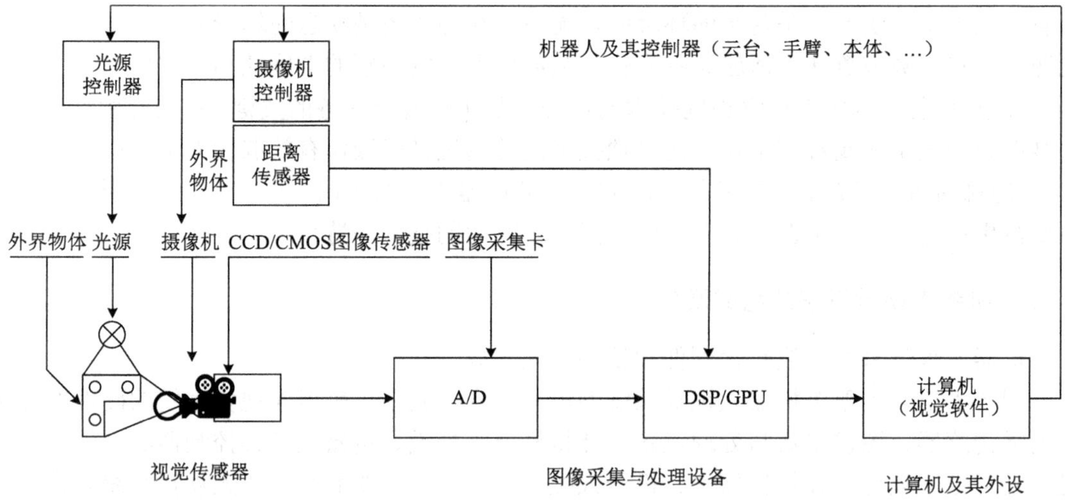

图 5-4　机器人视觉系统硬件组成示意图

视觉系统需要完成图像采集之后的进一步处理，如分割、描述、识别等。如果在通用的计算机上处理视觉信号，运算速度较慢，而且内存容量小，因此可以采用一些专用的图像处理器模块进行图像处理。现在，为了满足微型计算机在视频数字信号处理方面的需求，许多厂家开发了专用的视觉信号处理器。这些处理器具有结构简单、成本低廉和性能优越的特点，通常采用多处理器并行处理、流水线架构以及基于 DSP 的设计方案。

3. 计算机及其外设

根据机器人的体积和功能要求，机器人的主控制器可采用基于 PC、基于嵌入式控制器等多种形式。对于对体积要求较低、对可靠性要求较高的机器人，可采用工业计算机作为机器人的主控制器。在一些移动机器人领域，要求体积紧凑，往往会采用 STM32、Arduino、TX2、树莓派等一些嵌入式平台进行机器人开发。

4. 机器人及其控制器

由于摄像头等图像采集设备往往会搭载到机器人本体、手臂或者云台等机器人结构上，视觉系统需要合理控制机器人运动，保证操作目标处于机器人视野内，因此机器人及其控制器也是视觉系统硬件组成的一部分。

5. 视觉处理软件

视觉处理算法的核心职责是根据机器人的作业需求，对图像信息进行深度处理，提取关键特征，实现目标物体的精准识别与周围环境的全面理解，随后将这些处理结果有效地传递给控制系统或执行机构。部分厂商已经预先将一系列常用的视觉处理算法整合成软件产品，用户只需针对特定应用场景进行定制化的二次开发，即可轻松实现图像的自动采集、直观显示、安全存储及高效处理等功能。

6. 计算机软件

选用不同类型的计算机，就有不同的操作系统和它所支撑的各种语言、数据库等。在机器人开发过程中，一些运动控制单元通常针对特定应用或二次开发编写控制软件，以控制机器人的移动，或者调节摄像机云台的俯仰和旋转，使视觉系统能够灵活感知环境信息，满足服务机器人实时目标跟踪的需求。

5.1.3 机器人视觉感知的主要流程

机器人视觉系统工作流程如图 5-5 所示，主要包括图像获取、图像处理和图像理解三个主要阶段。以目标跟踪应用为例，视觉系统实时采集视频图像信息，之后经过自动图像数字化处理，将视频图像转变为数字图像；再经过去噪、压缩等图像预处理后进行特征提取和图像分割处理；最后经过图像识别算法自动分析和理解图像，获得目标物体的位置、姿态、方向、速度等信息，输出给机器人控制系统，从而规划机器人动作并控制其运动以跟踪目标[7]。

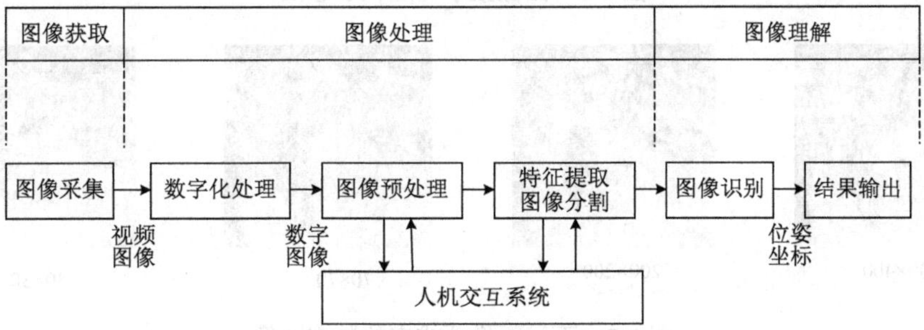

图 5-5　机器人视觉系统工作流程图

5.1.4　机器人视觉算法的基本原理

视觉是人类最主要的感官，图像在感知过程中具有重要作用。但人类的视觉仅能感知电磁波谱中的可见光，而成像设备能够覆盖整个电磁波谱范围。这使得这些设备能够展示人类难以识别的图像来源所产生的图像，包括超声波、电子显微镜图像以及计算机生成的图像。

机器人视觉系统模仿人类视觉与思维判断，利用图像传感器捕获目标数据，进行深度处理与分析。该系统可执行测量、识别等多种功能，并能有效辅助机器人进行伺服控制，确保任务执行的精准与高效。关于图像信息的提取、处理和理解等知识是构建机器人视觉系统的关键步骤，因此本节介绍一些关于图像处理的基本知识。

1. 图像的表示

图像传感器将体现环境信息的光信号变成电信号输出，由于直接输出的电信号是模拟量形式，无法直接传给计算机进行处理，因此需要对图像进行数字化处理，再传给计算机处理。

1) 图像数字化

图像数字化是将模拟图像转换为数字图像的过程。如图 5-6 所示，采样是对连续图像空间进行离散化处理，每个采样点称为像素。每个像素的反射光强值称为该像素的灰度值。量化则是对图像灰度值进行离散化，使得量化后每个像素的数值与有限数值范围内的某个特定值相对应。图 5-7 中灰度值都量化在 0～255 的范围内。

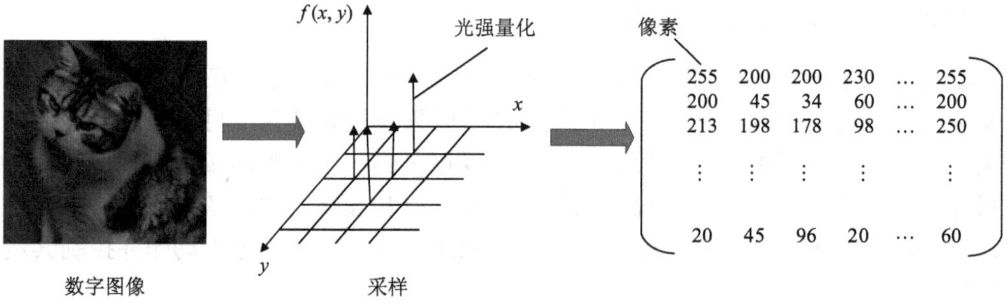

图 5-6　图像数字化过程示意图

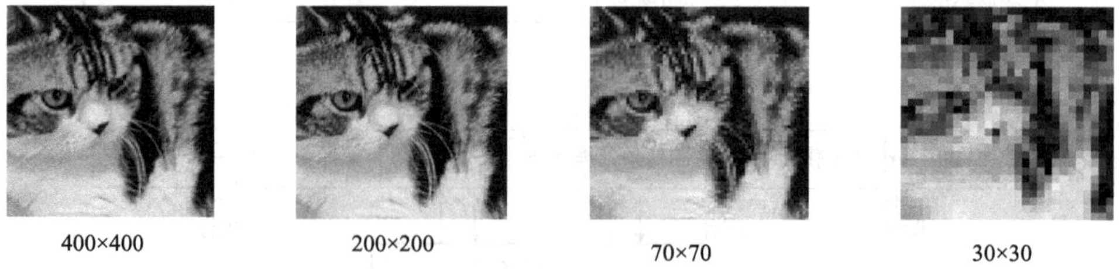

图 5-7　不同图像分辨率的数字图像

图像的分辨率受采样点数和量化级数的影响，采样点数越多、量化级数越高，分辨率和清晰度越好，但存储空间需求也会增大。图 5-7 是对同一个图像空间，在水平和垂直的方向上各采样 400 个点、200 个点、70 个点和 30 个点形成的图像。显然，采样点数越少，分辨率越低，图像越粗糙、越模糊。

图像数字化之后，在计算机中其实就是一个按一定顺序对连续图像进行等间隔采样后所得到的数字矩阵，数字图像可以表示为三种形式：灰度图像、彩色图像和二值图像。灰度图像用单个通道表示，灰度值由像素大小决定，数值越大，图像越趋近白色。彩色图像则通常使用三个通道，分别对应红、绿、蓝三种颜色的光强，通常在计算机图像处理中用一个三维向量矩阵来表示。

对于经过量化的数字图像，像素的灰度值或红、绿、蓝三色的数值通常范围为 0～255，这是由于采用了 8 位 ($2^8=256$) 的量化分辨率，与人眼的彩色视觉系统相适应。此外，还有不同的数值范围表示方法。例如，二值图像只包含黑白，像素值为 0 或 1；而为了提高图像清晰度，专业摄像设备或卫星图像可能会使用更高的数值范围。如图 5-8 所示，采用不同级数的量化处理，得到的图像也不一样，级数越多，图像越精确。

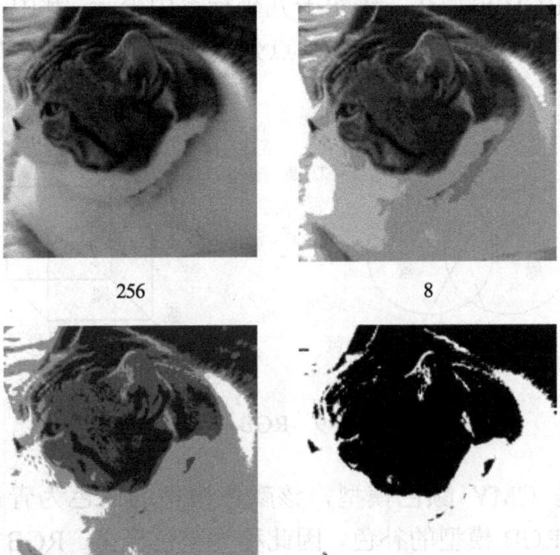

图 5-8　不同量化程度数字图像

2) 图像的格式

在图像存储中，通常使用多种格式保存，常见的有 PNG、JPG、BMP、GIF 等。

PNG (portable network graphic) 格式是一种广泛使用的图像文件格式，采用无损压缩技术，适合用于需要高质量、透明背景或丰富色彩的图像场景。

JPG (joint photographic experts group) 采用有损压缩技术，通过舍弃部分图像数据来减少文件大小，适合用于需要小文件体积但不要求高保真图像的场景，特别是在存储数码照片、网页图片和电子邮件附件时最为常见。

BMP(Bitmap)是一种微软开发的图像文件格式，主要用于 Windows 系统中存储图像。该格式通常保存了未经压缩的原始数据，可以存储真实色彩的图像数据，通常用于需要高质量无损图像的场景。

GIF(graphics interchange format)是最常见的支持多帧动画的图像格式之一，可以显示简单的动画序列，适用于需要动画效果或小文件体积的场景，如网页广告、表情包、简易动画等。然而，由于色彩限制，它不适合用于显示复杂或高质量的图像。

PSD 和 TIF/TIFF 等是专用图像格式，通常需特定软件打开。PSD 是 Photoshop 的格式，支持图层等功能；TIF/TIFF 为无损格式，常用于高质量图像存储和打印。

3)颜色模型

一束白光经过三棱镜后可以分解为多种颜色。同样，图像的颜色也可以通过不同颜色的混合产生。颜色模型作为标定与生成颜色的规则体系，经过该颜色模型标定的所有颜色可以构建成一个颜色空间，这个空间一般以三维模型展现，颜色通过三个参数的坐标来精确定位。在众多颜色模型中，RGB 模型因其广泛应用而尤为著名，该模型基于三基色原理，即所有颜色可由红、绿、蓝三种光的不同强度组合而成。这一原理广泛应用于电视、摄像机和扫描仪等设备中。RGB 模型在三维笛卡儿坐标系中表示，其中三个轴分别代表红、绿、蓝三种颜色，如图 5-9 所示。立方体的六个顶点分别代表红、黄、绿、青、蓝和品红(magenta)。

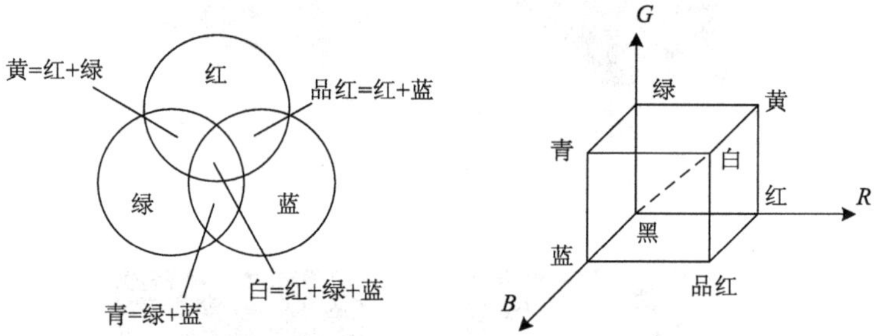

图 5-9　RGB 模型

印刷行业使用的是 CMY 颜色模型，该颜色模型的原色为青色(cyan)、品红和黄色(yellow)。这些颜色是 RGB 模型的补色，因此称为减色模型。RGB 和 CMY 模型之间可以通过相减进行转换。假设所有颜色值已经标准化到[0,1]范围内，具体的转换公式如式(5-1)所示。受到染料纯度的限制，实际印刷中无法通过混合三种原色得到纯黑色，因此引入黑色(black)，形成了 CMYK 颜色模型。

$$\begin{bmatrix} C \\ M \\ Y \end{bmatrix} = \begin{bmatrix} 1 \\ 1 \\ 1 \end{bmatrix} - \begin{bmatrix} R \\ G \\ B \end{bmatrix} \tag{5-1}$$

彩色处理可以采用 HSV 和 HSI 模型。HSV 模型用色调(hue)、饱和度(saturation)和明度(value)来描述彩色空间，将明度与色调和饱和度分离，能够更好地展现颜色与光照对图像的影响，弥补 RGB 模型的不足。HSI 模型中的 I 代表亮度(intensity)，尽管它的计算方式略有不同，但整体上与 HSV 相似，都是用于彩色处理的模型。

为方便处理，可以将 RGB 模型的 3 个分量归一化到[0,1]区间中。对任意 3 个在[0,1]

范围内的 R、G、B 值，其对应的 HSI 模型中的分量可由式(5-2)计算：

$$\begin{cases} H = \arccos\left[\dfrac{(R-G)+(R-B)/2}{(R-G)^2+(R-B)(G-B)^{1/2}}\right] \\ S = 1-\dfrac{3[\min(R,G,B)]}{R+G+B} \\ I = \dfrac{1}{3}(R+G+B) \end{cases} \tag{5-2}$$

2. 图像的预处理

图像预处理旨在优化图像质量，便于后续分析、识别等任务。通过去噪、增强等处理，消除干扰，提升清晰度，图像更易于理解和识别，确保信息准确性和处理效率。其通常通过时域或频域滤波消除噪声，使用几何变换修正失真，并借助直方图均衡和同态滤波减少颜色偏差。总体而言，这些预处理方法优化了图像质量，为机器人视觉应用提供了更有价值的数据。一般的预处理流程为图像灰度化、图像几何变换和图像增强。

1) 图像灰度化

对彩色图像进行处理时，往往需要对三个通道依次进行处理，花费的时间将会很长，因此为了达到提高整个应用系统处理速度的目的，需要减少所需处理的数据量。图像灰度变换的主要功能包括：提升图像质量，使其能展示更多细节，增强对比度(即对比度拉伸)；有针对性地突出感兴趣的特征或抑制不需要的部分；有效调整图像的直方图分布，使得像素分布更加均匀。图像灰度化为之后的图像分割、图像识别和图像分析等操作做准备。

灰度图像中每个像素的值称为灰度，表示黑白图像中点的明暗程度，范围一般为 0～255，0 为黑色，255 为白色。灰度值表示色彩的深浅，而灰度直方图用于统计各灰度值的像素数量。灰度意味着 R、G、B 三个分量相等。在二值图像中，像素值只有 0 或 1，灰度级别为 2。对于 256 级灰度图像，R、G、B 相等。例如，RGB(100,100,100)表示灰度为 100，RGB(50,50,50)表示灰度为 50。

目前大多数彩色图像使用 RGB 颜色模式，常见的灰度化处理方法有分量法、最大值法、平均值法和加权平均值法。

(1) 分量法。

分量法是一种将彩色图像转换为灰度图像的方法，通过将彩色图像中的红、绿、蓝三种色彩分量的亮度分别作为三种灰度图像的灰度值，这样，彩色图像可以产生三种不同的灰度图像，分别对应红、绿、蓝三种色彩分量。用户可以根据具体需求，从这三种灰度图像中选择最合适的一种来使用，以达到特定的效果，如突出某个色彩分量的信息或进行特定的图像分析。其数学表达式如下：

$$\begin{aligned} \mathrm{Gray}_1(i,j) &= R(i,j) \\ \mathrm{Gray}_2(i,j) &= G(i,j) \\ \mathrm{Gray}_3(i,j) &= B(i,j) \end{aligned} \tag{5-3}$$

(2) 最大值法。

最大值法是一种将彩色图像转换为灰度图像的方法，它通过取彩色图像中红、绿、蓝三种色彩分量中的最大亮度值来作为灰度图像的灰度值。这样生成的灰度图像能够反映彩色图像中最亮的部分，通常用于保留图像的高亮信息，以确保在灰度转换过程中不会丢失亮度最高的区域。其数学表达式如下：

$$\text{Gray}(i,j)=\max\{R(i,j),G(i,j),B(i,j)\} \tag{5-4}$$

(3) 平均值法。

平均值法是一种将彩色图像转换为灰度图像的方法，它通过计算彩色图像中红、绿、蓝三种色彩分量的平均亮度值，来作为灰度图像的灰度值。这种方法可以较为均衡地保留图像的亮度信息，使灰度图像尽可能保持与原彩色图像的整体视觉效果一致。平均值法简单易行，通常用于对图像亮度要求不高的场合。其数学表达式如下：

$$\text{Gray}(i,j)=[R(i,j)+G(i,j)+B(i,j)]/3 \tag{5-5}$$

(4) 加权平均值法。

加权平均值法是将彩色图像中的红、绿、蓝三分量进行加权平均，通常使用如式(5-6)所示的加权公式，从而生成较为合理的灰度图像：

$$\text{Gray}(i,j)=0.3R(i,j)+0.59G(i,j)+0.11B(i,j) \tag{5-6}$$

2) 图像几何变换

相同内容的图像可能因拍摄角度、透视或镜头因素导致几何变形、外观各异，这些变形会影响观察及识别系统的判断。几何变换可以减少这些干扰，使后续处理更关注图像的内容，而不是角度或位置等因素，因此几何变换常用于图像处理的预处理阶段，是实现归一化的重要步骤。

图像几何变换是坐标重映射过程，不触动像素值，仅调整其布局(含平移、镜像翻转、旋转)及形态(如缩放、斜切)，以实现图像按需变形。

3) 图像增强

图像增强的目的是提升视觉效果，获得更适合人类或机器分析的图像。增强的方法是根据图像和场景的需求，使用特定算法或组合突出有用信息，抑制噪声。图像增强不会增加数据中的信息量，只是扩展特征的动态范围，从而便于检测和识别。

随着数字图像处理技术的发展，出现了众多的图像增强算法，包括直方图均衡(histogram equalization，HE)算法、基于小波变换的图像增强算法和基于色彩恒常性的Retinex 算法等。

(1) 直方图均衡算法。

直方图均衡算法是图像处理领域中一种重要的技术，主要用于增强图像的对比度。它的原理简单，易于实现，实时性好。直方图均衡化处理的核心思想是通过调整图像的灰度级分布，图像的灰度直方图从比较集中的某个灰度区间变成在全部灰度范围内的均匀分布，从而增强图像的对比度和细节。简单来说，直方图均衡化是一种通过灰度直方图调整对比度的图像处理方法，旨在提高图像的整体对比度，使亮部更亮、暗部更暗。它特别适用于背景和前景都过亮或过暗的图像。本节将首先讨论标准直方图均衡算法。

假设 $I\in I(i,j)$ 代表灰度级为 L 的图像，$I(i,j)$ 代表坐标位置 (i,j) 处的灰度值，$I(i,j)\in[0,L-1]$，像素点的总数用 N 表示，灰度级为 k 的像素点的个数用 n_k 表示，则图像 I 灰度级的概率密度函数定义为

$$p(k)=\frac{n_k}{N}(k=0,1,\cdots,L-1) \tag{5-7}$$

图像 I 灰度级的累积分布函数定义为

$$c(k)=\sum_{i=0}^{k}p(i)(k=0,1,\cdots,L-1) \tag{5-8}$$

通过累积分布函数，标准直方图均衡算法能够将原始图像转换为灰度分布更加均匀的增强图像，其映射关系为

$$f(k)=(L-1)c(k) \tag{5-9}$$

标准直方图均衡算法原理简单，具有较好的实时性，适合快速处理图像。然而，增强后的图像可能会出现亮度不均的问题，特别是在原始图像具有较强亮暗对比的情况下，这种不均衡会变得更为明显。此外，由于灰度级合并的过程，部分图像细节可能会被忽略或丢失，导致图像细腻度降低。因此，研究人员对标准直方图均衡算法进行改进，提出了 BBHE 算法，主要用于解决标准算法导致的图像增强后亮度不均的问题；对于标准直方图均衡算法易造成图像信息丢失的问题，研究人员提出了 DSIHE 算法，可使得获得的增强图像具有较大的信息熵。

(2) 基于小波变换的图像增强算法。

小波变换具有优良的时频局部化特性。图像经过小波变换后，能量主要集中在低通子带，强边缘、弱边缘和噪声则位于带通子带，其中，强边缘在同一尺度各方向上系数较大，弱边缘在部分方向上系数较大，而噪声在所有方向上系数较小。小波变换图像增强的核心步骤是：先进行小波变换，去除噪声系数，增强边缘信息，最后通过小波逆变换得到增强后的图像。小波变换图像增强算法容易放大图像中的噪声，有效地抑制图像中的噪声是采用小波变换方法进行图像处理中需要解决的一个关键性问题。

(3) 基于色彩恒常性的 Retinex 算法。

Retinex 理论，这一创新性概念由 E.H.Land 等科学家提出，巧妙地将视网膜(retina)与大脑皮层(cortex)这两个生理结构名称结合在一起，用以解释人类感知物体的颜色和亮度。该理论的核心观点是：人们所感知到的物体的颜色和亮度，并非直接来源于光谱特性，而是光与物质相互作用的结果，更具体地说，是由物体表面的反射特性所决定的。

进一步地，物体的颜色并非随机或固定不变的，而是由其反射长波、中波和短波光线的能力所共同决定的。如图 5-10 所示，当观察一个物体时，实际上看到的是该物体表面对入射光线的反射结果。这里的反射率是一个由物体自身特性所决定的固定值，它不会随着入射光线的变化而改变。因此，可以将观察者所见的物体图像视为光照图像与反射率图像的乘积。这一关系在数学上可以通过一个公式来表达，即图像 $S(x,y)$ 等于光照图像 $L(x,y)$ 与反射率图像 $R(x,y)$ 的乘积，具体形式如式(5-10)所示：

$$S(x,y)=R(x,y)L(x,y) \tag{5-10}$$

基于 Retinex 理论的图像增强的基本思想是将图像的光照成分和反射成分分开，即从原始图像 $S(x,y)$ 中将光照图像 $L(x,y)$ 和反射率图像 $R(x,y)$ 分离开来，通过对数函数模拟人眼对光线强度的感知，最终输出图像的反射成分显著，而光照成分被抑制。这种方式能够有效消除光照影响，使物体的颜色在各种光照条件下保持不变，增强图像的视觉效果和色

彩真实度。

图 5-10　基于 Retinex 理论的图像增强

3. 图像特征提取

视觉图像的特征提取本质上是对图像内容的学习与理解，是人工智能发展过程中不可或缺的一部分。图像理解研究旨在通过计算机系统对图像进行解释，实现类似人类视觉系统对外部世界的理解。其研究重点在于为完成特定任务，从图像中提取所需信息，并利用这些信息进行有效的解释。图像理解涉及图像获取的方法、设备及其具体应用实现。图像理解在很大程度上依赖于对图像中物体的识别和感知，这是获取图像语义信息的基础。要准确识别图像中的物体，关键问题是图像的语义分割。图像分割是将图像分为多个物体区域和背景区域，这些区域可能有矩形、圆形等不同形状。对图像完成分割后，再使用数据、符号或形式化语言对这些区域进行描述，即图像描述。

1) 图像语义分割

越来越多的应用(如自动驾驶、室内导航和增强现实等)需要精确、高效的图像分割技术。这与视觉相关领域深度学习技术的发展相契合，包括语义分割和场景理解等。语义分割任务是将图像划分为多个具有独特属性的区域，并识别出关键对象。它涉及分析图像中的各种特征，如亮度、颜色、纹理、轮廓和角点等。尽管图像分割一直是个挑战，但最新的深度学习技术，特别是基于神经网络的方法，已经超越了传统图像分割技术的性能。

(1) 传统分割方法。

传统分割方法是利用数字图像处理、拓扑学、数学等领域的理论和技术，这些方法在图像处理和计算机视觉领域有着广泛的应用。传统分割方法主要有基于阈值的分割方法、区域生长法、分水岭算法和基于边缘检测的分割方法。

(2) 基于深度学习的图像分割方法。

传统的图像分割方法虽然在一定程度上能够实现对图像中不同对象的区分，但它们并不能完全按照人类感知图像的方式提供像素级别的图像理解。人们开始探索基于深度学习的图像分割方法。这些方法利用卷积神经网络等深度学习模型，能够自动提取图像中的高级特征，并实现对图像中各个对象具体到像素级别的精确分割。这些网络被训练来识别图像中的各种模式，并通过分析像素及其邻域的像素块来确定每个像素所属的语义类别。全卷积网络(FCN)的问世则开启了基于卷积神经网络的语义分割研究的新纪元。

① 基于全卷积网络的图像分割。不同于传统 CNN 在卷积后使用全连接层提取固定特征向量后再进行分类的做法，FCN 能够灵活应对各种尺寸的图像。它采用转置卷积，逐步扩展最终卷积层的特征图至原图大小。这一过程保证了网络能对每个像素独立预测，同时

保留了图像的空间信息。最终，FCN 在扩展后的特征图上完成了像素级的分类任务。如图 5-11 所示是语义分割所采用的全连接网络的结构。

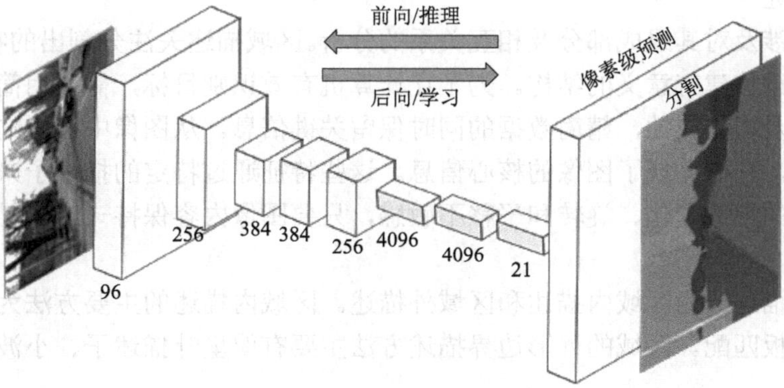

图 5-11 语义分割所采用的全连接网络的结构

② 基于定制化网络的图像分割。随着深度学习在语义分割领域的深入研究和不断优化，分割精度得到了前所未有的显著提升。伴随而来的是模型规模的急剧扩大，即便是借助了高性能的 GPU 加速计算，巨大的计算需求仍然成为限制分割速度的一大瓶颈。与此同时，语义分割技术在诸多实际应用场景中有着越来越多的应用，如自动驾驶、医学影像分析和增强现实等。这些应用场景不仅要求模型具备出色的分割精度，还对模型的推理速度和计算资源提出了更为严格的要求。为了应对这些挑战，研究人员正积极投身于高效的神经网络架构的研发工作中，以期缩小理论与实践之间的差距，实现更加高效、实用的语义分割技术。然而，专家资源的有限性却成为一大不可忽视的障碍。在这样的背景下，定制化网络图像分割技术应运而生，成为推动语义分割技术走向实用化的重要一步。

如图 5-12 所示，定制化网络图像分割技术能够针对各种具体的约束条件，如不同计算平台下的推理速度、计算复杂度以及模型大小等，进行高效的优化。这一技术能够在无须专家参与的情况下，自动设计出在语义分割性能与约束条件之间取得良好平衡的全卷积网络。

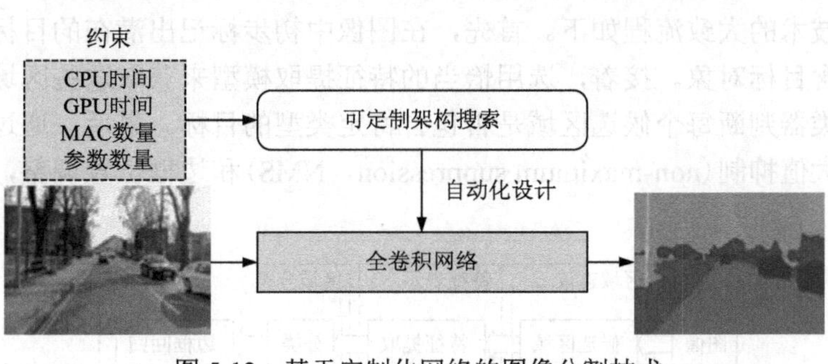

图 5-12 基于定制化网络的图像分割技术

经过标准化的语义分割任务训练后，该自动设计的全卷积网络的性能远远超越了专家手工设计的网络。在实际测试中，该网络利用一块 NVIDIA TITAN Xp GPU，每秒能够高效地处理 108 张分辨率为 2048 像素×1024 像素的图像，实现快速且精准的语义分割，这一性能表现超越了当前市面上的实时语义分割模型，达到了 72.3%的 mIoU(平均交并比)

水平。这一成果不仅充分展示了定制化网络图像分割技术的巨大潜力，也为语义分割技术的未来发展指明了方向。

2) 图像描述

图像描述涉及对其组成部分及相互关系的分析。区域描述关注分割出的特定区域特征，关系描述则探讨构建有意义的结构。为了让计算机有效识别目标，需要用简洁的数值和符号表示各区域及边界属性，精简数据的同时保留关键信息。从图像中提取的数值和符号构成了图像特征，它们体现了图像的核心信息。这些特征通过特定的描述子来表征，理想的描述子对图像的尺寸变化、旋转和平移不敏感，只要图像内容保持一致，描述子就能维持其独特性。

对图像的描述分为区域内描述和区域外描述。区域内描述的主要方法为矩描述子、拓扑描述子和模板匹配。区域的外形边界描述方法主要有傅里叶描述子、小波轮廓描述子和霍夫变换。

视觉检测系统

5.2　视觉检测系统

机器人视觉检测系统在现代工业和科学研究中扮演着至关重要的角色。随着人工智能和计算机视觉技术的不断进步，机器人视觉检测系统已经从传统的简单图像处理发展到能够执行复杂任务的智能系统，通过摄像头和传感器获取环境信息，利用深度学习算法进行图像识别和数据分析，从而实现高效、精准的自动化检测。基于深度学习的视觉检测技术也正在以一种更加高效可靠的方式推动社会发展。它们广泛应用于质量控制、自动化生产线、物体识别、环境监测等领域，极大地提高了生产效率和检测精度。本节将详细介绍机器人视觉检测系统的基本原理、主要技术、应用领域以及未来的发展趋势。

5.2.1　视觉检测概述

目标检测是机器人视觉检测系统中的一个重要问题，机器人视觉检测系统往往将目标定位和目标分类结合起来，从图像中找出对应目标的具体位置和所属类别。如图 5-13 所示，目标视觉检测技术的大致流程如下。首先，在图像中初步标记出潜在的目标位置，即候选区域，可能包含目标对象。接着，选用恰当的特征提取模型来获取这些区域的特征信息。随后，利用分类器判断每个候选区域是否包含特定类型的目标。最后，通过一系列后处理步骤，如非极大值抑制(non-maximum suppression，NMS)和边框位置调整，来确定最终的目标边界框[8]。

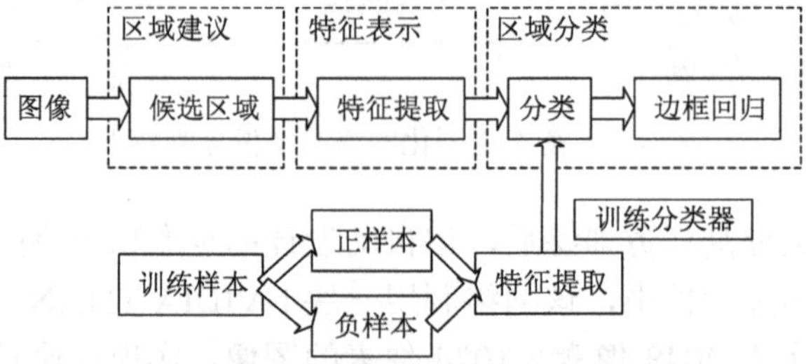

图 5-13　目标视觉检测技术的大致流程

现有的目标检测算法分为传统的目标检测算法和基于深度学习的目标检测算法。传统的目标检测算法往往使用不同大小的滑动窗口(sliding window)对待检测图像遍历选择候选区域，然后用手工设计的特征对各候选框进行特征提取，最后使用训练好的分类器进行分类。然而，使用滑动窗口法进行区域选择的方法虽原理简单、易于实现，但复杂度高且存在大量冗余。另外，手工设计特征往往需要专业知识且耗时较长，费时费力又没有很好的鲁棒性。近年来，传统的目标检测算法的性能已经难以满足人们的要求。随着多种深度检测网络的出现，目标检测领域得到了迅速的发展，由于基于深度学习的目标检测算法在精度、效率、适应性等方面都具有显著优势，这类算法逐渐成为目标检测领域的主流。

德国 KUKA 公司整合深度学习目标检测于工业机械臂，实现零部件自动辨识与装配。其三维视觉系统精确识别工件特征，提高了作业效率。北京梅卡曼德机器人科技有限公司结合深度学习视觉技术升级工业机器人，使其能识别抓取多种零件，该类工业机器人已应用于大型制造工厂。西安理工大学邓超研发了智能物流机械臂分拣系统，利用 RGB-D 相机与 YOLOv3 算法实现目标检测与坐标获取，支持物流分拣。于跃华在番茄采摘机器人研究中，采用 Mask R-CNN 算法识别藤蔓茎秆，通过优化为 Mask R-CNN 101，提升识别准确率至 89.65%。田满军等设计了一种水下垃圾收集机器人，该机器人的视觉检测系统采用基于改进的 YOLOv4 的目标检测技术，将原来的 YOLOv4 转换为 4 尺度的 YOLOv4，然后对 4S-YOLOv4 执行模型修剪。该机器人可依据视觉系统独立识别和搜索水下垃圾目标，检测速度高达 66.67 帧/秒，平均精度(mAP)为 95.099%。

总体而言，基于深度学习的目标检测算法极大地提升了各类机器人在工业、仓储和服务等领域的智能化水平和操作效率。

现有的基于深度学习的目标检测算法主要分为两类：两阶段目标检测算法和单阶段目标检测算法。两阶段目标检测算法实施时，先生成候选区域，提供目标的位置信息，然后对这些区域进行分类和位置回归，典型的算法包括 R-CNN、Fast R-CNN 和 Faster R-CNN。单阶段目标检测算法则直接在一个步骤中预测目标的类别和位置，主要代表是 YOLO、SSD、CormerNet、CenterNet 等。在移动机器人的视觉检测中，其中两大核心指标是检测速度与检测准确性。检测速度直接决定了算法模型是否具备现实场景的实际可应用性，检测准确性决定了算法模型的整体可靠性与鲁棒性。一般情况下，两阶段目标检测算法在检测准确性上有优势，单阶段目标检测算法则在检测速度上更胜一筹。机器人视觉检测系统选用哪种算法进行检测需要根据实际情况考虑。

5.2.2　两阶段目标检测算法

本节主要介绍三种典型的两阶段目标检测算法：R-CNN、Fast R-CNN、Faster R-CNN。

1. R-CNN

R-CNN 模型的结构示意如图 5-14 所示。R-CNN 先用选择性搜索从图像中找候选区域，再将这些区域归一化后输入 CNN(如 AlexNet)中提取特征，之后用分类器如 SVM 或者 Softmax 预测该区域是否包含感兴趣的对象。这实际上将目标检测问题转化为图像分类问题。

图 5-14　R-CNN 模型的结构示意图

R-CNN 采用显著性检测手段来确定图像中的候选区域。这是一种常用于语义分割的技术，它基于像素级标注，融合颜色、边界和纹理信息，通过多尺度分析划分图像区域。相比滑动窗口的传统方法，这种方式大幅减少了候选区域的产生，提高了效率。显著性检测首先将图像分割成小块，然后通过逐步合并这些小块形成更大区域，这一过程不断重复，直至整幅图像整合成一个整体。这一流程产生了多尺度区域。同时，系统对每个区域打分，依据分数高低排序，最终选择分数最高的区域子集作为输出。最终检测效果相比传统的目标检测算法有较大的提升。但是，R-CNN 模型的实时性不强，并且实际测试过程中 5000 幅图像需要数百 GB 的特征文件，对存储空间的容量要求较高。

2. Fast R-CNN

R-CNN 模型存在显著的速度瓶颈，主要原因在于 R-CNN 模型对每个候选区域分别提取特征时，导致了大量的重复计算。Fast R-CNN 是一种端到端的目标检测算法，它通过引入空间金字塔池化(spatial pyamid pooling，SPP)，避免了 R-CNN 算法对同一区域多次提取特征的情况，从而提高了算法的运行速度。

Fast R-CNN 通过引入感兴趣区域(region of interest，RoI)层，实现了对不同尺寸输入的有效转换，并利用 Softmax 进行目标分类，同时采用窗口回归技术进行精确的目标定位。与早期的 R-CNN 算法相比，Fast R-CNN 显著改进了处理流程，将窗口回归与分类任务整合为一种多任务学习框架，不仅简化了模型结构，而且通过共享卷积特征，实现了两个任务之间的相互促进，从而显著提升了整体的目标检测效能。

Fast R-CNN 模型的结构示意如图 5-15 所示，以 AlexNet(5 个卷积层和 3 个全连接层)作为特征提取网络为例，利用 Fast R-CNN 进行图像处理的过程可以概括为以下步骤。

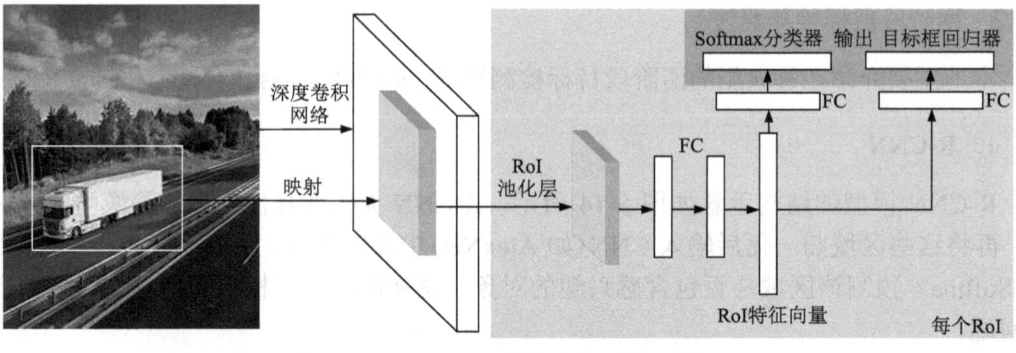

图 5-15　Fast R-CNN 模型的结构示意图

(1) 通过显著性检测技术从一幅复杂的图像中有效地提取出大约 2000 个关键的感兴趣区域。

(2) 通过缩放图像构建层级结构(图像金字塔)，并利用前向传播过程从第 5 卷积层中提取特征金字塔。

(3) 针对每个尺度下的每个感兴趣区域，计算其在特征图上的对应位置，截取第 5 卷积层的特征块，并通过单层空间金字塔池化层将其调整至同一尺寸。最终与全连接层结合，得到同一尺寸的感兴趣区域特征向量(RoI feature vector)。

(4) 将感兴趣区域特征向量作奇异值分解(singular value decomposition，SVD)操作，得到两个输出向量：Softmax 分类器和目标框回归器，得到当前感兴趣区域的类别及目标框。

(5) 对所得到的目标框进行非极大值抑制，得到最终的目标检测结果。

感兴趣区域采样层负责两项任务：一是把图像中的感兴趣区域映射到特征图的小块上；二是利用单层 SPP 层，把特征图上的相应区域转换成固定尺寸的特征，供全连接层使用。因为输入尺寸多变，所以池化网格的大小须根据实际情况灵活设定。例如，某个感兴趣区域坐标为 x_1, x_2, y_1, y_2，那么输入区域的尺寸为 $(y_2 - y_1)\times(x_2 - x_1)$，如果池化的输出尺寸为 pooled_height×pooled_width，那么每个网格的尺寸如下：

$$\frac{y_2 - y_1}{\text{pooled\_height}} \times \frac{x_2 - x_1}{\text{pooled\_width}} \tag{5-11}$$

在 Fast R-CNN 中，第一个输出层对感兴趣区域的分类概率进行预测，$p = (p_0, p_1, \cdots, p_K)$；第二个输出层对每个感兴趣区域的坐标偏移进行优化，多类检测的类别序号用 $t^k = (t_x^k, t_y^k, t_w^k, t_h^k)$，$0 \leqslant k \leqslant K$ 表示。这里着重介绍第二个输出层，即坐标偏移优化。

假设用 $t^* = (t_x^*, t_y^*, t_w^*, t_h^*)$ 表示类别 k^* 在图像中标注的一个正样本的坐标，用 $t = (t_x, t_y, t_w, t_h)$ 表示预测值的坐标，理论上正样本坐标和预测值坐标越接近越好，那么窗口回归的损失函数则可以定义为

$$L_{\text{loc}}(t, t^*) = \sum_{i \in \{x,y,w,h\}} \text{smooth}_{L1}(t_i - t_i^*) \tag{5-12}$$

其中

$$\text{smooth}_{L1}(x) = \begin{cases} 0.5x^2, & |x| \leqslant 1 \\ |x| - 0.5, & \text{其他} \end{cases} \tag{5-13}$$

这里的 $\text{smooth}_{L1}(x)$ 中的 x 即为 $t_i - t_i^*$，即对应坐标的差距。

R-CNN 在处理图像时存在速度上的局限性，Fast R-CNN 则通过巧妙地引入空间金字塔池化技术，成功地解决了不同尺寸输入图像的处理难题，并能够生成具有固定长度的特征表示。Fast R-CNN 可以视为 R-CNN 与 SPP 技术的有机结合，它充分利用了 SPP 的加速优势，使得整个检测流程中，仅需要对输入的整幅图像进行一次卷积神经网络的前向传播操作，这一改进极大地缩短了目标检测所需的时间，从而提升了整体的检测效率。

训练过程中，Fast R-CNN 使用多任务的损失函数，成功将分类问题和目标框回归问题进行合并，用 Softmax 代替 SVM，分类和目标框回归在统一的框架中端到端地训练，不需要分开训练，大大减少了训练中的运算开销。同时，SVD 操作在保证检测精度的同时，大

大加快了检测速度。尽管如此，Fast R-CNN 使用选择性搜索算法获取感兴趣区域，这一过程仍然包含大量运算，因此改进选择性搜索算法是提升 Fast R-CNN 处理速度的关键。

3. Faster R-CNN

R-CNN 和 Fast R-CNN 都存在候选区域生成速度慢的问题。尽管存在多种用于优化候选区域选择的算法，但它们中的大多数仍然需要在 CPU 上执行，这限制了其处理速度和效率。相比之下，Faster R-CNN 的一个重要创新之处在于它将候选框提取的过程整合进了神经网络内部，从而实现了从输入图像到最终检测结果的端到端处理流程，这一改进极大地提升了目标检测的速度和准确性，同时也避免了手动执行候选区域搜索算法的烦琐步骤。

如图 5-16 所示，在卷积特征提取的基础上，Faster R-CNN 增加了两个额外的层来构建区域生成网络(RPN)。其中，第一层负责将每个卷积特征转换为 256 维的特征向量，以便进行后续的处理和分析；第二层则负责输出该位置上多种尺寸和长宽比的 k 个候选区域的得分以及边界框的回归结果，这些信息将用于后续的目标分类和定位任务中。通过这样的设计，Faster R-CNN 能够高效地处理不同尺寸和形状的输入图像，并准确地检测出其中的目标对象。

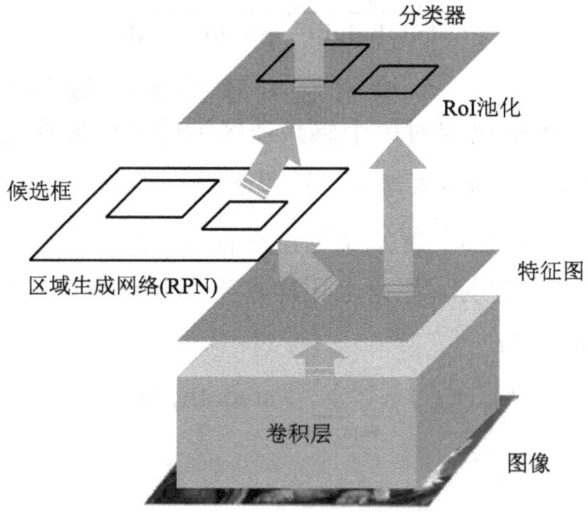

图 5-16　Faster R-CNN 框架图

在最后一个共享的卷积层所输出的特征图上，采用一个小网络进行滑动操作，以生成一系列的区域建议框。这个小网络与特征图上 $n \times n$ 大小的空间窗口相关联，它能够将每个这样的窗口映射成一个低维的特征向量。随后，这些低维特征向量会输入两个并列的全连接层中进行进一步的处理：回归层(reg 层)负责根据这些特征向量来调整候选区域的边界框，使其更加精确地包围目标对象；分类层(cls 层)根据特征向量对候选区域进行分类，判断其是否包含目标对象以及目标对象属于哪个类别。图 5-17 通过一个具体的实例，详细地展示了这一小网络在某个位置上的情况。

在每个滑动窗口的位置上，预测出 k 个可能的区域(或称为候选区域)。回归层负责输出这些区域的 $4k$ 个坐标编码，这些编码精确地描述了 k 个目标包围框的位置。与此同时，分类层给出 $2k$ 个概率评分，这些评分估计了每个候选区域是目标对象或非目标对象的概率。现在，假设有一个大小为 $W\times H$(其中 W 和 H 分别是特征图的宽度和高度，典型值约为 2400)的卷积特征映射。由于在每个滑动窗口的位置上都会预测出 k 个候选区域，因此整个特征图上总共会有 $W\times H\times k$ 个 anchor，anchor 为一种“锚点”或“预设框”，这些 anchor 提供了大量的候选区域，从而增加了检测到目标对象的机会。该方法具有重要的平移不变性，适用于 anchor 及其对应候选区域的计算函数。

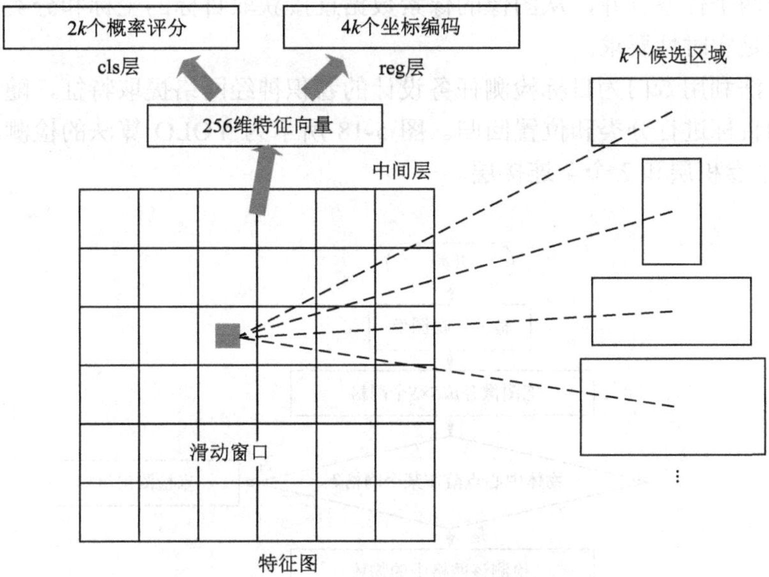

图 5-17　区域生成网络的结构示意图

RPN 遵循 Faster R-CNN 框架中的多任务损失原则，致力于通过最小化或优化一个综合性的目标函数来提升检测性能。对一幅图像的损失函数定义为

$$L(\{P_i\}\{t_i\}) = \frac{1}{N_{\text{cls}}}\sum_i L_{\text{cls}}(P_i, P_i^*) + \lambda\frac{1}{N_{\text{reg}}}\sum_i P_i^* L_{\text{reg}}(t_i, t_i^*) \tag{5-14}$$

其中，i 是 anchor 的索引；P_i 是目标的预测概率。ancthor 为正时，标签 P_i^* 的值为 1；anchor 为负时，P_i^* 的值为 0。预测的候选区域的 4 个参数化坐标用 t_i 表示，与正 anchor 对应的正标注的包围框的坐标向量用 t_i^* 表示。分类损失 L_{cls} 是两个类别(目标/非目标)的对数损失，$L_{\text{cls}}(P_i, P_i^*) = -\ln[P_i^* P_i + (1-P_i^*)(1-P_i)]$；回归损失 $L_{\text{reg}}(t_i, t_i^*) = R(t_i - t_i^*)$，$R$ 是 Fast R-CNN 中定义的鲁棒的损失函数(smooth$_{L1}(x)$)，如式(5-13)所示。λ 代表超参数，用于调节 L_{cls} 和 L_{reg} 的权重。特征映射中的回归特征保持 $n\times n$ 的空间尺寸。为了适应不同尺度，须学习 k 组窗口回归参数，每组对应独特尺度和长宽比，且各组参数独立不共享。因此，即使特征具有固定尺寸，预测的窗口仍然可以是多种不同的尺寸。

RPN 显著加快了 Faster R-CNN 的候选区域生成时间，每幅图像的候选区域生成平均只需 10ms，目标检测速度达到 5 帧/秒。同时，检测精度也大幅提升，在 VOC 2007 数据集上的平均准确率达到了 73.2%。总体而言，从 R-CNN 到 Fast R-CNN，再到 Faster R-CNN，目标检测流程在深度学习的推动下逐渐简化，同时检测的精度和速度也得到了提升，因此可以认为，以区域建议框为基础的 R-CNN 系列方法已经成为当前目标检测技术的重要分支。

5.2.3　YOLO 算法

自 R-CNN 发展到 Faster R-CNN，目标检测始终基于于“候选区域加分类”的方法，这一流程需要对两个模型分别实施训练，但分别训练两个模型会增加参数和训练负担，进而影响训练效率和检测速度。YOLO(you only look once)算法则采用端到端的设计思路，将目标定位和分类两个任务合并，从图像的像素数据直接获取目标的坐标和分类概率，使得目标检测速度满足实时性要求。

YOLO 算法利用专门为目标检测任务设计的卷积神经网络提取特征，随后通过全连接层对检测到的目标进行分类和位置回归。图 5-18 所示为 YOLO 算法的检测流程，其网络组成包括 24 个卷积层和 2 个全连接层。

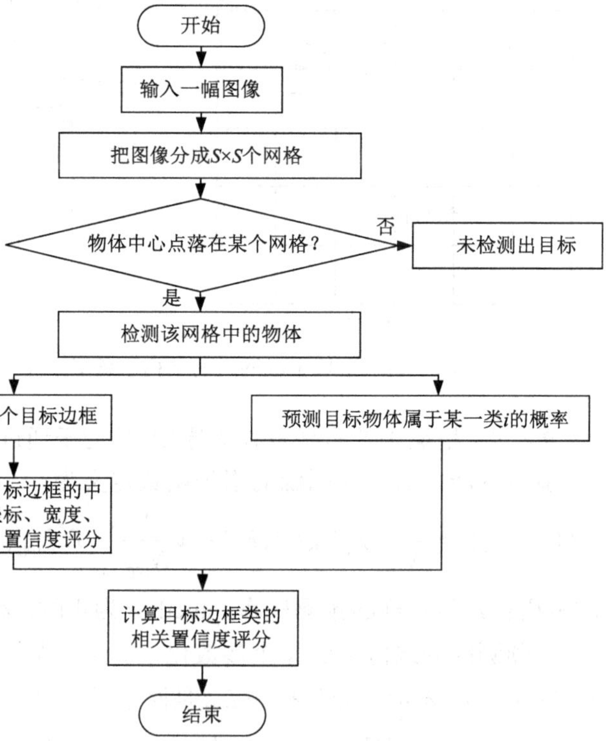

图 5-18　YOLO 算法的检测流程图

YOLO 算法将输入图像分割为 $S \times S$ 的网格，每个网格单元负责检测中心点位于其内的目标物体。每个网格能够预测 B 个目标边框，每个目标边框通过五个参数(x、y、w、h、s)来描述，分别对应目标边框的中心点坐标、宽度、高度及置信度评分。

置信度评分 s_i 由式(5-15)计算得到：

$$s_i = \Pr(O) \times \text{IoU} \tag{5-15}$$

其中，$\Pr(O)$ 表示此时网格目标边框中存在物体的可能性；O 表示目标对象；交并比

(intersection over union，IoU)表示预测边框的精确度。假设需要预测的目标边框为 p，真实目标边框为 t，box_t 表示真实的目标边框，box_p 表示要预测的目标边框，可以通过式(5-16)计算得到 IoU：

$$\text{IoU}_p^t = \frac{\text{box}_p \cap \text{box}_t}{\text{box}_p \cup \text{box}_t} \tag{5-16}$$

如果考虑包含目标对象的边框情况，使用 $\Pr(C_i \mid O)$ 来代表对象在 i 里面的后验概率。若目标检测任务涵盖了 K 类不同的物体，则类别索引 i 的取值范围为 1～K，即 i=1，2，…，K。在获取 $\Pr(C_i \mid O)$ 之后，于测试阶段可评估特定目标边框内物体存在的置信度：

$$\Pr(C_i \mid O)\Pr(O)\text{IoU}_p^t = \Pr(C_i)\text{IoU}_p^t \tag{5-17}$$

5.3　视觉跟踪系统

视觉跟踪技术涉及图像序列中的检测、提取、辨识并持续追踪运动目标的任务，旨在获取其运动参数，以便进行后续的处理与分析，最终达到理解目标行为的目的，从而胜任更高层次的检测任务。如今，视觉跟踪已广泛渗透至视频监控、智能驾驶、移动机器人视觉导航、战场侦察等诸多领域。视觉跟踪技术一直受到诸多学者关注，尤其是之后在深度学习技术的加持下，目标跟踪的发展势头更甚。

5.3.1　视觉跟踪系统概述

目标跟踪是视觉技术领域的基础研究方向之一，国内外在该领域取得了丰硕的研究成果。卡内基梅隆大学与麻省理工学院等高校依托多传感器技术，率先开展了目标跟踪领域的研究，并成功实现了城市主动监控及战场态势评估等功能。国内的中国科学院自动化研究所、清华大学、上海交通大学、西安交通大学等科研机构也对目标跟踪进行了理论和应用研究。

目标跟踪算法在初始帧中通过自动或手动标记待跟踪目标，并在后续帧中持续精确跟踪。然而在实际应用中，后续帧中的目标常常会发生大小、位置和形态的变化，同时还可能受到光照变化、遮挡以及背景中与目标相似物体的干扰等问题影响。这使得当前的目标跟踪算法在准确性、鲁棒性和实时性方面仍需进一步提升。根据感兴趣的目标数量，目标跟踪可分为单目标跟踪和多目标跟踪(MOT)两种类型。多目标跟踪更能满足实际应用需求，但相对而言，算法复杂性更高，鲁棒跟踪的实现也更具挑战性。

5.3.2　视觉跟踪系统的组成

1. 单目标跟踪系统组成

在给定视频序列的初始帧下，并且已知目标的大小与位置条件，单目标跟踪任务旨在预测并确定该目标在后续帧中的尺寸与位置。通过持续追踪目标，算法需要应对目标在运动过程中的形状、尺度和姿态变化，以确保在各种复杂环境中保持准确性和鲁棒性。如

图 5-19 所示，视觉跟踪系统的主要构成根据其基本任务流程包含以下几个部分[9]。

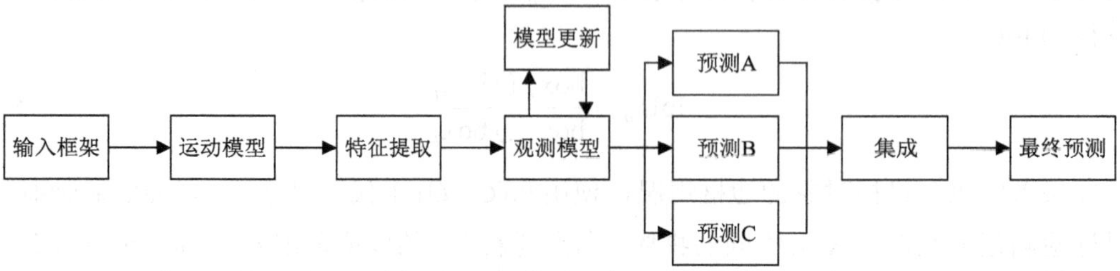

图 5-19　视觉跟踪系统的主要构成

1) 运动模型

候选样本的寻找一般有两种方法：一种是粒子滤波(particle filter)，另一种是滑动窗口法。粒子滤波利用序贯贝叶斯推断法，进而递归获得被推断者可能隐含的状态。滑动窗口法采用更直接的手法——穷举，以获得被推断者附近任意可能有的样本。这两种方法孰优孰劣？需要考察它们的生成速度以及生成质量，以获得最优解。

2) 特征提取

目标跟踪中，鉴别性特征的表达扮演着至关重要的角色，主要有两类：手工设计特征和深度特征。一般手工设计特征可以是方向梯度直方图(HOG)、灰度特征(Gray)、尺度不变特征(SIFT)、哈尔特征(Haar-like)等。与手工设计特征不同，深度特征一般由大规模训练样本学习得到，往往展现出更强的鉴别力，能更有效地提高目标跟踪的精确度。

3) 观测模型

多数跟踪算法聚焦于特征设计层面。依据不同策略，观测模型划分为生成式与判别式两大类别。

生成式观测模型一般有稀疏表示、字典学习和子空间法，诸如此类，都很像模板匹配，以寻找与目标模板最相似者为目标，来实现预测跟踪。判别式观测模型涵盖如岭回归、支持向量机、相关滤波、多示例学习和逻辑斯谛回归方法。它们为区分目标对象和另外背景，训练分类器从而能选择一些置信度高的候选样本，以此来预测分类。相较生成式观测模型，它由于机器学习的使用，更受学者的欢迎。

4) 模型更新

这里的“更新”含义旨在跟踪过程中避免目标表观的时变导致的漂移，即更新观测模型。在这里采用的更新标准是目标对象是连续时变的，因此模型在每时每刻都是在更新变化的。

然而，也有人认为，过往的外观信息对于跟踪同样具有价值，频繁更新可能会导致这些信息的丢失，并可能引入噪声。为应对这一挑战，部分方法采用了结合长短期更新的策略，旨在平衡新旧信息的利用，从而优化跟踪效果。

5) 集成方法

一种提升预测精度的高效方法是集成方法，集成方法从多个预测结果中挑选出最优解，以及对所有预测结果进行加权平均处理，这种集成方法能够高效融合多种信息源，进而提升模型的整体效能。

2. 多目标跟踪系统组成

近年来，目标检测算法的飞速发展推动了基于检测的数据关联方法成为多目标跟踪领域的核心框架。该框架主要包含以下四个关键阶段。

(1) 目标检测：目标检测的结果在多目标跟踪中起着至关重要的作用。为了确保评估的公正性，众多公共多目标跟踪数据集提供了统一的检测结果。因此，多数多目标跟踪研究聚焦于后续的数据关联挑战，目标检测则独立发展，尤其在深度学习技术的推动下取得了显著进步。

(2) 特征提取：通过深度学习的方法，可以利用现有的目标检测框和轨迹来获得运动、交互和外观这些特征信息。

(3) 相似度计算：基于前一阶段提取的特征，计算待匹配检测或轨迹间的相似度，为后续的匹配关联提供依据。

(4) 匹配关联：在已知相似度评估结果的情况下，对检测和轨迹进行匹配，对于成功匹配的目标，可以给它们分配唯一的身份标识(ID)。

在介绍了这些经典的多目标跟踪算法后，下面介绍在线方法和离线方法。

在线方法关注目前检测和现有轨迹的相似度；离线方法基于构建网络流图，关注设计并计算检测间的相似度或距离度量，即将问题变换为基于检测的网络流图优化处理。这两种方法都离不开目标特征的提取和相似度的匹配学习。

使用深度学习的多目标跟踪算法尤其侧重于深度特征提取与相似度度量学习。

5.3.3 视觉跟踪的关键技术

1. 单目标跟踪

传统的单目标跟踪算法大致可以分为两大类：一类是基于模型构建的算法，另一类则是基于搜索策略的算法。在 20 世纪 80 年代，视频分析技术相对初级，主要依赖于对静态图像的处理，因此这一时期的目标跟踪任务在很大程度上依赖于对单帧图像的分析。例如，Horn 等提出的算法通过在相邻图像中寻找匹配的特征点，从而获取光流向量。这种光流法是典型的基于模型构建的目标跟踪算法，它通过建立运动模型，利用连续帧之间的相似性来追踪目标。此外，经典的特征匹配法也是重要的单目标跟踪策略之一。这些方法通常通过提取和匹配目标在不同帧中的特征，来实现对目标的追踪。

更多地，有了预测算法的加持，基于搜索策略的方法可以减小搜索域，更好地在预测区域寻找目标。此类算法的典型实例包括卡尔曼滤波和粒子滤波，它们借助目标的动态模型来预估目标位置。此外，Meanshift 和 Camshift 算法通过对目标颜色分布或特征的分析，在动态场景中实现了有效的目标跟踪。综上所述，单目标跟踪的方法多样，各有优缺点，适用于不同的应用场景。本节将对这些方法进行更深入的探讨和比较。

1) 经典的单目标跟踪

早期的单目标跟踪算法主要聚焦于生成式跟踪范畴，其核心理念可分为以下两点。

(1) 基于模型构建的算法：典型的有光流跟踪与特征点匹配。它们首先建模目标外部特征，然后在后续帧中搜索相匹配的目标实例。

(2)基于搜索策略的算法：预测算法可以避免目标外观建模算法极度影响系统效率的问题。在预测位置附近寻找，明显缩减了搜索区域。

生成式模型在构建目标外观表示时，很有可能利用不完全背景信息，从而出现对光照度的部分变化。为应对这一挑战，研究者将单目标跟踪重新定义为二分类任务，旨在通过训练二分类器来区分目标与背景。在这一框架下，多种机器学习分类算法，如 Boosting、支持向量机、多示例学习及随机森林等，成功应用于判别式跟踪算法中。这些算法通过综合考量目标与背景信息，往往在性能上超越了多数生成式跟踪算法，因此判别式跟踪算法在单目标跟踪领域日益受到重视，其中，相关滤波技术和深度学习方法尤为突出。它们凭借高效的特征提取与分类策略，显著提升了目标跟踪的精确度和鲁棒性。

2)基于相关滤波的单目标跟踪

为突破传统方法，单目标跟踪相关滤波算法变换思路，先后对搜索区域相关滤波和定位滤波响应峰值，以此解决问题。在这里可以发现，FFT 的引入将空域的相关计算变为频域的点积，显然更加方便。Bolme 等设计了基于单通道灰度特征的最小输出误差平方和(MOSSE)滤波器，该算法在当时实现了 600 帧/秒的高效率跟踪，彰显了相关滤波算法的巨大潜力。此后，众多基于相关滤波的算法不断涌现，多数在 MOSSE 滤波器的基础上进行了优化。例如，KCF 算法通过引入循环矩阵和核技巧，将 MOSSE 滤波器的单通道灰度特征拓展至多维方向梯度直方图特征，增强了算法的鲁棒性。CN 算法则进一步将灰度特征扩展为多通道颜色特征，有效降低了光照变化和遮挡对跟踪的影响。为缓解边界效应，SRDCF 算法采用了更大的搜索区域，并引入空间正则化项对滤波器边界进行约束，通过迭代优化提升性能。CFLB 算法则采用将滤波器边缘置零的策略，以减轻边界效应。这些改进持续推动着基于相关滤波的单目标跟踪算法向更优性能迈进。

3)基于深度学习的单目标跟踪

随着深度学习技术的不断进步，目标跟踪领域见证了众多基于深度学习的创新模型的涌现。这些模型通常采取的策略是将相关滤波中的传统特征替换为深度特征，或在跟踪序列上执行端到端的训练与微调。深度目标跟踪可以分为生成式和判别式，生成式深度目标跟踪如基于孪生网络的跟踪算法，先用生成模型得到外观特征，使重构误差尽可能低来寻找有可能的候选目标。判别式深度目标跟踪为区分前、背景，主要使用相关滤波和粒子滤波。学者提出了一系列优秀算法，如 SRDCF、C-COT 和 ECO 算法，这些算法不断提升跟踪效率，在单目标跟踪领域做出了卓越成就。

在单目标跟踪方案里，能找到的样本总是不多的，但训练深度神经网络需要巨量的训练样本，为此提出了“先离线预训练，后在线微调”的策略。该策略的核心在于：首先利用大规模数据集对网络进行离线预训练，以学习有效的特征表征；跟踪阶段，为适应背景和目标的变化，可以利用目标初始和后续的跟踪反馈来在线调整网络。这一“先离线预训练，后在线微调”的创新思路启发了后续众多算法，这些算法旨在提升深度目标跟踪的性能和灵活性。这种方法不仅显著提高了跟踪的精确度，还增强了深度学习模型应对实际应用中如目标遮挡、光照变化等复杂场景的能力。

为了提升卷积神经网络在目标跟踪中的能力，Nam 等提出了多域网络(MDNet)，该网络由一个共享层和多个特定层组成。在训练时，共享层用于学习通用特征；在跟踪时，则去掉共享层，使用特定层进行微调，以适应新目标的变化。这种方法显著提升了单目标跟踪的效果。在 MDNet 的基础上，SANet 进一步将循环神经网络生成的目标显著性图融入网络中，使得网络更关注对结果有用的部分，从而提高了跟踪的准确性和鲁棒性。

2016 年以来，孪生网络成为基于深度学习的目标跟踪的重要方法。其中，SINT 算法首次将目标跟踪任务转换为图像块匹配问题。SiameseFC 算法则在初始的离线训练阶段，将深度卷积网络视作一个通用的相似性学习任务，并在跟踪阶段执行在线的简易评估。这一创举使得 SiameseFC 算法成为深度学习目标跟踪领域的一个新标杆，随后，众多改进算法如 SiamRPN、DaSiamRPN 以及 SiamRPN++等相继涌现。基于孪生网络的单目标跟踪算法使得深度学习类目标跟踪算法在综合性能上可以与相关滤波相匹敌，目前也已占据各大单目标跟踪数据集的榜单，同时这也充分证明了深度学习方法的巨大潜力[10]。

2. 多目标跟踪

易实现的在线多目标跟踪算法主要有基于检测的多目标跟踪与基于轨迹预测的多目标跟踪。

1) 基于检测的多目标跟踪

为获取 x 个候选检测框，首先可以用目标检测算法识别每帧视频序列，再通过数据关联来配对前帧的 y 个跟踪框和现在的 x 个检测框。可见，基于检测的多目标跟踪核心是在 xy 个候选配对里面找到最优配对。

Faster R-CNN 和 YOLO 等是重要的关键点位目标检测技术。基本上现在的目标检测算法在精度和速度上满足大部分视觉任务的要求。

考虑数据关联，目标运动速度慢时可以计算目标框中心点间的欧氏距离或两帧之间目标互相之间的交并比。

如图 5-20 所示，虚线框展示了目标在当前帧 (t) 的位置，实线框标明了目标在上一帧 $(t-1)$ 的位置。基于交并比或直线距离的匹配都可以得到准确的关联结果 (A_{t-1}, A_t) 和 (B_{t-1}, B_t)。

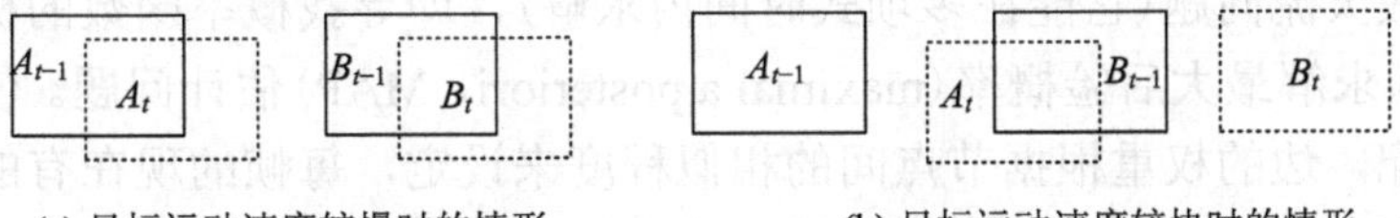

(a) 目标运动速度较慢时的情形　(b) 目标运动速度较快时的情形

图 5-20　基于检测的多目标跟踪方式

在当前帧中，B 已经移动到其他位置，可目标 A 才移动到上一帧中 B 的位置。由于错误的直线距离和错误的交并比产生了错误的匹配依据，因此产生了错误的匹配结果 (B_{t-1}, A_t)。构建深度学习模型直接学习并输出关联匹配得分或者对比两个目标间的深度特征相似度可以解决该问题。在复杂场景下，它更能够精准地察觉到目标的外观变化，从而可以使匹配的准确性和鲁棒性得到更好的改进。

2) 基于轨迹预测的多目标跟踪

若不基于检测而基于轨迹预测，如何操作？

在遇到遮挡以及快速运动的目标时，为了提升匹配精确度，可以将当前帧的目标检测框与预测位置框进行匹配，再用轨迹预测技术估计在当前帧跟踪对象的可能位置情况。将当前帧中目标的检测框（A_t 和 B_t）与根据已有轨迹预测出来的预测框（A'_{t-1} 和 B'_{t-1}）进行关联，即可得到准确的匹配结果 (A'_{t-1}, A_t) 和 (B'_{t-1}, B_t)。这类算法能够避免选择直线距离或交并比作为匹配依据时由于较快的目标运动速度而出现的匹配问题。常用的轨迹预测技术涵盖了传统的卡尔曼滤波算法以及长短期记忆(LSTM)网络等。接下来，将介绍几种经典的多目标跟踪算法，再探讨近年来备受瞩目的基于深度学习的多目标跟踪技术。

(1)多假设多目标跟踪。

多假设跟踪(multiple hypothesis tracking, MHT)算法由 Blackman 等受雷达信号自动追踪研究启发提出，是多目标跟踪的经典算法。为逐步消除不确定性，MHT 算法保留了多个目标的所有假设，并让其继续传递，从后续的观测数据中消除当前假设的不确定性。它依据置信度计算，提出了一种假设树结构，用最优假设当作最后的结果。MHT 被视为理想情况下解决数据关联问题的最优算法之后，Kim 等引入归一化最小均方误差优化算法对 MHT 进行了扩展，在行人数据情景上取得了优异的跟踪效果。

(2)基于二分图匹配的多目标跟踪。

在线跟踪方法属于基于检测的多目标跟踪框架内的方法。已知待匹配对象间的相似程度代表连接权重，检测框与已跟踪轨迹形成二分图的节点。在线跟踪方法将多目标跟踪问题转换为节点不重叠的二分图匹配问题。匈牙利算法和贪心匹配算法能解决该匹配问题。SORT 算法是一种典型的二分图匹配算法。已跟踪目标在当前帧的可能位置由卡尔曼滤波猜测，为修正预测，可以认为交并比为卡尔曼预测位置和检测的匹配度计算凭依，再使用匈牙利算法解决卡尔曼预测位置与当前帧检测位置间的二分图匹配问题。

SORT 算法因其高效又简单，催生了 DeepSORT 算法。DeepSORT 算法有效解决了行人离开并重新进入相机视野的重识别应用难题。该算法通过融合外观相似性与运动相似性的同时引入行人重识别特征，显著提升了二分图匹配的效果。

(3)基于网络流的多目标跟踪。

离线跟踪方法，如 Castanon 的网络流数据关联算法在网络流图里转换追踪问题为用最小的费用形成最大流问题(它能在多项式时间内求解)，即寻找概率函数的极大值或能量函数的极小值，即求解最大后验概率(maximal a posteriori，MAP)估计问题。使用网络流图的边表示潜在匹配，边的权重根据节点间的相似程度来设定，每帧的现在有的轨迹段和目标检测框表示节点。源节点和汇节点保证了流量守恒。

Zhang 等则率先将其应用于多目标跟踪领域。Schulter 等提出一种可端到端学习的参数化代价函数。Pirsiavash 等实现了在多项式时间内解决网络流问题的方案。这些进展为离线多目标跟踪算法奠定了坚实的理论基础，并推动了其在实际应用中的发展。

(4)基于深度学习的多目标跟踪。

深度学习应用于目标检测、单目标跟踪和图像分类的时间基本都先于多目标跟踪领域引入深度学习的时间。目前较多研究集中于深度特征提取和相似度度量学习。基于图神经网络(GNN)的多目标跟踪算法、结合检测与跟踪的算法在最近若干年逐步受到学者研究，也体现出更好性能和灵活性的应用优势。

①深度特征提取。

深度神经网络因其强大的特征表达能力，在提升多目标跟踪效果方面发挥出色。2014年，研究人员基于深度学习提出了一种多目标跟踪算法，通过双层神经网络来提取目标特征，并利用支持向量机来计算特征间的相似度，最终转变为求解最小生成树问题。该算法能够显著提高多目标跟踪的准确性。随着深度学习技术的进步，当前多数多目标跟踪技术已采用 CNN 来提取视觉特征。例如，Kim 及其团队将 CNN 特征集成到传统的多假设跟踪框架中，这种算法大幅提升了其在 MOT15 数据集上的多目标跟踪性能。除此之外，部分多目标跟踪策略采用 RNN 来获取物体的外观或运动特性。还有一些算法选择使用孪生网络来提取更具辨识度的深度特征。Maksai 等不仅考虑了基于 ReID 的框架，还结合了基于长短期记忆网络的外观特征。Kim 等提出了一种基于孪生网络的深度学习算法，该算法通过输入两幅目标图像及其交并比和面积比，得到目标图像间的匹配误差，最终给出二者之间的相似度。该算法用于提取目标的深度特征。

②相似度度量学习。

基于深度学习的多目标跟踪方法多数没有考虑多目标跟踪任务的特色，而是很大程度上依赖于其他任务中已知的特征。相比而言，学习目标之间的相似度更适用于多目标跟踪任务。此类方法采用的技术主要有孪生网络和循环神经网络。

在孪生网络中，输入一对图像块可以获得它们之间的相似度得分。研究人员首先对网络进行预训练，然后在追踪阶段，将预训练网络与短期约束度量相结合进行在线训练，从而获取满足不同时段需求的相似度度量。

对于循环神经网络，一种方法是使用三个独立的 RNN 各自获取目标的运动特征、外观特征和交互特征，随后通过一个 LSTM 网络结合以上信息学习目标间的相似度。另有一种方法可以直接通过 RNN 学习目标间的相似度，该方法包括两个 RNN 模块，一个 RNN 用于预测目标下一帧所在位置，另一个 RNN 则用于将当前帧的目标位置与预测位置进行匹配。此方案能够针对性地学习待检测目标间的匹配概率，然而，由于该方法忽略了目标的外观特征，因此存在较大的优化潜力。

③结合检测与跟踪。

鉴于目标检测的准确性对多目标跟踪性能具有显著影响，大部分多目标跟踪数据集为了避免数据的准确度影响比较的公正性，都提供了统一的目标检测数据，这促使现有的多目标跟踪算法更多地专注于研究已有数据的关联性，而非目标检测本身。随着技术的进步，一些结合检测与跟踪的算法应运而生。为了将目标检测与跟踪相结合，研究人员在目标检测模块的基础上额外引入了一个跟踪模块，通过预测相邻帧中目标位置的变化量完成跟踪任务。另有研究人员在检测与跟踪结合的算法中引入了一个置信度评分函数，通过高置信度的检测结果可以避免跟踪过程中出现漂移现象，并减少遮挡导致的检测遗漏或错误。

④图神经网络。

近年来，图神经网络在多目标跟踪领域引起广泛研究，一般应用于对关系的建模。GNN 的一种应用在匹配关联阶段，将观察到的目标与当前目标轨迹作为节点，节点属性为目标特征与位置信息的组合，边的权重为节点间相似度，在此基础上构造二分图，最后通过 GNN 训练得到最佳二值匹配矩阵。一种采用 GNN 的多目标跟踪算法将每帧中的全部观测目标作为节点，连接跨帧节点，不连接同帧节点。节点的属性设置为各目标的外观特征，通过多层神经网络计算得到边特征，训练后的边特征用于分类目标匹配与否。该算法能够解决目标间的匹配关联问题。

除此之外，GNN 也可应用于特征提取阶段。该算法构造了两个二分图，均以当前观测目标与前一帧中已知目标为节点，节点属性分别为目标的外观特征和运动特征，边权重同样取节点间相似度。通过 GNN 训练后，节点特征更新为融合了邻域信息的新特征，可以计算新特征间的外观相似度和运动相似度，最终求解二分图的匹配关联问题。

智能视觉感知典型应用

5.4　智能视觉感知典型应用

机器人的视觉感知主要基于图像采集、图像处理和图像识别等关键技术。首先，机器人通过搭载的摄像头等传感器获取图像信息，这些传感器能够将光线转换为电信号。接着，机器人使用图像处理算法对采集到的图像进行处理，包括图像滤波、边缘检测、图像增强等，以提取和改善图像中的特征信息。最后，通过机器学习和模式识别等技术，机器人可以对处理后的图像进行识别，如人脸识别、物体识别、场景识别等。

5.4.1　产品分拣

产品分拣作为工业流水线生产和物流领域中非常重要的一环，一直以来由人工完成，速度较慢、准确率低，已经无法满足当下企业对产能、时效和成本的要求，因此产品分拣生产线向自动化和智能化方向的转型已成为行业发展的必然趋势。

自动分拣系统由四部分组成，分别为视觉采集单元、数据处理单元、机械执行单元及状态监控单元。系统首先通过视觉采集单元获取外部场景的二维图像信息，并将其转换为模拟信号。随后，这些模拟信号经 A/D 转换器转换为数字信号，接着，数据处理单元中的处理器依据预设算法对这些数字信号进行解析，向机械执行单元发送指令，使机器能够像人类一样识别物品，并完成产品的分拣。

目前，研究者主要从以下几个方面对基于机器视觉的分拣技术进行研究。一是图像处理与特征提取技术，这是机器视觉分拣技术中的基础环节。特征提取技术则通过提取物品图像中的关键特征，如色彩、形状、纹理等，以便于后续的分类和识别。二是分类与识别算法，这是机器视觉分拣技术的核心环节。分类与识别算法能够根据物品的特征，判断其类别并进行识别。常用的算法包括支持向量机、卷积神经网络等。三是系统集成与优化，这是机器视觉分拣技术实际应用中的重点。系统集成与优化包括物料搬运、图像处理、分类与识别等多个环节的协调与优化，以实现高效的分拣系统。

1. *机器视觉技术在零件分拣中的应用*

在机器的组装中，零件的质量至关重要，即使是微小的瑕疵也可能导致设备在运行过程中发生意外故障。为了对零件进行筛选，研究者利用软件对获得的零件图像信息进行处理，通过计算零件的尺寸实现对零件质量的判断，从而筛除不合格零件。

在国际上，机器视觉技术在零件分拣中的应用已经相当成熟。一种 OpenCV 视觉库支持的基于图像处理的机电分拣系统在合适的照明条件下，能够精准对圆形零部件的形状和颜色进行检测，并能以接近 100%的正确率完成对零件的分拣。

2. 机器视觉技术在食品分拣中的应用

依据食品行业的具体需求，研究人员开发了能够识别食品新鲜度及分拣包装的机器视觉技术分拣系统。根据鲱鱼加工副产物的反射特性差异，Erik Guttormsen 等利用支持向量机提出了一种融合视觉图像网格搜索与交叉验证技术的多级分离策略，该策略用于精确分拣鱼卵、鱼精巢及废弃物，有效提升了鲱鱼加工的经济附加值。姜沛宏等通过构建基于 RGB 与 HSI 色彩空间特征分量的神经网络模型，实现了对肉品新鲜度的精确分级，该模型在识别准确率上达到了 90%的水平。

3. 3D 立体视觉引导机器人无序分拣

机器人智能制造应用技术面临个性化定制程度高、品类多、周期短的新趋势，散乱无序堆放的工件场景亟需智能化分拣方案来处理非结构场景下工件的准确识别与操作。结合 3D 视觉与机器人技术，实现 3D 立体视觉引导机器人在散乱堆叠场景下的工件感知、位姿推理、抓取引导，拓展了视觉与机器人深度结合的应用边界。

真实场景中，一方面，工件堆叠时存在搭接、遮挡，工件表面的反光、油污，工件形态复杂、难以抓取等一系列问题；另一方面，机器人抓取时避免碰撞料框，也需要通过设计合适的末端夹具结合对机器人路径规划与抓取姿态的研究而解决。

研究 3D 立体视觉引导机器人无序分拣，可解决无序堆叠场景下，不同工件在三维空间中的点云分割、工件摆放位置与抓取位姿的准确估计以及机器人抓取顺序空间可达性的规划与优化。3D 立体视觉引导机器人无序分拣具体应用实例如图 5-21 所示。

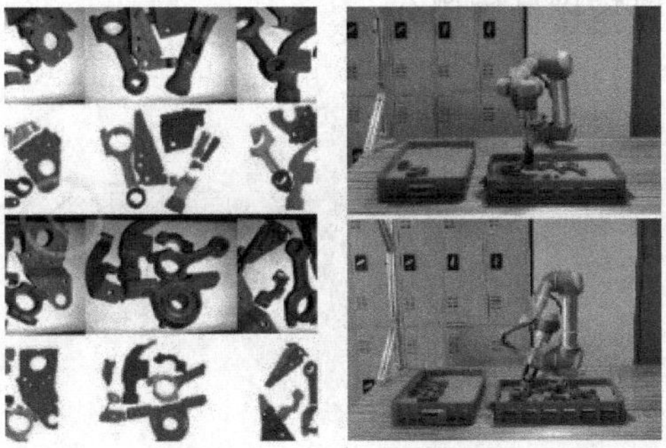

图 5-21　3D 立体视觉引导机器人无序分拣具体应用实例

5.4.2　定位引导

随着工业自动化和智能制造的快速发展，机器人视觉引导定位技术已成为一种关键的技术手段，广泛应用于各种工业场景中。机器人视觉引导定位系统结合了机器人技术和机器视觉检测技术，通过高精度的视觉识别和定位，实现了对工件的快速、准确的操作和处理[11]。

机器人视觉引导定位系统的原理是基于机器视觉检测技术，通过工业相机获取工件的位置和姿态信息，然后通过机器人控制系统对信息进行处理，实现对工件的精确定位和操作。这种技术的应用可以大大提高生产效率和加工精度，降低人工成本，提高生产线的自动化水平。

在实际应用中，机器人视觉引导定位系统的性能和效果受到多种因素的影响，如工业相机、光源、图像处理算法等，因此为了实现高效的机器人视觉引导定位，需要综合考虑各种因素，选择合适的硬件和软件方案，并进行精细的参数调整和优化。

综上所述，机器人的智能视觉感知是其获取并理解外界信息的关键技术之一，它在日常生活、工业制造、医疗和农业等多个领域都发挥着重要作用。随着技术的不断进步和创新，可以期待机器人在未来能够实现更加精准、高效的视觉感知能力。

5.4.3　Tesla AutoPilot 纯视觉方案

2021 年 5 月，马斯克宣布 AutoPilot 的视觉系统现在已经足够强大，可以在没有毫米波雷达的情况下单独使用。2021 年 8 月特斯拉的 AI Day 上，Karpathy 博士对 AutoPilot 的视觉方案做了详细的讲解。其核心模板称为 HydraNet，解决了实时感知问题。

1. Tesla 视觉感知系统的传感器输入

Tesla 的视觉感知系统囊括了分布于车身四周的 8 个摄像头，其中 3 个前置摄像头分别用于近、中、远距离的感知，结合两侧后方及两侧前方的 4 个摄像头以及一个后置摄像头，实现了 360°的全方位视野覆盖，如图 5-22 所示。所有摄像头的图像分辨率均为 1280 像素×960 像素，采用 12bit、36Hz 的 RAW 格式，监测范围最远可延伸至 250m。摄像头获取的视觉数据经过多个神经网络模型的处理后，最终转换为三维场景下的向量空间，为后续的路径规划和智能驾驶系统提供直接输入。

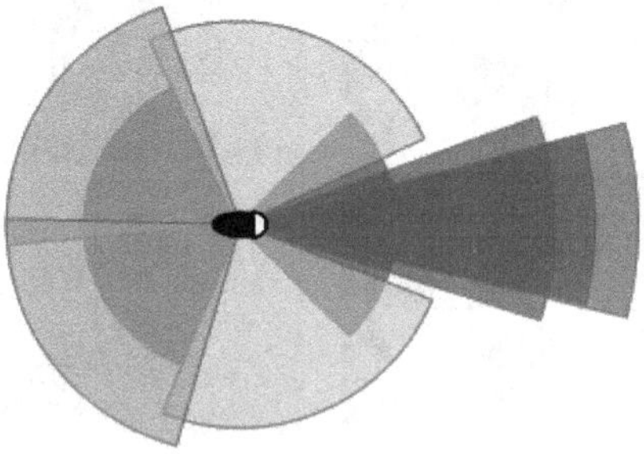

图 5-22　Tesla 车载摄像头布置方式

2. 目标检测网络 HydraNet

HydraNet 以分辨率为 1280 像素×960 像素、12bit、36Hz 的 RAW 格式图像为输入，采用的 Backbone 为 RegNet，并使用 BiFPN 构建多尺度 feature map，再在上面添加 task specific 的 Heads。

初代 HydraNet 的各个组成部分都是常规操作，共享 Backbone 和 BiFPN 能够在部署的时候最大限度地节省算力，在当前场景下使用这样的结构存在三个优势：预测的时候非常高效，因为共享特征，避免了大量的重复计算；可以解耦每个子任务，每个子任务可以在

Backbone 的基础上进行 fine-tuning 或是修改，而不影响其他子任务；可以加速 fine-tuning，训练过程中可以将 feature 缓存，这样 fine-tuning 的时候可以只使用缓存的 feature 来 fine-tune 模型的 Head，而不再需要重复计算。

因此 HydraNet 实际的训练流程是先端到端地训练整个模型，然后使用缓存的 feature 分别训练每个子任务，再端到端地训练整个模型，以此迭代。这样的简单模型如果使用单相机图像作为输入，有很大盲区，只能用于车道保持等很简单的辅助驾驶任务，并且需要借助其他传感器(如超声波雷达)的辅助来降低风险。更复杂的自动驾驶任务需要使用多个相机的图像作为感知系统的输入，同时感知系统的预测结果需要转换到三维空间中的车体坐标系下，才能输入规控系统用以规划驾驶行为[12]。

3. 优化后的最终模型

在初版 HydraNet 的基础上，使用 Transformer 整合多个相机的特征，使用 Feature Queue 维护时序特征队列和空间特征队列，并且使用 Video Module 对特征队列的信息进行整合，最终接上 HydraNet 各个视觉任务的 Head 以输出各个感知任务。

整个感知系统使用一个模型进行整合，融合了多个相机时序上和空间上的信息，最终直接输出所有需要的感知结果。

5.5 本章小结

本章概述了智能机器人视觉系统的核心概念和应用，涵盖了视觉感知的基础理论、关键技术和实践案例。通过本章，读者可以掌握机器人视觉的基本理论、检测与跟踪技术，以及在产品分拣和自动驾驶等领域的应用，为深入理解和应用机器人视觉技术打下基础。

5.6 习　　题

5-1 试绘出机器人视觉系统的组成框图，阐述各部分功能。

5-2 机器人视觉系统工作流程可分为哪三部分？每一部分各自包含哪些步骤？

5-3 根据机器人视觉原理的相关知识，图像的表示要经过哪些处理？

5-4 现有的目标检测算法可分为哪两种？二者有什么区别？

5-5 试阐述两阶段目标检测算法的含义，并说明其相较于单阶段目标检测算法有哪些优势。

5-6 对比单目标跟踪系统与多目标跟踪系统的异同。

5-7 举例说明智能视觉感知典型应用。

第 6 章　智能机器人定位导航系统

随着科技的飞速发展，机器人技术已成为推动社会进步和产业升级的重要力量。在机器人的众多功能中，定位导航系统作为其核心组成部分，对于实现机器人的自主行动和高效完成任务具有至关重要的作用。机器人定位导航系统集成先进的定位技术和导航算法，使机器人能够在复杂多变的环境中精准地确定自身位置，规划出最优路径，并实时避开障碍物，从而实现高效、安全和自主的移动。

机器人定位导航系统不仅具有广泛的应用前景，而且其技术也在不断演进和创新。从早期的 GPS 全球定位系统，到近年来兴起的基于计算机视觉和机器学习的 SLAM 技术，再到超声波、视觉、激光和红外等多种传感器的融合应用，机器人定位导航系统正逐步向着更加精准、高效和智能化的方向发展。

在工业领域，机器人定位导航系统已经广泛应用于生产线上的物料输送和机器人运输，极大地提高了生产效率和产品质量。在服务业，机器人定位导航系统能够提供优质的客户服务，为用户带来更加便捷和舒适的体验。在医疗领域，机器人定位导航系统能够为医疗机构提供移动药房、患者导航、医护人员接送等服务，为医疗服务的效率和质量提供有力保障。此外，在家庭领域和物流领域，机器人定位导航系统也展现出巨大的应用潜力和市场价值。

因此，对机器人定位导航系统进行深入研究和探索，不仅具有重要的学术价值，而且对于推动机器人的广泛应用和发展具有深远的现实意义。本章将对机器人定位导航系统的基本原理、关键技术、应用场景以及发展趋势进行综述和分析，以期为相关领域的研究和实践提供参考与借鉴。

6.1　机器人定位导航系统概述

近年来，随着移动机器人技术的应用范围不断扩大，人们越来越期望机器人能够代替人类在危险且僻远的室外环境中工作。如变电站、化工厂等极端环境，这些环境通常伴随着高温、高辐射以及强烈的电磁干扰，机器人被寄予厚望，能够全天候地替代人类进行作业。导航则是移动机器人实现智能控制需要解决的关键问题之一。依据传感器类别和导航原理的区别，移动机器人的导航方式可以分为电磁导航、视觉导航、红外导航、惯性导航、激光导航等。机器人定位导航系统是移动机器人在环境中确定其位置并规划路径的关键技术。对于机器人定位导航系统的理解可以拆解为三个问题：我在哪里？目标在哪里？怎样到达那里？通过传感器等技术手段来获得机器人在工作空间中的位置、方向以及环境信息；用算法对所获得信息进行处理，并建立环境模型；寻找一条最优或次优的无碰撞路径。

首要的是，移动机器人依赖其内置的多种传感器，包括陀螺仪、视觉传感器（摄像机）、里程计以及激光测距仪等，来感知自身的运动状态以及周围环境的情况，进而获取在作业区域中的确切位置信息，这一过程称为定位。进一步来说，机器人的工作环境抽象化为一种环境模型，该模型详尽地描绘了作业区域内所有物体(如障碍物、导航标记等)的分布和特征。最后，在定位技术的基础上，移动机器人只有具备路径规划能力，才能获得良好的移动能力。在本节中，将针对定位、环境建模以及路径规划这三个问题进行探讨。

6.1.1　定位

定位技术，简而言之，就是机器人在结构化(如工厂车间、家庭环境)或非结构化(如野外、废墟)环境中，通过多种信息的整合和处理，精确估计自己当前位置和方向的技术。这一技术结合了机器人的先验环境知识、对自身位置姿态的初步估计以及传感器所获取的实时观测数据。这一技术在自动驾驶、机器人导航等领域具有广泛的应用前景和重要的价值，构成了移动机器人定位导航系统中最为核心和基础的一环。

实时定位就是在回答“我在哪里”的问题，机器人不仅要知道自身的起始位姿，还要知道导航过程中的实时位姿。实时定位有被动定位和主动定位两种方式。被动定位依赖外部人工信标，主动定位则不依赖外部人工信标[13]。

1. 被动定位

室外被动定位技术中，以全球定位系统为典型代表，其已广泛渗透至人们的日常生活之中。GPS 技术依托于多颗卫星的信号，运用三角测量原理来实现定位。对于对定位精度有较高要求的场景，可以通过在地面增设信息辅助基站，形成差分 GPS，从而进一步提升定位的准确性。GPS 不仅具备经济高效的特点，还能迅速、精确地提供实时定位和导航服务，同时展现出强大的适应性、自主性、可靠性以及高精度的性能。然而，当卫星信号受到遮挡或干扰时，GPS 的定位功能将受限，因此在室内环境中，通常依赖于移动网络或无线局域网来进行定位。当对定位精度有更高要求时，则会采用超宽带(UWB)技术。这些室内定位技术的原理与室外卫星定位相似，都是利用外部基站发射的信标信号，通过三角测量来确定位置。在特定的应用场景下，如物流仓储，会在环境中布置多个人工信标(如二维码、无线射频识别标签等)，使机器人在移动过程中能够识别这些信标，从而获取其位置和姿态信息。为了提升定位的稳定性和精确度，这些被动定位技术通常会结合惯性测量单元(IMU)和里程计等传感器设备使用。

2. 主动定位

被动定位存在许多局限性：一方面，建立提供人工信标的基站需要较高的成本；另一方面，在某些环境中，基站的搭建条件并不具备，如在其他星球的表面。主动定位技术的优势便显现出来。

主动定位指机器人通过自身传感器对未知环境进行感知，以获取定位信息。目前，SLAM 技术是主动定位的主要代表。SLAM 由 R.Smith 等在 1986 年提出，其可理解为在未知的环境中，移动机器人通过其搭载的传感器获取周围环境信息，依据获取的信息构建局部地图，与此同时也在不断估计机器人的自身位姿，最终完成全局地图的构建。其系统结构如图 6-1 所示。

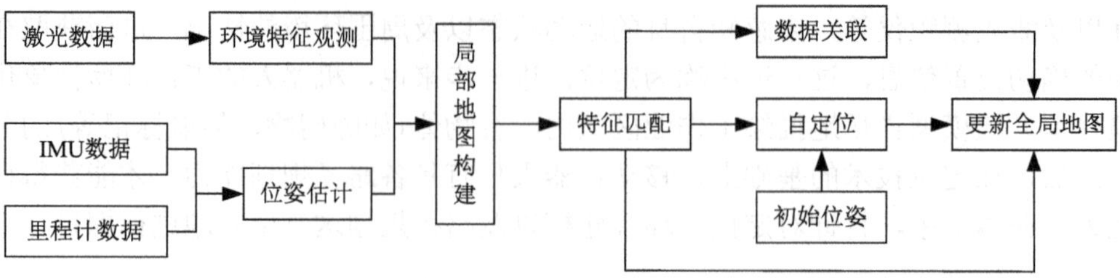

图 6-1　SLAM 系统结构图

目前，商用场合通常采用SLAM重定位模式进行定位，即先手动遥控机器人进行SLAM环境扫描并将构建好的地图保存下来，然后载入事先构建好的离线地图并启动 SLAM 重定位模式获取机器人的实时位姿。大多数 SLAM 算法支持两种工作模式：SLAM 建图模式和 SLAM 重定位模式。只是各个算法在位姿估计问题的处理细节上有所不同。

6.1.2　环境建模

无论移动机器人采用何种定位和路径规划技术，都必须了解其在环境中的位置、障碍物在环境中的分布，懂得根据环境信息有效避让这些障碍物以及辨别及识别非障碍的路标和目标，能顺利到达目标位置完成任务。因此，对环境信息的获取以及环境建模的方法是移动机器人自主导航和路径规划的核心基础。

机器人所处环境的信息通过构建环境地图来得以呈现，这些环境地图对于机器人实现自主定位和导航至关重要。首要步骤是，机器人须对环境进行感知，并据此构建出相应的地图模型。随后，机器人会依据其内部存储的环境模型，借助内外部传感器捕获环境信息，并将这些信息与已构建的环境地图进行比对分析，从而达成自我定位的目的。一旦机器人成功将获取的环境信息与地图匹配上，就能通过目标点的设定，参照地图中的障碍物分布来规划出最优的行驶路径。环境地图的常见表示方式有三种：拓扑地图、几何信息地图和栅格地图[14]。各种类型地图的优缺点对比如表 6-1 所示。

表 6-1　各种类型地图的优缺点对比

地图表示类型	优点	缺点
拓扑地图	占用资源少、计算效率高，在大范围、少障碍的场景下效果好	相似物体分辨准确度低，不易找到最优路径
几何信息地图	简化了环境信息，提高了目标提取效率	计算量大、对于大环境精度低
栅格地图	受环境地形干扰小，易于保存与维护感知数据	信息量大导致数据更新难度大，影响识别效果

1. 拓扑地图

拓扑地图是一种适用于大范围、少信息的紧凑的环境表示方法。其主要原理是将环境作为一个图，图上的节点代表地点或者特征状态，节点彼此之间的连线代表直接相连的路径。拓扑地图的分辨率受环境复杂度的影响。建立拓扑地图占用较少、存储空间较小且建模速度快，还能实现快速的路径规划，为人机交互提供了更自然的指令接口。由于拓扑地图通常不依赖于移动机器人的精确位置，因此对位置误差具有更好的鲁棒性。然而拓扑地图的识别和匹配功能基于形成的拓扑节点，相似物体分辨准确度低，不易找到最优路径，难以实现大型环境的构建。

2. 几何信息地图

几何信息地图，也称特征地图，是一种通过传感器感知周围环境，提取出有价值的信息，并以几何特征的形式展现在地图上的方法。几何特征通过点、线、面等几何元素表示不同类型的地理特征，简化了环境中物体的信息，使得障碍物在地图上显示得更为直观，有助于进行位姿估计、目标识别和信息提取。几何信息地图只选择环境特征中具有典型形状的空间特征进行描述，因此地图相对简洁、计算量小，适用于实时性要求较高的场景。在局部区域内，几何信息地图利用卡尔曼滤波等方法可以获得较高的精度，满足机器人定位和导航的需求。但对于复杂形状的环境，难以用少量且简单的几何模型来进行表征，构建过程可能变得复杂且不准确，更容易受到外部环境变化的影响。因此，几何信息地图常用于具有高度结构化特点、易于用简单几何模型描述的室内环境。例如，在智能家居、机器人导航、自动化仓储等领域，几何信息地图可以发挥重要作用。

3. 栅格地图

栅格地图的主要思想是将环境划分为均匀的网格，每个网格单元(像素)表示特定的状态(如障碍物、可通行区域)，每个栅格被赋予一个值，表示其被占据的概率。在初始化时，所有栅格的占据概率均设为 50%。

栅格地图的生成与环境地形无关，易于理解和实现，对于环境建模和路径规划十分有效，感知数据易于存储和管理，可以快速进行各种图形处理操作，如邻域搜索、碰撞检测等。此外，其能够根据传感器数据更新地图，提高导航的准确性。因此，栅格地图特别适合用于超声波传感器和激光雷达。然而，栅格地图在表示大范围环境时可能需要大量存储空间，尤其是高分辨率的地图，其可能会记录几乎所有障碍物的信息，对于快速变化的环境，栅格地图的更新可能滞后，导致导航不准确。由于定位过程中存在较大的搜索空间，因此其需要完善的加速算法来满足实时性的需求。目前栅格地图仍然是建图技术中的一种常用方法。

1) 二维栅格地图

二维栅格地图将二维连续空间划分为均匀的网格，每个网格单元通常是一个正方形，代表特定区域。每个网格单元被赋予状态值，通常包括概率为 0 的非占据状态(白色方块)和概率为 1 的占据状态(黑色方块)，有时还会使用概率为 0～1 的其他值表示未知或可疑区域(灰色方块)，如图 6-2 所示。使用激光雷达、超声波传感器等获取环境信息，将这些信息映射到栅格中，更新每个网格单元的状态。应用算法(如 A^*算法)在栅格上进行搜索，从起点到目标点找到最优路径，考虑每个网格的状态。在导航过程中，随着传感器持续输入新数据，实时更新栅格地图以反映环境变化。机器人避开占据状态的栅格，并在非占据状态的栅格中通行。

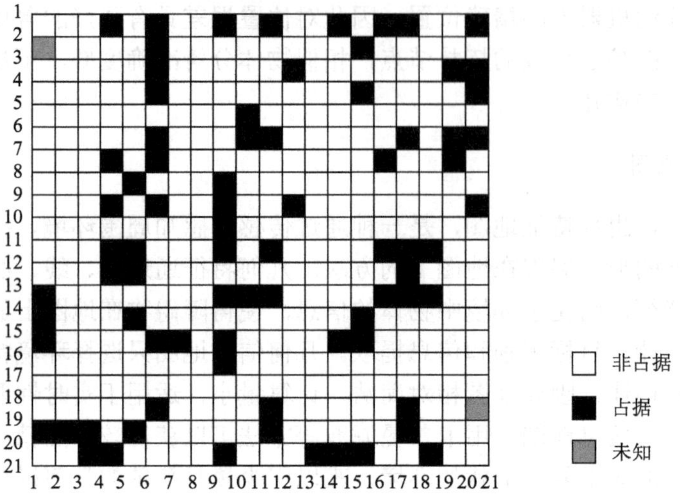

图 6-2　二维栅格地图

2) 三维栅格地图

由于二维栅格地图存在空间局限性，无法充分表示立体障碍物的状态，因此采用三维栅格地图，将环境划分为均匀的三维网格，划分出的每个立方体单元代表空间中的一个小区域。在三维栅格地图中，每个 3D 网格单元也被赋予状态值，类似于二维的方式，可以表示占据、非占据。如图 6-3 所示，在三维栅格地图中使用路径规划算法，考虑高度、宽度和深度，确保路径在三维空间中有效。

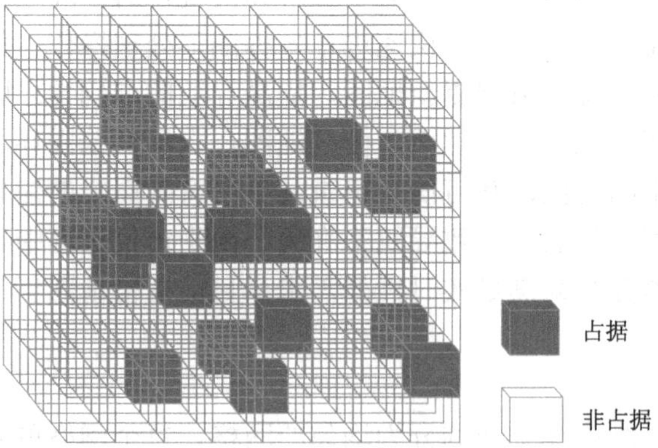

图 6-3　三维栅格地图

与二维栅格地图的网格数量相比，三维栅格地图的网格数量明显多了一个量级。在相同计算速度的情况下提高三维栅格地图的效率，通常采用八叉树(octree)对数据进行编码存储，生成的数据结构就称为八叉树地图(octomap)，如图 6-4 所示。八叉树地图的构建通常依赖于传感器(如激光雷达、深度相机等)来获取环境中的障碍物信息。在构建过程中，首先将整个场景划分为一个根节点，然后根据传感器数据递归地划分节点，直至达到预设的分辨率或无法进一步划分。查询八叉树地图时，可以从根节点开始遍历八叉树，根据节点的状态(占据、非占据或未知)来判断环境中的障碍物情况。通过这种方式，可以方便地获得不同分辨率的地图表示。

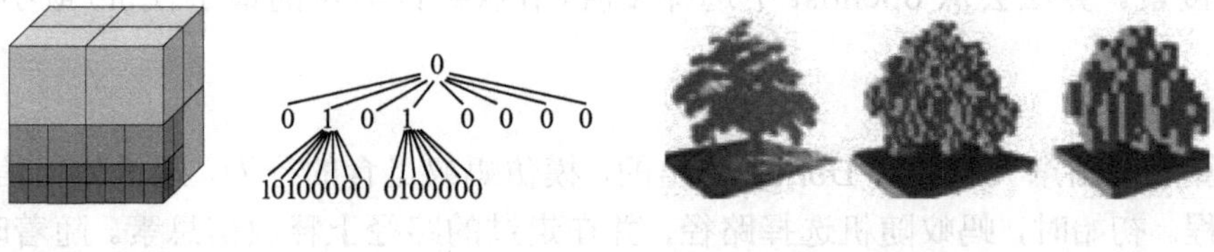

(a) octree　(b) octomap

图 6-4　octree 和 octomap

6.1.3　路径规划

路径规划在无人驾驶机器人感知中占据关键地位，其主要任务是为机器人规划一条从起点到目标点的路径，确保机器人能够有效避开障碍物。路径规划算法分为全局路径规划算法和局部路径规划算法两类。下面将分别对这两类算法进行介绍。

1. 全局路径规划算法

全局路径规划指机器人根据已有的电子地图，通过算法找到一条从起点到目标点的可行路径。这种规划方式通常在机器人开始行动前进行，有助于机器人对整个移动过程有大致的了解，它基于完整的环境模型，通常使用地图数据进行决策。常见的算法包括 Dijkstra 算法、A^*算法、D^*算法和蚁群算法等。

1) Dijkstra 算法

Dijkstra 算法由 E.W.Dijkstra 于 1959 年提出，是一种无向图的最短路径算法，从起点开始探索所有相邻节点，并在确定新节点后，以该节点的最短距离为基础继续搜索，逐步扩展直到到达目标点，它保证了找到从起点到每个节点的最短路径，最终找到目标点。但是该算法需要遍历空间中的每一个点，时间复杂度较高，不适合大规模问题。

2) A^*算法

该算法结合了 Dijkstra 算法的优点和启发式搜索，旨在提升 Dijkstra 算法的效率；在广度优先搜索的基础上引入了一个代价函数，通过计算每个节点的代价函数，高效且保证找到最优路径，适合静态环境。其表达形式为

$$f(n) = g(n) + h(n) \tag{6-1}$$

其中，$g(n)$ 是耗散函数，表示从起点到节点 n 的实际成本；$h(n)$ 是启发函数，用于估计节点 n 到目标点的成本，即节点 n 到目标点的最小距离；$f(n)$ 则是从起点到目标点的总估算代价。

3) D^*算法

D^*算法最初由 Anthony Stentz 于 1994 年提出，是 A^*算法的改进版本，属于一种反向增量式搜索策略，主要用于机器人路径规划，旨在解决动态环境下的路径规划问题。

D^*算法从目标点开始向起点进行局部搜索，以找到当前最优路径。这与 A^*算法从起点开始搜索的方式不同，D^*算法是一种增量式的算法，它允许在动态环境中实时更新路径而无须重新计算整个路径。当环境发生变化时，如障碍物移动或代价改变，D^*算法能够

快速根据变化重新规划路径。D*算法通过维护一个优先队列(openlist)来对场景中的路径节点进行搜索。算法会从openlist中选择k值(节点到目标点的最小代价)最小的点进行拓展。

4)蚁群算法

蚁群算法是由意大利学者Dorigo提出的，模仿蚂蚁觅食的行为，通过使用信息素来引导搜索过程。初始时，蚂蚁随机选择路径，并在走过的路径上释放信息素。随着时间推移，走过短路径的蚂蚁会留下更多信息素，吸引其他蚂蚁选择同样的路径，从而形成“反馈循环”。最终，算法趋向于找到最优路径。蚁群算法是一种分布式计算方法，结合了正反馈与负反馈，能处理复杂的组合优化问题，适合动态和不确定的环境。由于各个蚂蚁之间不会干扰，具有良好的鲁棒性和自适应性，能够有效找到最优路径。然而，该算法存在收敛速度慢且受到参数设置影响较大和容易陷入局部最优解的问题。

2. *局部路径规划算法*

局部路径规划指移动机器人通过自身传感器获取周边环境信息，从而规划出一条可行的移动路线。这类规划常用于跟车、超车及避障等场景。常见的局部路径规划算法包括人工势场法、快速搜索随机树(RRT)算法和模糊逻辑控制法等。

1)人工势场法

人工势场是一种人造的虚拟力场，其中起点被视为高势能点，目标点则为低势能点，形成引力场(图6-5(a))。同时，障碍物会对机器人施加斥力，形成斥力场(图6-5(b))。在这种势场的影响下，机器人能够有效避开障碍物，顺利到达目标位置。合力场的表现如图6-5(c)所示。

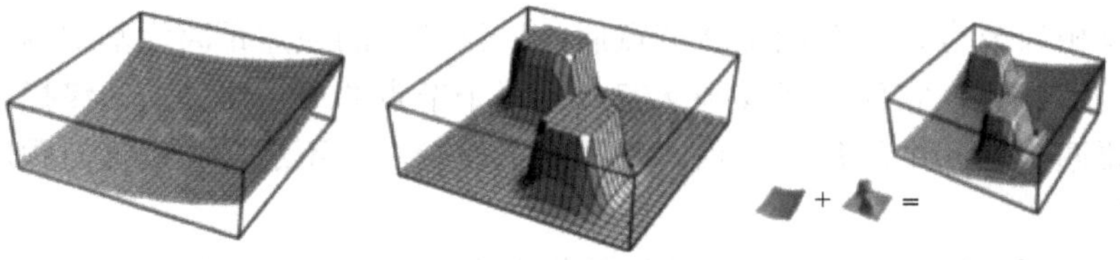

(a) 引力场 (b) 斥力场 (c) 合力场

图6-5 人工势场示意图

2)快速搜索随机树算法

快速搜索随机树算法是一种用于路径规划的随机化算法，主要应用于机器人导航、无人驾驶和其他需要动态规划的领域。RRT算法通过在搜索空间中随机采样并构建一棵树，以有效地探索复杂环境中的可行路径。RRT的基本思想是从起点开始不断扩展树的结构，每次随机生成一个新节点并尝试将其连接到树中，从起始位置创建一棵空树后，在目标区域内随机选择一个点，在当前树中找到离随机点最近的节点，从最近点向随机点扩展一定距离，并生成新的节点，确保扩展路径不与障碍物发生碰撞，重复上述步骤，直到树扩展到目标区域或达到预定的迭代次数。其能够高效地处理高维空间和复杂环境，不易陷入局部最优解，但是不能保证找到最优路径，可能需要后处理来优化路径。

3) 模糊逻辑控制法

模糊逻辑控制法是一种基于模糊集合理论的控制方法，一般用于处理不确定性和模糊性问题。与传统的精确控制方法不同，模糊逻辑控制法允许使用语言描述和模糊规则来制定控制决策，从而更接近人类的思维方式。其适用于复杂和动态环境，但计算复杂度相对较高，特别是在规则数量较多时。

6.2 惯性导航系统

惯性导航系统(简称惯导系统)是一种通过测量自身的加速度和旋转来确定物体位置和速度的导航技术，不依赖外部信息，也不向外界辐射能量，适用于空中、地面和水下环境。该系统通常由加速度计和陀螺仪组成，通过测量载体在惯性坐标系中的加速度，并对这些加速度进行时间积分，再将结果转换到导航坐标系中，从而获取速度、姿态角和位置等信息。

惯性导航系统的工作原理基于牛顿的运动定律，该系统是一种推算导航系统，通过以下步骤进行导航：加速度计感知物体的加速度变化，将其转换为电信号；陀螺仪测量物体的角速度，帮助确定其朝向和姿态；通过对加速度和角速度数据进行积分，可以计算出物体的速度和位移，从而推算出当前位置。

惯性导航系统的优点如下。

(1) 隐蔽性好，不受外界电磁干扰影响。

(2) 可在各种地理条件下全天候、全球、全时间工作。

(3) 提供连续且噪声低的位置信息、速度、航向和姿态角等数据。

(4) 短期精度高、稳定性好、数据更新率高。

惯性导航系统的缺点如下。

(1) 随着时间的推移，误差会累积，这会导致位置和速度的漂移，长期精度较差。

(2) 无法提供时间信息。

(3) 设备成本高。

(4) 使用前需要较长时间进行初始对准。

惯性导航技术在多个领域得到了广泛应用，如智能机器人、室内导航、增强现实、互动娱乐、航空航天等。为了弥补其缺点，研究者提出了多种改进方法。例如，利用机器视觉技术协助惯性导航，通过对特征点进行三维重建和实时跟踪，得到移动设备的位移偏量和姿态偏量，以修正惯性导航的结果。此外，还可以采用组合导航的方式，将惯性导航系统与其他导航系统(如 GPS、多普勒导航系统等)相结合，以提高导航精度和稳定性。

6.2.1 惯性导航系统的基本原理

1. 惯性测量单元

惯性测量单元(IMU)传感器是一种基于 MEMS 技术的测量系统，其核心为运动传感器，包括三轴陀螺仪、三轴加速度计、三轴运动传感器、姿态传感器。

IMU 传感器模块是高精度陀螺仪、加速度计、磁场传感器的集合，配备微处理器，具有动态分辨率算法、卡尔曼动态滤波算法等，广泛应用于机器人，转动天线，地面和水下设备，虚拟现实人类运动分析以及低成本、高动态和三维动态测量设备中。

2. 惯性传感器

惯性传感器由加速度计和陀螺仪组成。

一个惯性测量单元或惯性参考单元(IRU)包含传感器组、加速度计(三个或更多，但通常是三个)和陀螺仪(三个或更多，但通常是三个)。这些传感器安装得很牢固，以共同的基础来保持相同的相对取向。惯性传感器通常用来测量转速和加速度。惯性导航测量时，从初始位置、初始速度和初始姿态出发，计算跟踪物体的位移、速度和加速度。

陀螺仪是测量旋转的传感器。陀螺仪分机械陀螺仪、光学陀螺仪和 MEMS 陀螺仪。传统的机械陀螺仪是由安装在两个框架上的转轮组成的，它可以在三个轴上旋转。依据角动量守恒原理，当机械陀螺仪发生转动时，转轮将改变相邻框架之间的角度，用角度传感器读取相邻框架之间的角度。

加速度计有机械式、MEMS 等结构。机械式加速度计由弹簧和悬挂的质量块组成，悬挂的质量块的位移是用位移传感器测量的，它给出的信号与在输入轴方向作用于质量块上的力 F 成正比。然后用牛顿第二定律 $F=ma$ 来计算作用在装置上的加速度。

3. 惯性导航系统

惯性导航系统以牛顿力学定律为基础，通过测量载体在惯性坐标系的加速度，将该加速度对时间进行积分，并变换到导航坐标系中，从而得到载体在导航坐标系中的速度、偏航角和位置等信息。具体来说，系统中的陀螺仪用来形成一个导航坐标系，使加速度计的测量轴稳定在该坐标系中，并给出航向和姿态角；加速度计则用来测量载体的加速度，其经过对时间的一次积分得到速度，速度再经过对时间的一次积分即可得到位移。

按照陀螺仪和加速度计在载体上安装方式的不同，惯性导航系统可分为平台式和捷联式两种。平台式惯性导航系统需要建立一个三轴惯性平台，以提供测量三自由度线加速度的基准。捷联式惯性导航系统则没有机电平台，将惯性元件陀螺仪和加速度计直接安装在载体上，在计算机中建立一个“数学”平台，通过复杂计算及变换，得到载体的速度和位置，其具体原理如图 6-6 所示。

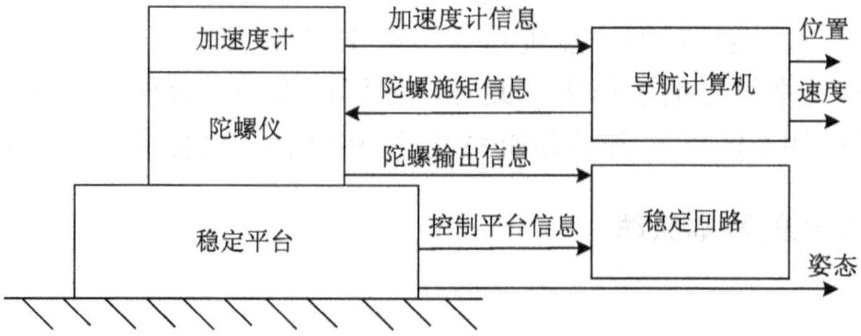

图 6-6　捷联式惯性导航系统具体原理图

6.2.2　平台式惯性导航系统的组成结构及原理

平台式惯性导航系统配备有物理稳定平台，其核心是高精度的惯性陀螺稳定平台。此平台旨在隔绝载体角运动对加速度测量的影响，并能够跟踪指定的导航坐标系，为平台式惯性导航系统提供必要的测量基准。

平台式惯性导航系统一般主要由稳定平台框架及稳定控制回路、陀螺仪、加速度计、导航计算机和控制显示器组成。

加速度计安装在稳定平台上，其输出的比力信息由导航计算机进行采集。导航计算机的能力主要包括：计算载体的实时运动参数和导航参数；计算出对平台实施控制的指令角速度，将该指令角速度经过 D/A 转换成指令电流输入给三个陀螺仪的力矩器，以使平台跟踪所选定的导航坐标系。平台式惯性导航系统各部分组成之间的信号传递关系如图 6-7 所示。

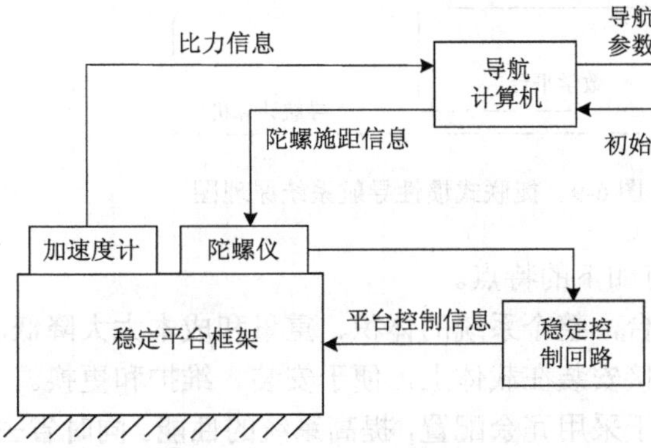

图 6-7　平台式惯性导航系统各部分组成之间的信号传递关系图

6.2.3　捷联式惯性导航系统的组成结构及原理

捷联式惯性导航系统将惯性测量元件(如陀螺仪和加速度计)直接安装在飞行器、舰艇、导弹等需要导航信息的主体上，利用这些元件测量载体相对于惯性空间的角运动和线运动参数，然后通过计算机进行导航计算，得出载体的位置、速度和姿态等信息。如图 6-8 所示，是 IXBLUE 公司的一款采用光纤陀螺的捷联式惯性导航系统，具有与 GPS、水下声学定位系统、多普勒计程仪的接口，航向精度为 0.01′sec(*L*)，升沉精度为 5cm 或 5%。

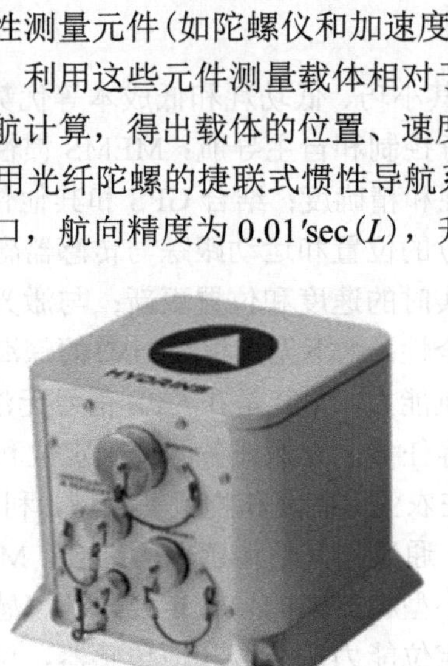

图 6-8　采用光纤陀螺的捷联式惯性导航系统

如图 6-9 所示，捷联式惯性导航系统的核心是通过导航计算机实现的惯性平台，通常称为数学平台。数学平台利用陀螺仪测量载体的角速度，以计算姿态矩阵，并从中提取载体的姿态与航向信息。同时，姿态矩阵用于将加速度计的输出从载体坐标系转换到导航坐标系，从而进行导航计算。

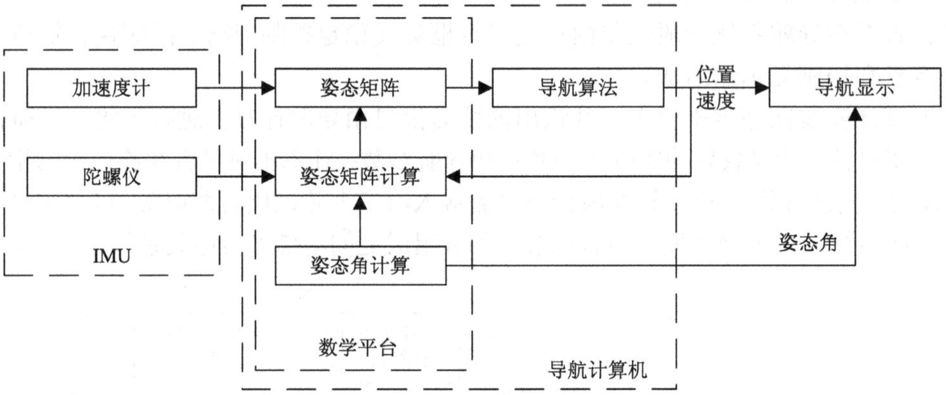

图 6-9　捷联式惯性导航系统原理图

捷联式惯性导航系统具有如下的特点。

(1) 省去了机械式导航平台，整个系统的体积、重量和成本大大降低。

(2) 加速度计和陀螺仪直接安装在载体上，便于安装、维护和更换。

(3) 加速度计和陀螺仪便于采用冗余配置，提高系统的性能。同时省去了机械式导航平台，从而可以提高系统可靠性。

(4) 加速度计和陀螺仪直接受到载体振动和冲击的影响，容易损坏。

(5) 数字平台代替机械式导航平台，增加了导航计算的计算量。

6.2.4　惯性导航系统的应用

MEMS 惯性导航技术因其小巧、低功耗和低成本等优势，在多种无人系统中得到了广泛应用。无人机(UAV)的飞行控制和自主导航：MEMS 惯性传感器用于姿态控制和航向导航，提高无人机的飞行稳定性和精确度；结合 GPS 和其他传感器，实现室内外环境下的自主飞行。无人驾驶汽车(UDV)的位置和运动跟踪与传感器融合：MEMS 惯性传感器监测车辆的加速度和角速度，提供实时的速度和位置更新；与激光雷达、摄像头等传感器结合，提高环境感知能力和行驶安全性。水下无人机(UUV)的深海导航与任务执行：MEMS 系统在水下环境中提供稳定的导航能力，尤其是在 GPS 信号无法覆盖的深海区域；多用于海洋勘探、科学研究和水下维修等任务，确保任务的精确定位和导航。无人地面车辆(UGV)的自动化操作与障碍物避让：在农业、矿业和物流等领域，利用 MEMS 系统实现自动化运输和作业，提高效率和安全性；通过与其他传感器的结合，MEMS 系统可以帮助无人地面车辆实时检测和避开障碍物。小型机器人的导航定位与环境感知：用于服务型机器人和教育机器人，提供精确的移动和定位能力；结合其他传感器，可以帮助机器人识别和响应周围环境的变化。便携式设备的运动跟踪：在便携式无人设备中，MEMS 惯性传感器用于监测运动轨迹和姿态，支持增强现实和虚拟现实应用。除了上述领域，MEMS 惯性传感器还广泛应用于电子设备。MEMS 惯性导航系统以其小巧、低成本和高效性能，在无人系统中发挥着关键作用，推动了无人技术的发展。

6.3　卫星导航系统

卫星导航系统

机器人卫星导航系统主要依赖于全球导航卫星系统(global navigation satellite system, GNSS)，如美国的 GPS、中国的北斗卫星导航系统等。这些系统通过一组卫星的伪距、星历、时间等观测量，为机器人提供全天候、全天时的三维坐标、速度以及时间信息。机器人通过接收卫星信号，并利用特定的算法进行解算，从而确定自身的位置、速度和方向。

近年来，以美国 GPS 为代表的卫星定位系统广泛应用于机器人控制、汽车导航、精密测量(地震与火山活动)、移动电话等领域。

在无障碍的环境中，GPS 接收器能够直接获取卫星信号，这样可以避免多路径传播效应，这是卫星定位的最佳使用场景。然而，在干扰较大的环境中，可以选择使用 GNSS 接收器，因为它能够接收来自多种卫星的信号，未来有望成为主要选择。

6.3.1　卫星导航系统的基本原理

卫星导航系统的工作原理主要依赖于导航卫星不断发送的高精度导航信息。这些信息不仅包含卫星的轨道数据，还包括极为准确的时间信息，轨道数据详细描述了卫星在空间中的位置和速度，时间信息则由高稳定性的原子钟提供。

当信号接收机接收到这些导航信息后，会根据信息在空中传播所需的时间，并结合轨道数据，计算出卫星的空间位置以及接收机与卫星之间的直线距离。然而，导航信息在传播过程中可能会受到电离层等环境因素的影响，产生折射误差。值得庆幸的是，这些误差的修正信息同样包含在导航信息中。接收机利用这些数据可以计算出与各可见卫星的距离，这一距离称为伪距。当接收机获得至少三颗卫星的伪距时，就可以通过三边测量法来确定其位置和速度。为了进一步提升定位精度，通常还会利用第四颗卫星提供的误差数据来精确计算接收机的高度。

综上所述，卫星导航系统的基本原理是通过接收和处理导航卫星发送的信息，利用信息传播时间和星历信息，结合定位算法，计算出接收机的精确位置、速度和时间信息，从而为全球范围内的用户提供全天候、高精度的导航定位服务。

6.3.2　GPS 系统

GPS 系统是一种利用人造地球卫星进行高精度无线电导航的定位系统。无论在地球的哪个角落，用户都可以在任何时刻接收到至少四颗卫星的信号。GPS 卫星向地面发送包含自身精确位置、时间和校正数据的无线电信号，用户只需根据四颗卫星传递的信号，就能计算出自己在三维空间中的位置。这实现了全球范围内、全天候的实时定位与导航功能，提供了三维位置和速度信息。

该系统的定位原理依赖于通过比较接收到信号的时间戳与接收机本地时间，可以计算出信号传播的时延。然后，将时延乘以光速就可以得出接收机与卫星之间的大致距离(伪距）。通过已知的卫星坐标，可以确定用户接收机的位置。利用这些伪距信息和卫星的位置信息，通过三维定位算法计算出接收机的精确地理位置，具体方法是将卫星和接收机之间的距离分别视为三个球体半径，并通过求解这三个球体的交点来确定用户的具体位置。对于一个用户，只需要三个独立的距离观测量即可得到其在坐标系中的具体位置。但是由于GPS采用的是单程测距原理，卫星钟与用户接收机之间难以保持严格同步，而是含有误差的距离，此又称伪距，因此补充一个位置参数，即接收机的钟差，与其他三个数据在数据处理中一并解出。因此需要同步观测四颗卫星。

根据四颗卫星的瞬时位置、四个卫星钟钟差和四个伪距，列出如下方程组：

$$\begin{cases}\sqrt{(x_1-x)^2+(y_1-y)^2+(z_1-z)^2}+c(V_{t1}-V_{t0})=\rho_1\\\sqrt{(x_2-x)^2+(y_2-y)^2+(z_2-z)^2}+c(V_{t2}-V_{t0})=\rho_2\\\sqrt{(x_3-x)^2+(y_3-y)^2+(z_3-z)^2}+c(V_{t3}-V_{t0})=\rho_3\\\sqrt{(x_4-x)^2+(y_4-y)^2+(z_4-z)^2}+c(V_{t4}-V_{t0})=\rho_4\end{cases}\tag{6-2}$$

其中，(x_i,y_i,z_i)为卫星的瞬时位置，$i=1,2,3,4$；V_{ti}为卫星钟钟差，$i=1,2,3,4$；ρ_i为伪距，$i=1,2,3,4$；c为光速。根据式(6-2)，即可求取接收机位置(x,y,z)和接收机钟差V_{t0}。

全球定位系统主要由空间段、控制段和用户段组成。

1. 空间段

空间段即卫星星座，用户根据卫星进行距离测量。卫星发射进行距离测量的伪随机噪声。GPS只发射信号，而用户只能接收信号，因此GPS对用户来说是无源系统，GPS卫星发射的测距信号由包含卫星位置信息的数据进行调制。如图6-10所示，每颗GPS卫星在轨道上的运行周期为11h58min，轨道形状接近圆形，且相对于赤道的倾斜角设定为55°，卫星在轨道上以60°的间隔均匀排列，轨道半径约为26600km。GPS卫星星座通常由24颗或更多的活跃卫星组成，分布在六个地心轨道平面中，以保证每个平面至少有四颗卫星为全球用户提供全天候的导航和时间定位服务。

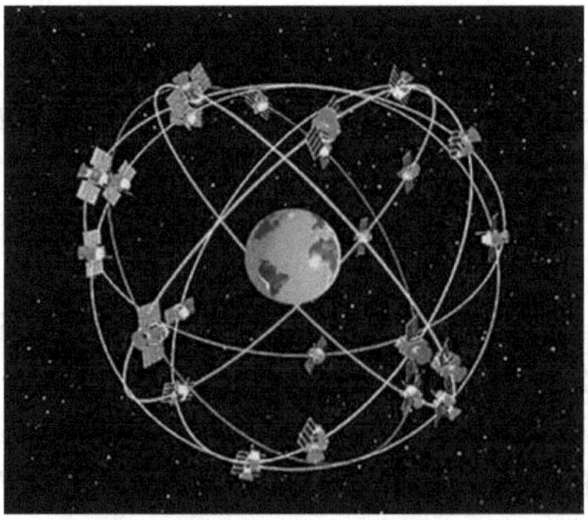

图6-10　GPS卫星星座

2. 控制段

控制段主要负责维护卫星和维持其正常功能。GPS 的控制段主要包括 1 个主控站、3 个注入站、5 个监测站。

主控站是 GPS 控制段的核心，它配备有精密时钟，作为 GPS 的时间基准，主要负责卫星的轨道控制和时间同步。它通过地面接收机接收来自 GPS 卫星的数据，包括卫星的位置、速度和健康状态等信息。主控站设有计算中心，计算中心利用这些数据计算卫星原子钟的时差、电离层和对流层的校正参数等，以确保卫星在正确的轨道上运行，并进行必要的调整。

主控站的主要职责包括：①轨道监控，实时监测每颗卫星的轨道和位置，确保其在预定轨道内；②卫星健康检查，定期检查卫星的状态，包括电池、电源和通信系统，确保其正常运行；③数据上传，向卫星上传必要的导航信息和系统参数，以保持其功能正常；④时间同步，确保卫星的时钟与标准时间保持一致，保证定位精度；⑤启用备用卫星，以替代失效的 GPS 卫星。

GPS 注入站接收来自主控站的导航电文和卫星控制指令。这些导航电文通常包括预报的卫星轨道参数(即卫星星历表)、卫星时钟偏差参数以及轨道和钟差的改正参数等。卫星控制指令则包括有效载荷控制指令和卫星平台控制指令，当 GPS 卫星通过注入站的视界时，注入站会接收并跟踪此卫星，然后以高传输速率向其发送存储的该卫星的数据，注入卫星的数据存储器中。

监测站分布在全球各地，主要用于持续跟踪 GPS 卫星的信号。它们接收卫星发出的信号，并记录信号的到达时间和强度等信息，以便进行分析，是直接受主控站控制的数据自动采集中心。在主控站的控制下，监测站跟踪所有在其视场范围内的 GPS 卫星。它们会定期测量与每颗卫星的距离，这些测量数据对于确定卫星的精确轨道至关重要，并将收集到的所有卫星测量数据和气象数据定期发送给主控站。

3. 用户段

用户段主要由用户设备和相关应用构成，这些设备通常是各种 GPS 接收机，可以是便携式导航设备(常见于汽车导航、手持 GPS 等)、智能手机(现代手机普遍集成了 GPS 功能，支持定位服务)或者专业测量设备(如测绘仪器，提供高精度定位)，负责处理来自卫星的 L 波段信号，以确定用户的位置、速度和时间(PVT)。确定 PVT 是 GPS 接收机的主要功能，此外，它还可以用于测量载体的航向角、俯仰角和横滚角，或作为定时源。

GPS 接收机的基本结构分为接收单元和天线单元。接收单元主要负责接收来自 GPS 卫星的高频电磁信号。一般而言，天线单元需要具备良好的增益特性，以确保能够有效捕捉微弱的卫星信号。控制设备则负责处理信号和信息，一般包括信号调制与解调模块(将接收到的信号进行解调以提取出其中的信息，这一过程涉及对信号的放大和滤波，以去除噪声和干扰)、定位计算单元(GPS 接收机的核心部分，负责计算用户的位置，根据解调后的信号，利用三角测量的方法计算与多颗卫星的距离，并最终确定用户的经纬度和高度)、时钟系统(用于提供精确的时间基准，尽管 GPS 卫星自带高精度原子钟，但接收机也需要同步这些信号以进行准确的定位)和数据输出接口(将定位结果传递给用户或其他设备，通过串口、USB 接口或蓝牙等方式实现，以便与导航软件或其他应用进行交互)。

GPS 信号是 GPS 卫星向用户发送的调制波信号，主要由载波、伪随机噪声码(PRN)和数据码三部分组成。其时钟频率为 10.23MHz，载波位于微波的 L 波段(22cm)，GPS 信号采用的是直接序列扩频(DSSS)技术。通过将信息信号与一个伪随机噪声(PN)序列进行相乘，扩展了信号的带宽，这种方式提高了信号的抗干扰能力和对多径效应的抵抗力。伪随机噪声码是一种具有特定周期和编码规则的离散符号串，具有良好的自相关特性，GPS 信号中使用了两种伪随机噪声码：C/A 码和 P 码(军事应用，也称 Y 码)。C/A 码用于民用，码长为 1023，码速率为 1.023MHz，测距精度为 2～3m；P 码用于军事，码长为 6.1871×10，码速率为 10.23MHz，测距精度为 0.3m。数据码则调制在载波上，内容是导航电文，包括卫星星历、时钟参数等信息，用于接收端计算位置和时间。

美国国防部实施了选择可用(selective availability, SA)和反电子欺骗(anti-spoofing, AS)政策来保证其安全性。SA 政策是一种人为干预措施，通过故意引入误差来限制民用 GPS 信号的精度。它主要用于防止敌对势力利用 GPS 进行精确定位，对 GPS 卫星基准频率施加随机抖动信号，导致所有派生信号出现随机抖动，增大时间测量误差，降低定位和测速精度；人为降低卫星星历中轨道参数的精度，进一步影响定位和测速精度，将其原有的 14m 定位误差、每秒几厘米的速度误差放大，以此保护军事应用。

AS 政策指的是防止恶意用户通过伪造 GPS 信号来欺骗接收机的措施。这样的欺骗可能会导致接收机获取错误的位置数据。其旨在保护 P 码，AS 通常通过加密信号和使用更复杂的调制技术来实现。只有经过授权的接收机才能解码和使用这些信号，从而提高了抗干扰和抗伪造能力。

4. 导航电文

每颗 GPS 卫星发射两个 L 波段的扩频载波信号：L1 信号的载波频率为 1575.42MHz；L2 信号的载波频率为 1227.6MHz。每颗卫星的 L1 信号均使用二相相移键控，由 C/A 码(粗码)和 P 码(精码)两个 PRN 调制。每颗卫星的 L2 信号均只有 P 码调制。GPS 的 C/A 码和 P 码信号中调制了 50bit/s 的数据，这些信息对于用户精确计算每颗可见卫星的位置以及导航信号的传输时间至关重要。GPS 导航电文通过五个 300bit 的子帧进行发送。每一帧的最后 6bit 用于奇偶校验，五个子帧依次从子帧 1 开始发送。子帧 4 和 5 各包含 25 页，因此在五个子帧的首次循环中会广播子帧 4 和 5 的第 1 页。在下一次循环中，则会广播子帧 4 和 5 的第 2 页，如此类推。每个子帧的前 60bit 包含遥测(TLM)数据和一个交接字(HOW)。TLM 部分包括一个固定的报头 10001011，以及仅对授权用户有意义的 14bit 数据。HOW 表示 GPS 周期内的秒数，以 6s 为周期，对应于下一子帧起始的边沿，使得用户能够从 C/A 码“交接”到 P 码跟踪。子帧 1 提供自 1980 年 1 月 5 日起经过的星期数，以 1024 为模，并且还提供卫星时钟修正数据及基准时刻，这些信息对于精密测距非常关键。子帧 2 和 3 则包含开普勒轨道根数，子帧 2 还包括一个拟合间隔标志和数据偏移龄期项。子帧 4 的第 2～5 页和第 7～10 页以及子帧 5 的第 1～14 页，包含第 1～32 颗卫星的历书数据轨道根数，使用户设备能够确定其他卫星的近似位置，以便辅助捕获。图 6-11 所示为 GPS 导航电文格式。

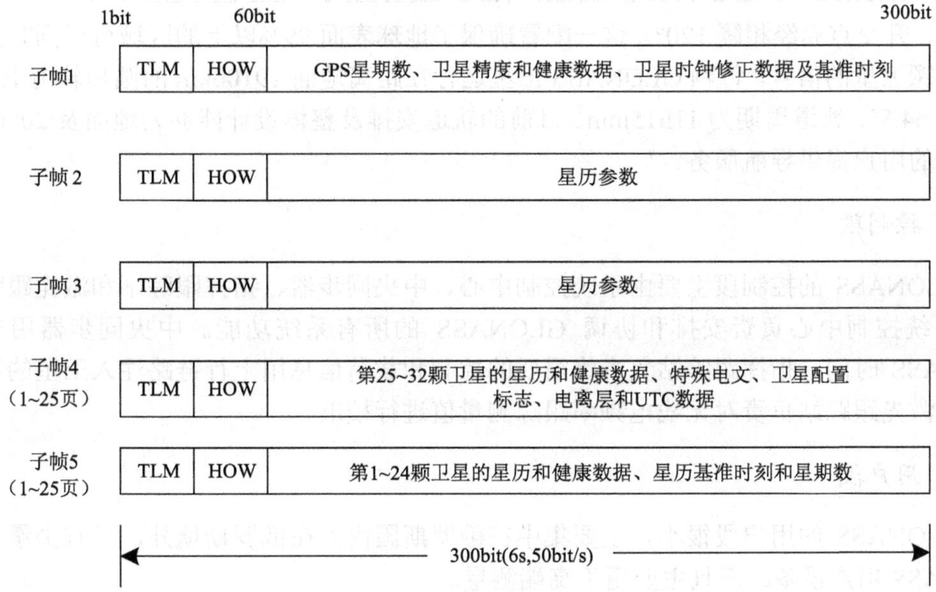

图 6-11　GPS 导航电文格式

5. GPS 信号

传统 GPS 广播的信号主要包括 C/A 码和 P 码，现代 GPS 信号还包括 L2C 信号、L5 信号、叠加在 L1 和 L2 上的 M 码，具体特性见表 6-2。

表 6-2　GPS 信号具体特性

信号	中心频率/MHz	调制类型	数据率/(bit/s)	主瓣零点带宽/MHz
L1C/A 码	1575.42	BPSK-R(1)	50	2.046
L1P(Y)码	1575.42	BPSK-R(10)	50	20.46
L2P(Y)码	1227.6	BPSK-R(10)	50	20.46
L2C	1227.6	BPSK-R(1)	25	2.06
L5	1176.45	BPSK-R(10)	50	20.46
L1M 码	1575.42	BOC(10，5)	—	30.69
L2M 码	1227.6	BOC(10，5)	—	30.69
L1C	1575.42	BOC(1，1)	—	4.092

6.3.3　GLONASS 系统

格洛纳斯(GLONASS)是俄语的全球导航卫星系统的缩写，主要为民用和军用用户提供位置、速度和时间信息。

1. 空间段

GLONASS 卫星星座由 21 颗在役卫星和 3 颗备用卫星组成，全部均匀分布在三个轨道平面上，升交点赤经相隔 120°。这一配置确保了地球表面 99%以上的区域可以同时接收到至少 5 颗卫星的信号。每颗 GLONASS 卫星运行在距离地面 19100km 的圆形轨道上，轨道倾角为 64.8°，轨道周期为 11h15min。目前的轨道安排及整体设计能够为地面及 2000km 高度以下的用户提供导航服务。

2. 控制段

GLONASS 的控制段主要由系统控制中心、中央同步器、指挥跟踪站和激光跟踪站组成。系统控制中心负责安排和协调 GLONASS 的所有系统功能。中央同步器用来形成 GLONASS 时间。指挥跟踪站负责将需要的控制和载荷信息用上行链路注入卫星的星上处理器。激光跟踪站负责对无线电频率跟踪测量值进行校准。

3. 用户段

GLONASS 的用户段很小，主要集中在俄罗斯国内。在俄罗斯境外，只有少量型号的 GLONASS 用户设备，而且主要用于高端测量。

4. 导航电文

GLONASS 提供两种类型的导航电文。C/A 码导航电文通过模 2 运算与卫星的 C/A 码结合，P 码导航电文则通过模 2 运算与卫星的 P 码结合。这两种电文的传输速率均为 50bit/s，主要用于传递卫星星历和频道分配的信息。GLONASS 接收机可以基于这些星历信息精确计算每颗卫星在任意时刻的位置。

(1) C/A 码导航电文：一种用于民用和商用的伪随机噪声码，主要用于捕获和跟踪卫星信号。每颗 GLONASS 卫星会发送 C/A 码，其码速率为 511kHz，码长为 511bit，码周期为 1ms。C/A 码是通过一个 9 级最长移位寄存器产生的。一个完整的导航电文由一个超帧组成，而每个超帧由 5 帧组成，每帧又由 15 个串(相当于 GPS 的子帧)组成。每个串的前 1.7s 用于传送数字信息和检验码，共 84bit(恒为零的第 85 位用作时标码补充位)，每个信息码元宽度为 20ms。最后 0.3s 用于发送时间标识码，其是一个截短伪随机序列，码元宽度为 30bit，周期为 10ms。

(2) P 码导航电文：一种用于军用的伪随机噪声码，其定位精度高于 C/A 码。GLONASS 卫星也会广播 P 码导航电文，P 码导航电文的内容与 C/A 码导航电文类似，也包含卫星的轨道根数、卫星工作状态参数、时间系统参数、卫星历书等数据。但由于 P 码的保密性，其导航电文的详细格式和内容可能不对外公开。该电文由 72 帧组成的超锁构成，每帧包含 5 行数据，每行同样为 100bit。每帧的广播时间为 10s，因此完整的超帧需要 12min 才能播送一次。前三行包含被跟踪卫星的详细星历，其余行则提供其他卫星的近似星历信息。为了获得 24 颗卫星的完整星历，需要读取全部 72 帧，这一过程同样需要 12min。

5. 系统精度

GLONASS 提供两个精度等级。高精度服务仅提供给俄罗斯军方，而精度较低的服务供民用。军用服务提供的精度类似于 GPSPPS(GPS 精密定位服务)的技术规范，水平大约为 20m(2DRMS，95%概率)，垂直大约为 34m(2σ)。GLONASS 民用精度：水平为 100m(2DRMS，95%概率)，垂直大约为 150m(2σ)，速度为 15cm/s(2σ)。

6.3.4 GALILEO 系统

在 20 世纪 90 年代初，欧洲提出了一个名为欧洲静止轨道导航重叠系统(EGNOS)的计划，随后启动了下一代全球导航卫星系统——伽利略(GALILEO)计划。GALILEO 系统的设计旨在满足多样化的用户需求，因此定义了一系列代表性的服务和其主要特征。

1. GALILEO 提供的服务

GALILEO 提供了五种基准服务：开放式服务、商业服务、生命安全服务、公共特许服务以及对搜索与救援的支持。

(1) 开放式服务：此项服务免费提供位置、速度和时间信息，适用于机器人导航和移动通信等领域。

(2) 商业服务：通过专用信号传输增值数据，此服务支持高精度定位应用的开发。通常由 GALILEO 运营公司与第三方服务提供商合作，提供如天气预警、交通信息和地图更新等服务。

(3) 生命安全服务：专为对安全性要求极高的用户设计，如海运、航空和铁路运输行业的用户。该服务以未加密形式提供，同时确保信号经过认证，确认确实来自 GALILEO 系统。

(4) 公共特许服务：此服务仅向政府授权的用户提供，信号经过加密，访问权限通过政府许可的安全密钥机制进行管理。

(5) 对搜索与救援的支持：GALILEO 卫星星座配备转发器，能够将遇险信标的警报传递给 SAR 组织。此外，系统还可以与这些组织接口，向用户反馈救援行动的进展情况。

2. 空间段

GALILEO 空间段由 30 颗卫星组成，包括 27 颗工作卫星和 3 颗备用卫星，30 颗卫星均匀分布在 3 个等间隔的、标称倾角为 56°的轨道面上，轨道对地高度是 23222km。每个轨道面上包括 9 颗工作卫星和 1 颗备用卫星，标称夹角为 40°。这样每个轨道面上都有一颗备用卫星，一旦星座中有工作卫星出现故障，就能够迅速用备用卫星替换故障卫星。

3. 地面段

GALILEO 的地面段由两大地面系统组成：地面控制段和地面任务段。地面控制段将完成所有与卫星星座命令和控制有关的功能。

星座管理处理 GALILEO 卫星星座的位置分布、维护和补给的所有方面。

卫星控制监测和控制单个卫星常规平台和有效载荷的运行情况，或发生意外事故时计划外的重要操作。

地面任务段实现的功能是提供主要的 GALILEO 服务。

4. 用户段

用户段主要指用户接收机。在 GALILEO 系统中，接收机通常会同时接收来自 GPS 和 GLONASS 的导航信号，从而构成一种复合式卫星导航系统接收设备。

5. 频率和信号

GALILEO 可以在 1164～1215MHz(E5 频段)、1260～1300MHz(E6 频段)和 1559～1592MHz(E2-L1-E1 频段)的频率区间内提供六种右旋圆极化的导航信号，这些频段在国际电信联盟中分配用于无线电导航卫星服务。每一颗 GALILEO 卫星都会广播六种不同的导航信号，分别命名为 L1F、L1P、E6C、E6P、E5a 和 E5b。

6.3.5 北斗卫星导航系统

北斗卫星导航系统(BDS)，又称为 COMPASS，是我国自主研制的全球卫星导航系统，也是继 GPS、GLONASS 之后的第三个成熟的卫星导航系统。北斗卫星导航系统可在全球范围内全天候、全天时为各类用户提供高精度、高可靠的定位、导航、授时服务，并且具备短报文通信能力，用户可以通过卫星发送短报文信息，满足无网络环境下的通信需求。

1. 发展历程

自 20 世纪 80 年代伊始，我国着手探索符合本国国情的卫星导航系统发展路径。北斗卫星导航系统的发展经历了三个阶段。

第一阶段，建设北斗一号导航系统，又称北斗卫星导航试验系统。北斗一号导航系统工程的建设自 1994 年启动，到 2003 年建成，系统包括三颗地球静止轨道卫星。北斗一号导航系统仅为中国地区提供服务。

第二阶段，建设北斗二号导航系统。自 2004 年起，我国开始了北斗二号导航系统工程的建设；到 2012 年底正式建成，共计发射并组网 14 颗卫星。北斗二号导航系统能够为整个亚太地区提供服务，在保持与北斗一号导航系统技术兼容的同时，新增了无源定位技术，为用户提供包括定位、测速、授时在内的多项服务。

第三阶段，建设北斗三号导航系统。自 2009 年起，我国开始了北斗三号导航系统工程的建设； 到 2020 年 7 月 31 日，北斗三号全球卫星导航系统正式宣告开通。北斗三号导航系统由 30 颗卫星组成，能够为全球用户提供服务，标志着北斗系统的全面完成。

2. 服务及性能

北斗卫星导航系统能够在全球范围内提供基本导航服务，在部分区域内提供短报文通信功能，并支持星基增强、国际救援以及精密单点定位服务。

基本导航：服务范围为全球用户，信号精度优于 0.5m，全球定位误差在 10m 内，授时误差低于 20ns，测速误差低于 0.2m/s。

短报文通信：包括区域短报文通信和全球短报文通信，在地面通信网不可用的情况下仍能保证通信的稳定性。

星基增强：通过卫星向用户发放修正信息，提升卫星导航的定位精度。支持单频和双频多星基增强服务模式，主要应用于民航领域。

国际救援：遵循国际海事组织及国际搜救卫星系统的规范，为遇险人员提供搜救支持。

精密单点定位：向亚太地区用户提供动态分米级、静态厘米级的高精度定位服务。

3. 系统组成

北斗卫星导航系统由三部分构成，分别为空间段、地面段和用户段。

空间段：包括地球静止轨道卫星、倾斜地球同步轨道卫星和中圆地球轨道卫星，负责发送卫星信号。

地面段：卫星系统的地面管理设备，包括主控站、监测站等地面设施，负责接收和处理卫星信号并反馈回卫星。

用户段：所有能接收卫星信号并通过卫星信号获取自身位置的设备都属于用户段，如芯片、天线等基础设施，终端设备、应用服务等用户产品。

6.3.6 卫星导航系统的应用

卫星导航技术已在全球范围内广泛应用在地理测绘、车辆导航、时间同步、航空军事以及大众消费市场等各项领域。机器人卫星导航系统的最新应用涵盖了多个领域，展现了其在提高机器人自主性和智能化水平方面的显著成效。

1. 物流领域

1) 自主配送机器人

在物流配送领域，机器人卫星导航系统使得自主配送机器人能够准确地定位收货地址，规划最优配送路径，实现快速、高效的货物配送。通过实时更新位置信息，机器人能够在复杂的城市环境中自主导航，提高配送效率。

车辆监控调度系统借助全球卫星导航系统，将行驶中车辆的位置信息提供给监控中心，由监控中心进行可视化监控、检索与分析，从而有效地调度与管理车辆。

车载导航系统将卫星导航、地图信息和汽车硬件设施相结合，能够在屏幕上显示车辆的实时运动信息，为驾驶员实时提供道路导航。

2) 仓储管理

在仓储管理中，机器人卫星导航系统可以引导搬运机器人实现货物的精准搬运和存储。通过高精度的定位，机器人能够准确地找到货物所在位置，并将其搬运到指定地点，实现仓储管理的自动化和智能化。

2. 农业领域

1) 精准农业

在农业领域，机器人卫星导航系统可以引导农业机器人实现精准播种、施肥和收割。通过卫星导航系统的定位功能，农业机器人可以准确地确定播种、施肥和收割的位置，提高农业生产效率。同时，机器人还可以根据土壤状况、作物生长情况等因素进行智能决策，实现精准农业管理。

2) 农业资源管理

机器人卫星导航系统还可以用于农业资源的实时监测和管理。通过卫星导航系统获取农田的地理位置信息，结合遥感技术和物联网技术，可以实时监测农田的土壤湿度、作物生长状况等数据，为农业生产提供科学决策支持。

3. 救援领域

地理数据采集是 GNSS 的基本用途之一。在土地、勘探等领域，需要获取样本点的位置信息；在电力、水利、石油、铁路等行业，需要明确管线的布局；在房地产、巡查等方面，则需要获取目标区域的面积及飞行轨迹信息。

通过机器人进行地理数据采集可以满足各领域对地理数据的需求。在灾难救援中，机器人卫星导航系统发挥着重要作用。救援机器人通过卫星导航系统快速定位受灾区域，为救援人员提供准确的信息支持。同时，机器人还可以进入危险区域进行侦察和搜索，降低救援人员的安全风险。例如，在地震救援中，救援机器人可以利用卫星导航系统规划最优路径，快速到达受灾现场，为救援工作提供有力支持。

4. 航空和航海应用

1) 航空应用

为了弥补传统基于地面的空中交通管理系统存在的缺陷，应对不断增加的飞机运输需求，同时顺应飞机运行里程延长与速度提升的趋势，国际民航组织决定推行一套基于卫星导航和通信技术的全新空中交通管理体系。2005～2010 年，在全世界范围内逐步淘汰旧系统；新系统在 2010 年后成为唯一的空中交通管理体系。

2) 航海应用

1992 年起，《全球海上遇险与安全系统》正式实施，该系统由国际海事组织提出，旨在借助卫星导航系统改进海上遇险和安全通信，并作为现有常规海上通信体系的补充。该系统通过引入卫星导航系统，有效改善了原系统在定位时的不足。

水路运输是世界范围内最为常用的运输途径，同时保证效率和安全性是水运的关键问题。为了减少航线冲突问题，使航路通行效率最大化，卫星导航技术广泛应用于船舶航行中，不但确保了船只安全，还提升了运输效率[15]。

机器人卫星导航系统的最新应用展示了其在提高机器人自主性和智能化水平方面的显著成效。未来随着技术的不断进步和创新，机器人卫星导航系统的应用将更加广泛和深入，为人类社会的发展带来更多的便利和效益。

6.4　视觉 SLAM 导航系统

机器人视觉 SLAM 导航广泛应用于机器人自主导航、辅助驾驶、增强现实、三维重建等场景。同激光 SLAM 导航相同，视觉 SLAM 导航也包含建图和导航两部分，其中视觉导航部分与激光 SLAM 导航的整体框架相同，区别主要是建图所用到的算法不同。视觉建图主要使用 RTAB-Map (for real-time appearance-based mapping) 开源库进行，然后基于导航框架进行导航仿真或控制机器人导航[16]。

6.4.1　视觉 SLAM 导航系统的基本原理

SLAM 技术的研究主要分为激光 SLAM 和视觉 SLAM，前者基于便携式激光测距仪，后者基于计算机视觉。视觉 SLAM 系统具有成本低、安装简便等优点，相较于激光 SLAM，能够获取环境中的大量纹理以及色彩信息，提取更多的特征信息，具有更好的场景辨识能力。视觉 SLAM 可细分为单目 SLAM、RGB-D SLAM、立体视觉 SLAM 等，它们采用的视觉传感器有所差异。单目 SLAM 中仅使用单目相机；RGB-D SLAM 在单目 SLAM 的基础上额外添加红外传感器；立体视觉 SLAM 中通过部署不同角度的多台相机实现立体视觉[17]。

视觉 SLAM 系统包括建图与定位两个主要任务。建图用于获得特征点在环境中的空间分布，定位用于获得相机本体的姿态及运动路径。

在视觉 SLAM 系统中，位于前端的视觉里程计主要负责估计运动轨迹，将获取的图像数据转换为相机姿态，并将这一转换结果输入后续处理流程中。后端则对前端输出的相机姿态进行进一步优化，通常采用非线性优化来同时处理一组姿态。回环检测用于检测相机是否回到了之前所处的场景，以此来消除累积的误差。建图则涉及存储相机的姿态信息、运动路径以及环境信息。上述模块为视觉 SLAM 系统不可或缺的组成部分。

视觉SLAM经典方法主要包括基于特征点法的视觉SLAM和基于直接法的视觉SLAM两大类[18]。

1. 基于特征点法的视觉 SLAM

MonoSLAM 是一种单目 SLAM 算法，它利用扩展卡尔曼滤波(EKF)算法对环境特征点进行建图。该地图对于单目特征初始化问题表现出良好的稳定性，但是当需要更详细的环境细节进行定位时，这种算法无法满足需求。为了解决视觉 SLAM 中存在的线性不确定性，研究人员开发了无迹卡尔曼滤波(UKF)算法。基于粒子滤波的单目 SLAM 算法能够建立更为精准的地图，但该算法计算耗时久，不适用于大规模环境中。后来，有研究者提出了一种基于关键帧的单目 SLAM 算法。这种算法通过非线性优化代替 EKF，从而降低了机器人定位的不确定性。然而该算法在全局优化上存在缺陷，同样限制了其在大规模环境中的适用性。

2015 年，研究人员提出了 ORB-SLAM，这是一种基于特征点的单目 SLAM 系统，能够实时估计三维特征位置并建立环境地图，定位精度较高。然而，该算法的计算负担较大，并且生成的地图仅能满足定位需求，不适用于导航或避障功能。为了解决这些问题，研究者提出了改进的 ORB-SLAM2，该算法同时适用于立体相机。但是，ORB-SLAM2 依赖大规模数据集生成词汇进行训练，这一过程在词汇量庞大时非常耗时，还可能会产生大量的冗余数据。

2. 基于直接法的视觉 SLAM

基于直接法的视觉 SLAM 算法以 RGB 图像为输入，通过图像中的像素信息估计相机运动轨迹，并建立环境地图。

DTAM 从视频中提取多帧静态场景来增强单个数据点的信息精度，生成实时的深度地图。这种算法的计算复杂度较高，并且不适用于处理局部光照变化。

LSD-SLAM 构建的环境地图能够提供更加丰富的环境信息。不过，该算法对相机的参数设置十分敏感，并且需要利用特征点来进行回环检测，这意味着它不适用于光照条件不规则变化的环境。

SVO 是一种结合了特征点与直接法的半直接法视觉里程计，具有较低的时间复杂度。然而，由于省略了后端优化与回环检测，该算法在位姿估计过程中会逐渐累积误差，因此在失去位置信息后难以实现有效的重定位。

DSO 同样是一种半直接法视觉里程计，能够直接对光度误差进行优化，该算法在无特征区域中依然保持鲁棒性。不过，DSO 同样省略了回环检测的过程。

当前，大多数的研究集中在光线充足的静态环境情况。然而，在实际应用场景中，往往存在大量的动态元素，如行人或其他移动物体。为避免对定位和回环检测造成影响，需要从地图中过滤并移除动态行人或物体等特征点，因此在动态环境下开展 SLAM 研究也十分重要[19]。

RD-SLAM 是一种实时单目 SLAM 系统，基于关键帧的在线表示与更新算法，能够应对缓慢变化的动态环境，具备检测环境变化并及时更新地图的能力。

DS-SLAM 是一种语义视觉 SLAM 系统，将运动特征点检测及语义信息相融合，去除每帧中的运动对象，从而提升位姿估计的准确度。

MaskFusion 是一种实时语义动态 RGB-D SLAM 系统，能够感知场景中的对象。该算法可以在运动中重建场景时识别场景中的不同物体，并对物体进行分类。

StaticFusion 是一种面向动态环境的 RGB-D SLAM 系统，可以在检测运动目标的同时重建场景地图。但需要注意的是，若初始几帧内存在大量运动物体，会导致初始静态场景地图的准确性下降。

DynaSLAM 是一种在动态环境中利用静态地图的 SLAM 系统，能够修复因移动物体遮挡而导致的场景部分缺失，生成场景的静态地图。

6.4.2　视觉 SLAM 导航系统的组成

1. 视觉 SLAM 导航框架

视觉建图主要使用的传感器是相机。相机根据工作方式不同，可以分为单目相机、双目相机和深度相机三大类。RTAB-Map 通过深度(RGB-D)相机采集图像或图形，利用算法和框架来进行地图的构建。经典视觉 SLAM 框架如图 6-12 所示，包括以下五部分。

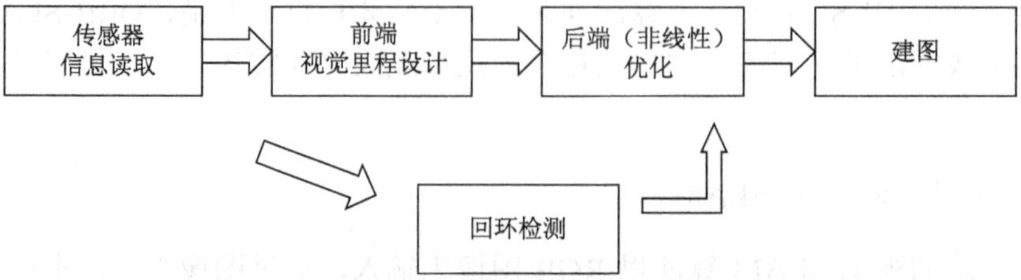

图 6-12　经典视觉 SLAM 框架

(1) 传感器信息读取。在视觉 SLAM 系统中，此步骤主要涉及相机图像信息的读取与预处理。

(2) 前端视觉里程计设计。通过图像信息计算相机的运动状态。

(3) 后端(非线性)优化。接收视觉里程计的计算结果以及回环检测的结果，并通过非线性优化处理得到相机的运动轨迹和环境地图。

(4) 回环检测。用于识别机器人是否重返了之前访问过的位置，以修正累积误差。

(5) 建图。根据计算的运动轨迹，建立与任务要求对应的地图。

2. 基于 RTAB-Map 的视觉建图过程[20]

视觉建图过程是采用 RTAB-Map 开源库控制机器人在实际场景中运动来完成建图并保存地图的过程。RTAB-Map 是一种基于具有实时约束的全局闭环检测器的 RGB-D SLAM 方法。该软件包可用于生成环境的 3D 点云或创建用于导航的 2D 占用网格图。RTAB-Map 可以支持视觉和激光 SLAM，允许用户使用不同的机器人和传感器实现并比较各种 3D 点云和 2D 占用网格图的解决方案。建图的具体过程如下。

(1) 确定机器人的运行场景，可以是室内、室外等场所。

(2) 在选定的场景中控制机器人的运动，完成建图工作。

(3) 保存地图。

为了更好地理解视觉建图，接下来将介绍 RTAB-Map 开源库的逻辑流程。RTAB-MapROS 节点的框架分为数据的输入、处理、输出三大部分。输入部分包括 TF、里程计信息、一种相机采集的图像(如一个或多个 RGB-D 图像或双目立体图像)且对相应的信息校准，2D 激光的雷达扫描或 3D 激光的点云为可选输入；处理部分以 RTABMapros/RTAB-Map 为中心，输入部分的所有消息被同步并传递给 graph-SLAM 算法进行处理；输出部分包括地图信息和图像，还可以有环境的 3D 点云或 2D 占用网格图。RTAB-Map ROS 各部分组件含义如表 6-3 所示。

表 6-3　RTAB-Map ROS 各部分组件含义

组件		说明
输入部分	RGB-D Image(s)	深度图像集(即深度相机采集的图像集)
	Stereo Image	立体图像(即双目相机采集的图像)
	TF	用于定义传感器相对于机器人底座的位置
	Odometry Node	里程计节点
	Odometry	里程计
	Laser Scan	激光扫描(来自雷达产生的数据集)
	Point Cloud	点云
处理部分	LTM(Long-Time Memory)	长时间记忆
	STM(Short-Term Memory)	短时间记忆
	Synchroinization	同步
	Loop Closure and Proximity Detection	回路闭合和邻近检测
	Graph Optimization	图形优化
	Global Map Assembling	全局地图汇集

续表

组件		说明
输出部分	Map Data	地图数据，包含最新添加的节点(带有压缩传感器数据)
	Map Graph	地图图像(没有任何数据的纯图像)
	TF	包含矫正过的里程计
	OctoMap	3D 占用栅格地图
	Point Cloud	点云(稠密的点云地图)
	2D Occupancy Grid	2D 占用网格图

为了满足实时性要求，回环检测策略通常仅采纳有限数量的特征点进行匹配，同时保留访问整个地图特征点的能力以备不时之需。当特征点数量增加到使匹配耗时超过预设阈值时，工作内存(WM)中形成回环可能性较低的特征点会转移到长时间记忆(LTM)中，这些转移的特征点将不会参与到后续的回环检测计算中。当检测到一个回环时，其相邻的特征点会重新放回至 WM，以便未来的回环检测使用。因此，从 WM 中选择特征点迁移至 LTM 就显得尤为重要。

RTAB-Map 的设计理念基于这样一种假设：频繁访问的特征点相较于其他特征点，更有可能参与回环的形成。因此，特征点被连续访问的次数可以作为评估其回环形成潜力的权重指标。在执行 WM 至 LTM 的特征点迁移时，算法会优先选取权重最低的特征点。若存在多个权重最低的特征点，则进一步依据它们在 WM 中的存储时长进行筛选，优先迁移存储时间最长的特征点。

在进行回环检测时，RTAB-Map 不会使用短时间记忆(STM)中的特征点，因为一般最新的特征点与其邻近的特征点相似度较高。当 STM 中的特征点数量达到其容量上限时，最早存储的特征点将转移至 WM 中。

6.5 本章小结

本章概述了智能机器人定位导航系统的关键技术，包括定位、环境建模、路径规划，以及多种导航系统，如惯性导航系统、卫星导航系统及视觉 SLAM 导航系统，并对各系统的原理、结构及应用进行了详细的阐述，为机器人自主导航提供了理论基础和实践指导。

6.6 习题

6-1　在二维平面中进行路径规划时，近似单元分解可以采用哪种表示法节约空间需求？

6-2　试分析 RRT 算法中导致生成路径曲折的主要原因。

6-3　试阐述惯性导航系统的分类及组成。

6-4　阐述北斗卫星导航系统的组成及其在机器人定位与导航中的应用。

6-5　视觉 SLAM 导航系统由哪些部分组成？各自的作用是什么？

6-6　根据视觉 SLAM 导航的原理，总结视觉 SLAM 导航的分类与应用。

6-7　对比几种不同导航系统的原理和特点，阐述北斗卫星导航系统的独特优越性。

第 7 章　机器人多传感器信息融合处理

机器人使用传感器对环境进行感知，但单一的传感器不能覆盖所有信息，因此多传感器信息融合可以将多个传感器获取的信息融合在一起，有效地弥补单一传感器的不足，获得更加完整和精确的信息，提高机器人对环境的感知、理解和决策能力。

现代机器人通常会装备多个传感器，并利用多个传感器的数据进行解算和处理，以获取机器人的当前状态并预测未来状态。随着研究的深入和技术的发展，多传感器信息融合(multi-sensor information fusion, MSIF)技术逐渐演变为一种信息综合处理手段，广泛应用于机器人、智能检测、自动控制和智能医疗等多个领域。这种技术通过整合来自不同传感器的数据，提升了系统的可靠性和智能化水平，使其在复杂环境中能更好地进行感知与决策。该技术对于促进机器人技术的智能化发展、自主化进步有着重要的作用，是协调系统中多个传感器数据、消除传感器之间矛盾、弥补传感器部署不足、降低传感器数据不确定性、提升感知系统可靠性、获得系统感知一致性信息的重要技术，目前广泛地应用在导航、定位、环境识别等领域。

智能多传感器信息融合架构

7.1　机器人多传感器信息融合的基本理论

信息融合的概念起源于 20 世纪 70 年代，最初是为了满足军事领域 C3I(指挥、控制、通信与情报)系统的需求，中文称为多源相关技术或多传感器信息融合技术。1983 年，美国国防高级研究计划局(DARPA)将多传感器信息融合确立为重要的研究课题。次年，美国国防部成立了一个专家小组，负责协调这一关键技术的系统研究，并在 1988 年将其列为 22 项关键技术之一。这标志着对多传感器信息融合技术在军事和防务领域的重要性和应用潜力的认可。与此同时，英国、日本、德国及欧洲共同体等国家或组织也开展了相关研究。我国在信息融合领域起步较晚，直到 1991 年海湾战争后，该技术才引起广泛关注，国内高校和科研机构对理论、系统框架及融合算法进行了大量研究，但在工程应用上仍面临许多技术挑战。

7.1.1　多传感器信息融合概述

多传感器信息融合技术的定义如下。

多传感器信息融合技术通过整合不同时间和空间的多传感器信息，并利用计算机对这些数据进行自动化分析与整合，旨在为目标对象提供一致且全面的解释与描述，支持系统的决策和估计任务。这种技术类似于大脑处理信息的方式，通过多层次、多维度的信息补充和优化组合，最终对观测环境形成统一的理解。在此过程中，合理运用多源数据尤为重要，融合的目的是从各传感器的独立观测中提取更多有用的信息，发挥多传感器协作的优势，同时整合其他数据源，提高整个系统的智能化水平。

多传感器信息融合技术主要涉及如下概念。

(1) 硬件同步是通过相同的设备同时触发各传感器的采集命令，从而实现数据采集的时间一致性，确保所有传感器在同一时刻采集信息。

(2) 时间同步则是由一个统一的主机为各传感器提供基准时间，各传感器基于校准后的独立时间为采集的数据添加时间戳。虽然时间戳同步确保了时间标记的一致性，但由于不同传感器的采集周期不同，仍难以在完全相同的时刻获取相同信息。

(3) 空间同步涉及将不同传感器的测量结果转换到同一个参考坐标系中。例如，在高速移动的情况下，LiDAR 的数据须考虑当前速度导致的位移误差并进行校准，以确保空间测量的一致性和准确性。

按照多传感器信息融合发生在信息传输过程中的位置，信息融合可以分为以下几种。

(1) 源端融合。源端融合又称感知融合，指数据在采集阶段即进行判断和识别，形成融合后的数据再输出。源端融合处理方法简单，待融合数据量小，因此源端融合的数据必须是同质数据、针对同一种物理现象进行的检测。

(2) 特征融合。特征融合又称中级融合，其融合的特点是对多传感器产生的数据进行特征提取，仅对兴趣特征进行融合处理。

(3) 决策融合。决策融合也称为高级融合，是指不同类型的传感器对同一目标进行观测，每个传感器在完成自身的基本数据处理后，将结果传递给决策层进行进一步的关联和处理。通过这种方式，可以综合来自各传感器的信息，得出更为准确和可靠的联合判断结果。这一过程能够提高系统的决策能力，尤其在面对复杂和动态环境时，能够有效整合多源数据，实现更优的性能和结果。

通过对多个传感器的信息进行综合处理，可以获得更为准确和全面的结果。与单一信源的处理方式相比，多传感器信息融合展现出以下显著优势。

(1) 提高测量精度。通过合理设计的融合算法，可以显著增强不同精度传感器组合后的整体测量准确性。

(2) 改进探测性能。融合后的信息提高了估计精度，使探测更加有效，同时传感器间的信息冗余提高了可信度。

(3) 扩大时空覆盖范围。不同传感器在时间和空间域的互补性经过融合后，可以有效扩展系统的探测范围。

(4) 增强态势感知和响应能力。综合多源信息后，能够提供更具体和详细的态势知识，从而支持更合理的推断和快速响应。

(5) 提升系统稳定性与可靠性。多传感器系统在面对单个传感器故障时，能保持更好的性能，并通过冗余信息降低不确定性。

(6) 降低系统成本。使用多个低成本传感器替代少数高成本传感器，结合合适的融合算法，能够获得更高质量的信息，降低整体系统成本。

多传感器信息融合技术正在不断发展，主要的发展趋势包括以下几个方面。

(1) 异构传感器融合：研究和开发能够融合来自不同类型传感器的信息的技术。

(2) 信息的不确定性处理：研究和开发能够处理传感器信息不确定性的技术。

(3) 分布式融合：研究和开发能够在分布式系统中进行融合的技术。

(4) 实时融合：研究和开发能够满足实时性要求的融合技术。

多传感器信息融合技术在机器人领域有着广泛的应用前景。随着多传感器信息融合技术在机器人领域中应用的不断深入，其标准化工作也越来越受到重视。目前，国际标准化组织(ISO)和国际电工委员会(IEC)等组织正在制定多传感器信息融合技术的标准，以促进技术的一致性和互操作性，加速其在机器人领域中的推广和应用。

7.1.2　多传感器信息融合的基本原理

信息融合技术的关键环节包括信息融合，涉及数据转换、相关性分析和融合计算等环节。作为其核心技术，融合计算负责验证、分析、补充、筛选和状态跟踪等多传感器信息的处理。此过程不仅需要对新生成的信息进行分析和整合，还旨在形成一种全面的态势评估，从而提高对被测对象状态的理解。通过这些步骤，信息融合能够将来自不同传感器的数据整合为一个更准确、更全面的结果，提升系统的性能与可靠性，并实时根据多传感器信息进行新的融合计算，修正态势预测。可见，信息融合可以视为一定条件下信息空间的一种非线性推理过程，该过程的输入条件是多传感器的检测信息构成的信息 M，也是信息融合的数据空间，输出是决策空间的信息 N，因此信息融合过程可以表述为

$$f: M \sim N \tag{7-1}$$

可见，信息融合过程中，主要涉及两个重要的方面：信息融合系统的推理过程由系统模型和融合算法共同完成。常见模型分为三类：结构模型、功能模型和数学模型。结构模型强调信息流动，描述系统的运行机制及其与外部信息的交互；功能模型则说明系统的整体功能，涵盖各子模块及其主要功能，以及模块之间的相互关系；融合算法和综合判断过程则通过数学模型加以体现。这三种模型相辅相成，为信息融合系统的有效运行提供了基础。

7.1.3　多传感器信息融合的结构

信息融合的结构主要根据实现目标估计级的融合来进行分类，通常包括集中式、分布式和混合式结构。这些结构各自具有不同的特点和适用场景。

1. 集中式多传感器信息融合结构

如图 7-1 所示，这种融合结构直接处理原始观测信息，将各个传感器收集到的数据传输至融合处理中心。在融合处理中心，数据将经过校验、关联和预测跟踪等步骤进行综合处理。这种集中式多传感器信息融合结构能够有效整合来自不同传感器的信息，提升系统的整体性能和决策能力。

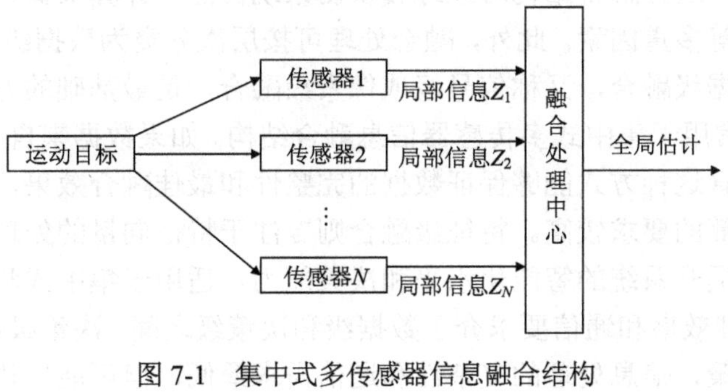

图 7-1　集中式多传感器信息融合结构

这种集中式多传感器信息融合结构在理论上认为是最佳融合方式，但在实际应用中，由于同一目标的观测信息难以区分，且对存储空间和处理器要求较高，其成本显著增加。此外，当融合处理中心出现故障时，系统的融合算法无法运行，从而影响整体稳定性。因此，尽管该结构处理精度较高，但在可靠性和成本方面存在明显劣势。

2. 分布式多传感器信息融合结构

如图 7-2 所示，该融合结构基于集中式处理结构，增加了局部预处理步骤。各传感器的观测数据在传送至融合处理中心前，先经过单独的预处理，最后在融合处理中心进行整合，形成全局估计。这种方式既保留了局部数据处理的优势，又通过中心的融合提升了整体性能，具备更高的处理效率和灵活性。

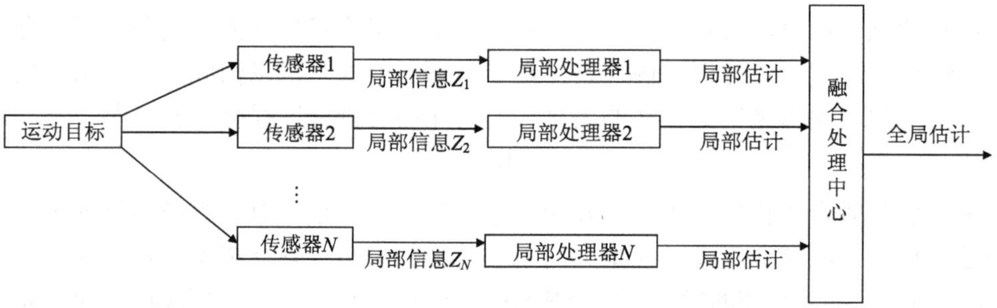

图 7-2　分布式多传感器信息融合结构

在分布式多传感器信息融合结构中，由于局部处理器对数据进行了初步处理，这种结构显著降低了融合处理中心的计算复杂度，并具备局部跟踪能力，具有较小的系统开销和更高的稳定性，因此在工程实践中得到了广泛应用。与集中式多传感器信息融合结构相比，分布式多传感器信息融合结构还有效减轻了通信负担，提高了信息处理的效率。

3. 混合式多传感器信息融合结构

如图 7-3 所示，这种融合结构兼具集中式与分布式的优势，既可融合传感器的原始数据，也能处理局部预处理后的矢量数据。它适应性较强，能够根据实际需求进行有效的融合，并保持较好的稳定性。然而，其处理过程复杂，要求较高的传输速率，且通信和计算成本较高。

在实际工程中，选择融合结构时须综合权衡系统性能、计算负荷、通信带宽、设备能力以及资金和时间等多重因素。此外，融合处理可按层次分类为数据级、特征级和决策级。如表 7-1 所示，数据级融合，又称信号级或像素级融合，是最基础的方式，直接处理传感器的原始数据，通常用于集中式多传感器信息融合结构。如果数据来自不同类型的传感器，则须进行配准。尽管这种方式能够保证数据的完整性和最佳融合效果，但由于处理数据量巨大，对通信和计算的要求较高。特征级融合则专注于特征向量的处理，通过这些特征进行身份判定，从而提升系统的智能化水平和决策能力，适用于集中式和分布式多传感器信息融合结构，其处理效率和通信要求介于数据级和决策级之间。决策级融合在判定层进行，处理高级推论与决策，信息处理的复杂性和通信需求最低，但可能导致数据损失，从而影响系统性能。

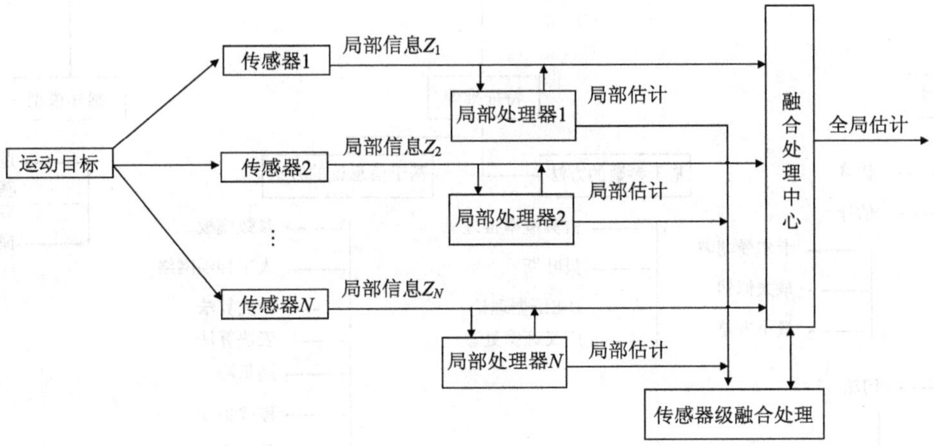

图 7-3　混合式多传感器信息融合结构

表 7-1　融合层次比较

融合模型	计算量	容错性	信息损失	精度	抗干扰性	融合方法	对传感器同质性要求	通信数据量	实时性	融合水平
像素级	大	差	小	高	差	难	大	大	差	低
特征级	中	中	中	中	中	中	中	中	中	中
决策级	小	好	大	低	好	易	小	小	好	高

在多传感器信息融合系统的工程应用中，选择最佳融合层次须综合考虑传感器性能、系统计算能力、通信带宽、精度要求以及预算等多方面因素。此外，在同一系统内，可能会在不同的融合层次上同时进行融合，以最大限度地提高系统的整体性能和准确性。这种灵活性使得系统能够根据具体需求和条件动态调整，达到最佳的融合效果。通常，融合层次越高，处理速度越快，但信息压缩量越大，导致的数据损失也会相应增加。

7.2　多传感器信息融合典型算法

目标估计中的信息融合算法主要分为几类。第一类算法集中于目标的检测、分类和识别，常见的分类包括物理模型、特征推理和感知模型，如图 7-4 所示。这些算法侧重于通过不同的模型或推理机制对目标进行分类与识别。第二类算法用于状态的估计与跟踪，如图 7-5 所示。该类算法主要用于实测数据与航迹的关联，其核心任务是数据配准。通过将目标与观测数据关联起来，能够精确估计目标的属性和位置。这些算法能够通过融合不同传感器的数据，提供更为全面和可靠的信息，从而支持实时决策和有效的跟踪管理。在动态环境中，这种处理尤为重要，因为它能够确保对目标的持续监控和及时响应。

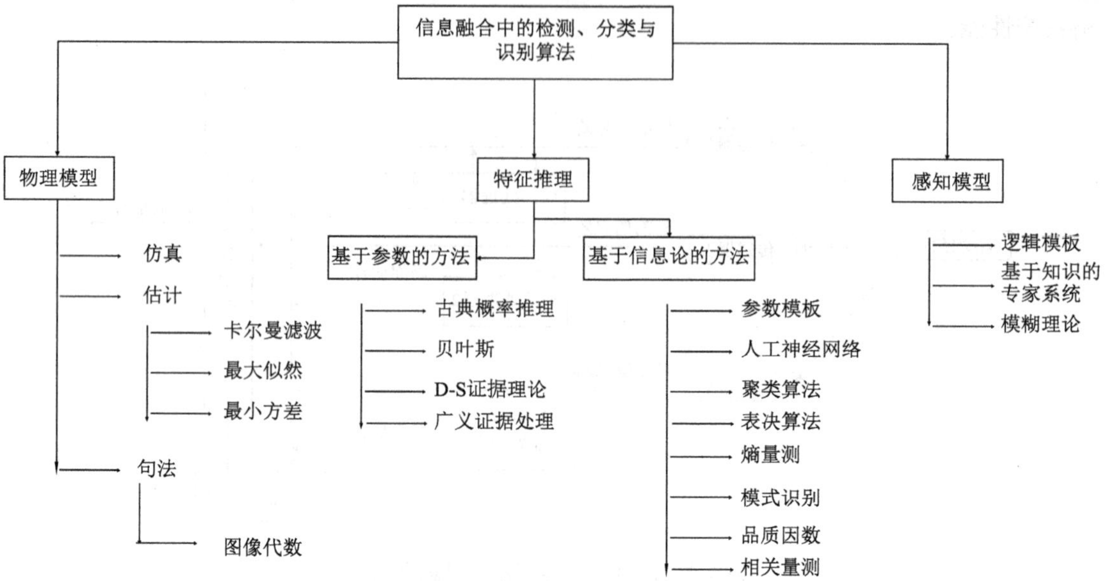

图 7-4　信息融合中常用的各种检测、分类、识别算法

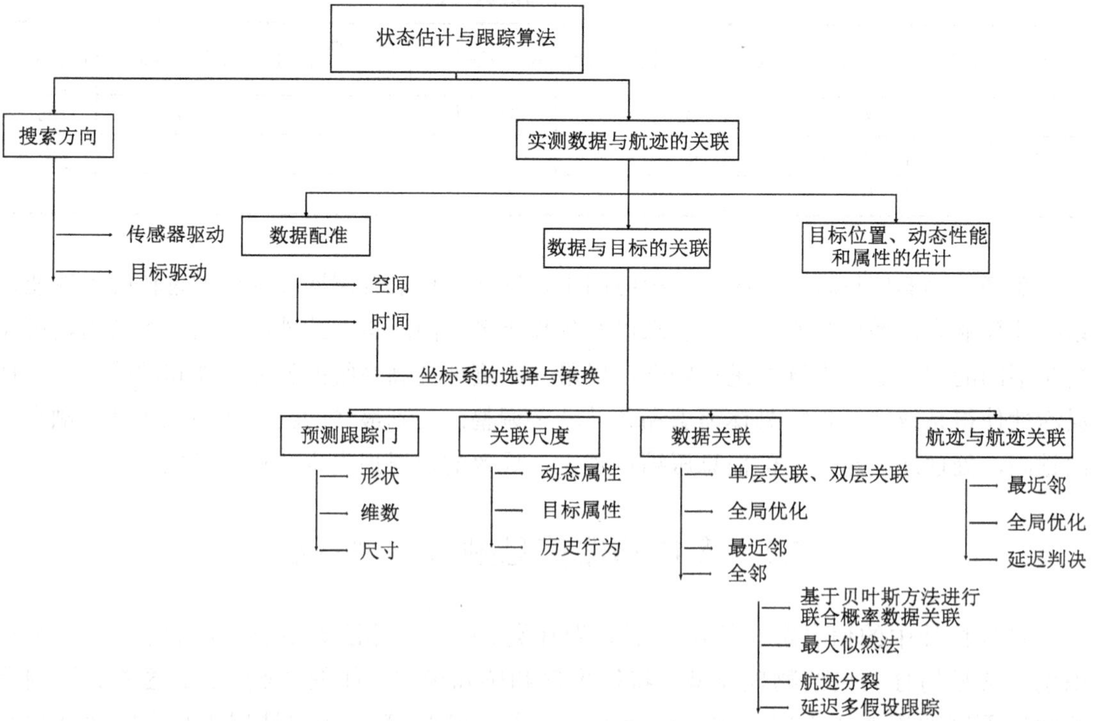

图 7-5　状态估计与跟踪算法的分类

此外，信息融合的算法可以进一步细分为随机类算法和人工智能类算法。随机类算法适用于各个融合层次，常用的随机分析算法有加权平均法、卡尔曼滤波法、证据推理法、产生式法则、贝叶斯推理等。这些算法利用概率统计理论处理不确定性，从而在融合过程中提高信息的可靠性和准确性。通过对传感器数据的动态处理，随机类算法能够有效地减

少噪声影响，增强系统的整体性能。而人工智能类算法通常应用于较高层次的融合，利用智能推理和学习能力来处理复杂的融合任务。这类算法能够在更复杂的环境中进行自适应决策和推断，提升系统的智能化水平。

表 7-2 是多个常见融合算法的简单比较。

表 7-2　多个常见融合算法的简单比较

框架	特点	功能	不足
概率统计理论	通过概率分布表示数据，并在贝叶斯框架中进行融合	能够有效处理不确定性数据，足以构建和理解模型	对不完整数据及其他问题的处理能力有限
证据理论	通过概率分布，利用可信度函数和似然函数对数据进行深度特征化，并在 D-S 融合规则下进行融合	可处理不确定性和模糊数据	不能处理数据不正确性和其他方面
模糊理论	通过模糊隶属函数表示模糊数据，并在模糊规则下进行融合	仔细观察处理模糊数据，特别是处理人为定义错误的数据	不能用于对高冲突数据进行融合
可能性理论	采用类似概率统计论和证据理论的方式表示数据，并在模糊框架内融合	在环境信息有限的情况下能够处理不确定信息的融合	仅适用于模糊数据的融合
粗糙集理论	通过显式地估计上下界处理模糊数据，并在经典集合框架内实现融合	不需要任何先验知识和附加信息	信息融合领域尚未被广泛应用且理解有限
混合方法	旨在全面处理数据中的缺陷问题	通过互补而非对立的方法构建融合框架	需要适当选择数据粒度
随机集理论	使用状态空间的随机子集表示不完整数据的多个维度	提供统一框架处理不完整数据的融合	需要特定的融合框架以兼容其他方法，计算量增加，作为较新的方法尚未出现

7.2.1　证据理论融合算法

基于贝叶斯理论的证据推理法以置信区间为基础，兼顾已知、未知、确定性与不确定性三个方面的特征，提出了一种新的基于概率的算法。与贝叶斯推理相比，证据推理法的优势在于不需要已知的先验概率，解决了贝叶斯推理对先验概率的依赖问题，使其成为在不确定环境中进行推理的有效工具。

D-S 证据理论起源于 20 世纪 60 年代，由哈佛大学数学家 A.P.Dempster 提出，他通过上下限概率来解决多值映射问题。1967 年，Dempster 发表了一系列论文，标志着证据理论的形成。随后，Dempster 的学生 G.Shafer 进一步完善了该理论，引入了信任函数，提出了一种通过“证据”和“组合”来处理不确定性推理的数学方法，这便是 D-S 证据理论的由来。该理论包括一些重要的基本定义和组合规则。

1. 识别框架

D-S 证据理论中的最基本概念是识别框架(frame of discernment) $\Theta=\{q_1,q_2,\cdots,q_n\}$，$\Theta$ 定义为一个由互不相容事件组成的完备集合，表示所有可能的答案或判别假设。这个集合中的元素互相排斥，但其中只有一个假设是正确的。在识别框架中，每一个子集都可以对应于一个具体的命题。当某个命题与识别框架的某个子集相关联时，框架就能够识别这个命题。通过将命题与子集相对应，可以将抽象的逻辑概念转换为直观的集合概念。识别框架的选取应确保所考虑的任何命题集都能够与该框架的幂集中的某个子集对应。

证据理论是对 2^{Θ} 中的元素进行运算的。2^{Θ} 表示由 Θ 的所有子集构成的集合，即所有可能的命题集：

$$2^{\Theta}=\{\{\varnothing\},\{q_1\},\{q_2\},\cdots,\{q_n\},\{q_1,q_2\},\cdots,\{q_1,q_n\},\cdots,\{q_{n-1},q_n\},\cdots,\{q_1,q_2,\cdots,q_n\}\} \tag{7-2}$$

证据理论的所有概念和函数都依赖于识别框架，证据的组合规则也必须在同一识别框架内进行，因此识别框架在证据理论中起着基础性的作用，它为推理和判断提供了统一的结构和基础。没有识别框架，证据理论的推理过程将无法进行，因为所有的证据、假设和组合运算都必须在这个框架下进行匹配和整合。

2. mass 函数/基本概率分配函数

定义 7-1 设 Θ 为识别框架，有 $m(X):2^{\Theta}\to[0,1]$，满足：

$$m(\varnothing)=0 \tag{7-3}$$

$$\sum_{X\subseteq 2^{\Theta}} m(X)=1 \tag{7-4}$$

$m(X)$ 称为命题 X 的基本概率分配函数(也称为质量函数或 mass 函数)。其作用是将 Θ 中的任意子集映射为[0,1]区间的一个数值 $m(X)$，用于表示对 X 的信任程度。式(7-3)说明了不可能事件的信任分配，式(7-4)则表明幂集 2^{Θ} 中所有假设的基本概率分配之和等于 1，从而确保了所有假设的信任分配符合归一性原则。

当 X 是 Θ 的单个元素时，$m(X)$ 表示对命题 X 的确切信任度；如果 X 包含多个元素，$m(X)$ 则表示对这些元素的部分信任分配；若 $X=\Theta$，则 $m(X)$ 表示缺乏信任分配的信息。例如，若 $\Theta=\{A,B,C\}$ 且 $m(A)=0.5$，则说明命题 A 的发生概率为 50%；若 $m(A,B)=0.5$，则表示命题 A 和 B 共同发生的概率为 50%，但具体的信任分配对 A 和 B 不明确；如果 $m(\Theta)=0.5$，则意味着在这 50%的信任分配中，对整体的认识仍然模糊。

$m(X)$ 是 2^{Θ} 上而非 Θ 上的信任分配，因此 $m(X)\neq 1-m(\bar{X})$，不满足概率的可加性；同时表明，基本概率分配函数不是概率，它们不必相等。

3. 可信度函数和似然函数

可信度函数(belief function)表示某个事件发生的可信度，它是该事件所有子集的概率之和，反映了人们对事件发生的确信程度。可信度函数越大，意味着对该事件发生的确信程度越高。似然函数(plausibility fuction)则表示该事件可能发生的可能性，它是所有与该事件交集不为空的子集的概率之和，反映了事件可能发生的范围，强调的是事件发生的潜在可能性而非确信度。两者都用于处理不确定性，但可信度函数注重确信度，似然函数注重可能性。

定义 7-2 设 Θ 为识别框架，有 $\mathrm{Bel}:2^{\Theta}\to[0,1]$，且 $\mathrm{Bel}(X)=\sum_{Y\subseteq X,X\subseteq\Theta} m(Y)$，满足：

$$\mathrm{Bel}(\varnothing)=0 \tag{7-5}$$

$$\mathrm{Bel}(\Theta)=1 \tag{7-6}$$

其中，可信度函数 Bel 是对某一命题的总体可信度的下界，其大小与 X 中各子集相应的基础概率之和相等。

在概率理论中，普遍遵循的一个原则是概率的可加性原则。若任意 X、Y 属于 Θ 且 $X \cap Y \neq \varnothing$，则

$$P(X \cup Y) = P(X) + P(Y) - P(X \cap Y) \tag{7-7}$$

其中，X 和 Y 是样本空间 Θ 中的事件。

定义 7-3（半可加性）　任意自然数 n，$A_1, A_2, \cdots, A_n \subseteq \Theta$，

$$\mathrm{Bel}(A_1 \cup A_2 \cup \cdots \cup A_n) \geqslant \sum_i \mathrm{Bel}(A_i) - \sum_{i>j} \mathrm{Bel}(A_i \cap A_j) + \cdots + (-1)^n \mathrm{Bel}(A_1 \cap A_2 \cap \cdots \cap A_n) \tag{7-8}$$

特别地，$\mathrm{Bel}(A) + \mathrm{Bel}(\bar{A}) \leqslant 1$。

Shafer 指出，只有满足半可加性的函数才能使用 Dempster 合成规则进行合成。半可加性确保了函数的部分叠加性质，从而能够有效地处理多个证据来源的合成。然而，可信度函数仅反映了对命题 X 的信任程度，无法表达对命题 X 的怀疑程度，因此仅用可信度函数来描述是不够的，需要引入一个表示对命题 X 怀疑程度的量。这个量通常称为不信任函数或怀疑函数，能够补充可信度函数，提供对命题 X 的更全面的描述。

定义 7-4　设 Θ 为识别框架，有 $\mathrm{Pl}:2^{\Theta} \to [0,1]$，满足：

$$\mathrm{Pl}(X) = 1 - \mathrm{Bel}(\bar{X}) = \sum_{Y \cap X = \varnothing, X, Y \subseteq \Theta} m(Y) \tag{7-9}$$

则称 Pl 为命题 X 的似然函数，似然函数作为信任区间的上限，表示对命题 X 的最大信任程度。当证据拒绝 X 时，$\mathrm{Pl}(X)=0$。当没有证据反对 X 时，$\mathrm{Pl}(X)=1$。

对于所有的 $X \in 2^{\Theta}$，有 $\mathrm{Pl}(X) \geqslant \mathrm{Bel}(X)$，则 X 的不确定性由 $U(X)=\mathrm{Pl}(X)-\mathrm{Bel}(X)$ 表示。$\mathrm{Bel}(X)$、$\mathrm{Pl}(X)$ 称为不确定区间，反映了关于 X 的许多重要信息。

图 7-6 为 D-S 证据理论对信息不确定性的描述。

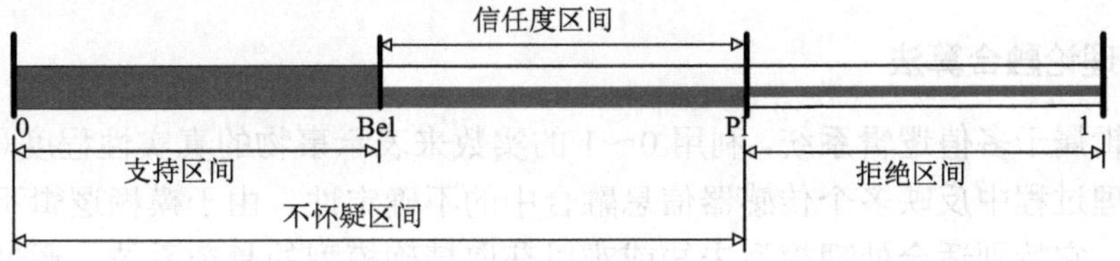

图 7-6　D-S 证据理论对信息不确定性的描述

4. Dempster 合成规则

根据上述定义，可信度函数与似然函数均由基础概率分布函数(basic probability distribution function, BPA)确定，而 BPA 作为描述命题不确定性的核心也至关重要。不同数据来源的证据可能会生成不同的 BPA。例如，针对同一目标的观测，不同的雷达会因为误差或者不同的传感器表现而产生不同的判断。为了解决来自多个证据源的 BPA 组合问题，Dempster 提出了合成规则。该规则适用于基于同一识别框架且不完全冲突的证据源，能够

通过计算生成新的 BPA，这个新函数是在所有证据共同作用下产生的，称为可信度函数的直和。Dempster 合成规则因此提供了一种将多个证据合理合并的机制，使得来自不同证据源的基本概率能够综合处理。

Dempster 将合成规则总结如下：

$$m(C)=m_1(X)\oplus m_2(Y)=\begin{cases}0, & X\cap Y=\varnothing \\ \dfrac{\sum\limits_{X\cap Y=C,\forall X,Y\subseteq\Theta} m_1(X)m_2(Y)}{1-\sum\limits_{X\cap Y=\varnothing} m_1(X)m_2(Y)}, & X\cap Y\neq\varnothing\end{cases} \tag{7-10}$$

其中，$i(j)$ 表示第 $i(j)$ 个证据；$m_{i(j)}(X)$ 表示第 $i(j)$ 个证据的信任指派函数。其中，$K_{ijX\cap Y=\varnothing}=m_1(X)m_2(Y)$ 称作第 i 和第 j 个证据的冲突因子，表示两个证据之间冲突的大小。

证据理论具有以下优点。

(1) 证据理论使用可信度函数而非概率来衡量，基于对事件概率的约束建立可信度函数，而不需要精准的概率值。

(2) 证据理论能够同时处理由随机性和模糊性引起的不确定性。

(3) 证据理论可以通过证据的不断累积而不断地压缩假定空间。

(4) 证据理论具有对“不确定”和“未知”的区别。

(5) 相对于概率论，证据理论不需要预先的或不需要的条件概率。

然而，证据理论也有以下局限性。

(1) 证据必须独立，但在实际应用中这一要求不易满足。忽视证据间的相关性可能降低合成效果，影响决策的可靠性。

(2) 证据合成规则缺乏坚实的理论支持，合理性和有效性存在争议，特别是在证据间冲突较大时，可能会导致悖论或错误的合成结果。

(3) 证据合成规则可能导致指数爆炸问题，随着焦元和识别框架基数增加，计算量迅速增长，难以用计算机实现。

7.2.2　模糊理论融合算法

模糊逻辑属于多值逻辑系统，利用 0～1 的实数来表示事物的真实性程度(隶属度)，能够直接在推理过程中反映多个传感器信息融合中的不确定性。由于模糊逻辑不依赖于严格的数学模型，它特别适合处理模型未知或难以获取精确模型的复杂系统。通过采用系统化方法对融合过程中的不确定性进行推理建模，可以实现一致的模糊推理。

模糊性指的是客观事物的特性未能如实展现，取而代之的是模糊的、不确定的属性。这主要是指在客观事物之间过渡的差异不确定的状态。事实上，模糊理论提供了一种自然解决非精确状态的方式，这是由于缺乏明确的类隶属度准则，而不是缺少随机变量。在经典集合或清晰集合中，一组元素中有无突变可以容易地使用绝对隶属度确定。而在模糊集合中的元素，其变化逐渐发生。不同组合间的变化可以认为是根据模糊不确定性和模糊边界发生的，因此该集合内元素的隶属度可以由不确定性和模糊函数进行说明。传统模糊集方法在处理问题方面仍有许多不足之处，不能满足特殊情况的需要。为了弥补模糊识别的缺点，模糊集合通常与其他理论结合使用。

模糊集合也称为模糊集、模糊子集，其定义是：设 A 是集合 $\mathbf{X}$ 到 $[0,1]$ 的映射 $A:\mathbf{X}\in[0,1]$，则称 $\mathbf{X}$ 是 A 上的模糊集，称 $\mu_A(x)$ 是 A 的隶属度。

模糊集包含并、交、补三种基本运算方式，用符号 $\cup$、$\cap$、$\neg$ 来表示。定义 $\mathbf{A}$、$\mathbf{B}$ 是全集 $\mathbf{U}$ 上的两个子集，可分别得到各自的隶属度为

$$\mathbf{A}\cup\mathbf{B}:\mu_{\mathbf{A}\cup\mathbf{B}}(x)=\max_{x\in\mathbf{U}}\{\mu_A(x),\mu_B(x)\} \tag{7-11}$$

$$\mathbf{A}\cap\mathbf{B}:\mu_{\mathbf{A}\cap\mathbf{B}}(x)=\min_{x\in\mathbf{U}}\{\mu_A(x),\mu_B(x)\} \tag{7-12}$$

$$\neg\mathbf{A}:\mu_{\neg\mathbf{A}}(x)=1-\mu_{\mathbf{A}}(x) \tag{7-13}$$

通常可以用模糊关系来表明模糊集之间的相关程度。定义 $X=\{x_1,x_2,\cdots,x_m\}$，$Y=\{y_1,y_2,\cdots,y_n\}$，则通过隶属度矩阵 $\mathbf{C}$ 表征 $X\times Y$ 的模糊关系可以得到

$$C=\begin{pmatrix}\mu_{11} & \mu_{12} & \cdots & \mu_{1n}\\ \mu_{21} & \mu_{22} & \cdots & \mu_{2n}\\ \vdots & \vdots & & \vdots\\ \mu_{m1} & \mu_{m2} & \cdots & \mu_{mn}\end{pmatrix} \tag{7-14}$$

$\mathbf{C}$ 是 $X\times Y$ 上的一个模糊集。模糊合成可以通过两个模糊关系表示其隶属度函数：

$$\mu_{A\bullet B}(x,z)=\vee\{\mu_A(x,y)\wedge\mu_B(y,z)\} \tag{7-15}$$

其中，$\vee$ 表示 $\max(\bullet)$；$\wedge$ 表示 $\min(\bullet)$；A 表示 $X\times Y$ 上的模糊关系；B 表示 $Y\times Z$ 上的模糊关系。

隶属度可以看作对数据真值的一种不精确表示。在多传感器融合(MSF)过程中，模糊逻辑能够有效表达不确定性，通过多值逻辑推理与模糊理论的运算，实现对命题的合并和数据融合。与概率统计方法相比，逻辑推理有很多优点，它能部分克服概率论的局限，更加贴近人类的思维方式，尤其适合在高层次的决策中应用。然而，逻辑推理并不够成熟和系统化，且其描述信息时主观因素较多，缺乏客观性。

模糊理论结合模糊集和 D-S 证据理论，创建了新的多传感器信息融合框架。该方法通过隶属度函数处理数据可信度，解决了 mass 函数获取困难和证据冲突问题，提升了融合结果的准确性和算法适用性。结合神经网络的自适应学习能力，将后验概率转换为基础信任分配，进一步增强了融合的精度和鲁棒性。未来的研究将更注重统一融合理论和架构，借助集成计算提升多传感器信息融合的性能。

7.2.3　神经网络融合算法

神经网络融合算法模拟人脑神经元的连接和相互作用，特别适合处理不确定性问题。在融合过程中，由于信息的不确定性，神经网络通过学习特定知识，形成有效的推理机制，依据样本的相似性进行分类，并为不同类别赋予权重。这种模型与信息融合模型结构相似，使用神经网络进行信息融合的优势显著。它具备强大的容错性、非线性处理能力和自适应能力，能够高效满足多传感器信息融合的需求，并实现实时识别。

在多传感器信息融合中，神经网络的应用主要分为三个步骤。首先，根据智能系统的需求和融合形式选择拓扑结构。接着，将各传感器的输入信息整合为一个总体输入函数，并将其定义为相关单元的映射函数，通过神经网络与环境的互动反映统计规律。最后，学

习和理解传感器的输出信息，确定权重分配，将输入模式转换为逻辑或符号概念。

与传统神经网络相比，深度学习的优势在于通过深度网络更好地提取数据特征，简化分类和预测过程。例如，深度置信网络(DBN)由多个限制玻尔兹曼机(RBM)堆叠而成，尽管单层 RBM 具有强大的学习能力，但对于复杂数据的表达能力有限，因此需要更深的网络结构。Hinton 证明了将 RBM 叠加形成 DBN 的合理性。

DBN 的每一层都是独立的 RBM，整体视为多个 RBM 的叠加。底层 RBM 的输出作为下一层 RBM 的输入，直到顶层分类器。通过在堆叠 RBM 顶层加入回归分类器，形成完整的深度神经网络，以实现数据分类识别。如图 7-7 所示，某个模型总层数为 5，DBN 由 3 层 RBM 组成，输入输出计算涵盖整个网络层数。该深层网络称为 DBN-Softmax 模型。

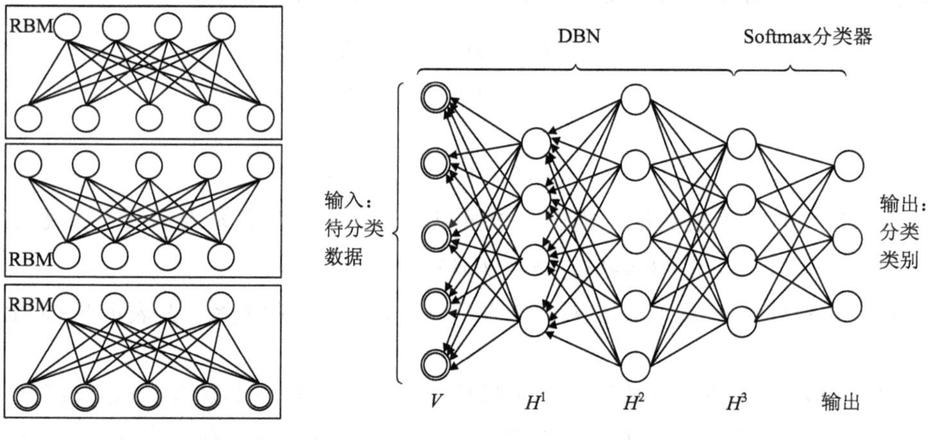

(a) 堆叠的RBM　(b) 对应的DBN-Softmax模型

图 7-7　堆叠的 RBM 以及对应的 DBN-Softmax 模型

在深度置信网络中，层与层之间的高度相关性使得传统神经网络的全局优化训练方法效果不佳，容易导致学习缓慢并陷入局部最优解。为了解决这个问题，深层网络采用自下而上的逐层训练策略。具体而言，该方法从最底层开始训练，每次单独训练一层限制玻尔兹曼机，并将其结果作为上一层的输入，以完成整个网络的训练与优化。

在 DBN-Softmax 模型的训练过程中，首先进行自下而上的无监督训练。每一层 RBM 使用无标签的训练数据作为输入。训练的第一步是对第一层 RBM 进行训练，该 RBM 由输入层和第一个隐层组成。在此过程中，学习第一层 RBM 的参数后，将其输出作为第二层 RBM 的输入，进而完成第二层 RBM 的训练并获取其网络参数。这个过程不断重复，直到整个 DBN 完成预训练，最终获得网络的偏置和权重。

无监督训练完成后，利用样本标签等先验知识，通过全局反向传播(BP)算法对整个深度置信网络进行微调。如图 7-8 所示，此阶段旨在对顶层的 Softmax 分类器进行有监督训练，同时调整 DBN-Softmax 模型的网络参数。当参数调整至模型收敛于最优点时，整个网络的训练过程便宣告结束。通过这种方式，DBN 能够在维持较高相关性的同时，优化每层的学习过程，从而提高模型的整体性能。

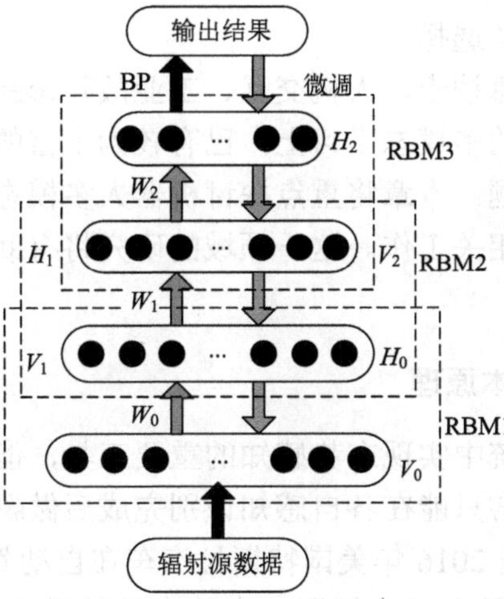

图 7-8　DBN-Softmax 模型的网络结构示意图

上述过程可视为对由多个限制玻尔兹曼机组成的深度置信网络进行无监督学习，旨在获取接近全局最优点的网络初始值。这个初始值随后用作 Softmax 分类器的输入，结合反向传播算法对模型进行有监督的微调，从而使 Softmax 分类器输出代表最终识别的类别。通过这种方法，DBN 不仅充当了特征提取工具，还在训练后生成了易于分类和识别的特征表达。

在此框架中，顶层分类器的主要功能是对具有较高区分度的特征进行分类识别。这一训练过程有效弥补了传统神经网络在训练中容易收敛至局部最优点的缺陷，同时提高了识别准确率并减少了复杂的计算过程。通过结合无监督和有监督的学习方式，DBN 能更好地捕捉数据的内在特征，从而在各种应用场景中展现更高的性能和效率。

7.3　多模态信息融合

随着传感器技术和互联网的迅猛发展，各类不同模态的大数据正以前所未有的速度不断涌现。用于描述事物(如目标、场景等)的耦合数据样本称为多模态数据，每种收集数据的方法或视角则称为一种模态。狭义的多模态信息融合通常关注于感知特性不同的模态，如图像与文本、视频与语音、视觉与触觉等；而广义的多模态信息融合还包括同一模态信息中的多特征融合以及多个同类型传感器的数据融合。

多模态数据提供了更全面且准确的信息，提升了系统的可靠性和容错能力。在多模态感知与学习中，由于不同模态具有截然不同的描述形式和复杂的耦合关系，因此需要统一处理多模态的感知表示与认知融合。多模态感知与融合的目标是通过适当的变换或投影，看似无关且格式不同的数据样本能够进行比较并有效融合。这种异构数据的融合往往能带来意想不到的效果，从而推动各类应用的发展和创新。

多模态系统(multimodal　system)是指两个或更多的具有不同特性的感知器(通常称为模态传感器)，它们被集成到同一个硬件平台上。模态传感器是可以选择使用的，包括多光谱图像传感器、摄像机、视频传感器、激光扫描仪等。7 种模态(7CI)与媒体的选择无关，用户可以从许多感知器中任意选择。

多模态数据在互联网信息搜索、人机交互、工业故障诊断和机器人等领域发挥了重要作用，尤其是在视觉与语言的多模态学习上，已有较为丰富的研究成果。然而，机器人领域仍然面临许多待解决的问题。本章将重点探讨机器人多模态信息的感知与融合，特别是视觉与触觉融合感知方面的相关工作。这一领域的研究将有助于提升机器人在复杂环境中的感知能力和智能水平。

7.3.1　多模态信息融合的基本原理

机器人是指挥与控制系统中实现态势感知的重要工具，但在以机器人为代表的工程系统中，不同模态的传感器通常只能在各自感知识别完成后做融合，这使得融合逻辑的设计非常困难。最典型的案例就是 2016 年美国特斯拉汽车在自动驾驶模式下的车祸。虽然该车配备了精良的传感器，但由于布局的问题，未能有效地融合视觉传感器和距离传感器信息。而在工业生产现场，由于感知模态融合能力的不足，目前只能实现一些非常简单的机械操作。

机器人系统上配置的传感器复杂多样。从摄像机到激光雷达，从听觉到触觉，从味觉到嗅觉，几乎所有传感器在机器人上都有应用，但限于任务的复杂性、成本和使用效率等原因，大多数工作仍然停留在实验室阶段。在目前市场上流行的服务机器人领域，使用最多的仍然是视觉和语音传感器，这两类模态一般是独立处理(如视觉用于目标检测、听觉用于语音交互)的。由于大多数机器人尚缺乏操作能力和物理人机交互能力，触觉传感器应用较少。

为了解决复杂场景下的机器人精细操作问题，要求机器人能够通过视觉、距离等模态信息感知环境，还需要触觉等接触性信息感知物体。各种不同模态的传感器为机器人实现更为高效的科学决策提供了基础，为智能机器人提供了新的机遇，也为多模态信息融合方法带来了新的挑战。这一工作对于解决机器人的环境感知、目标侦察、导航控制等问题具有重要意义，并可直接应用于无人车、操作臂等多种不同平台，完成灾害救援、反恐防暴、应急处置等任务。

然而，对于机器人系统而言，所采集到的多模态数据具有一些明显的特点，为融合感知的研究工作带来了巨大的挑战。这些问题包括以下几点。

(1)“污染”的多模态数据：机器人的操作环境非常复杂，因此采集的数据通常具有很多噪声和野点。

(2)“动态”的多模态数据：机器人总是在动态环境下工作，采集到的多模态数据必然具有复杂的动态特性。

(3)“失配”的多模态数据：机器人携带的传感器的工作频带、使用周期具有很大差异，导致各个模态之间的数据难以“配对”。

以上这些问题为机器人的多模态融合感知带来了巨大的挑战。为了实现多种不同模态信息的有机融合，需要为它们建立统一的特征表示和关联匹配关系。

图 7-9 所示是人类大脑和某机器人的多模态位置感知机制。图 7-9(a)所示是人类可以根据具有时空连续性的多模态感觉线索来识别一个地方。位置由外部感觉输入和内部连接

的时空维度共同决定。多通道的感觉线索可以共同激活这些细胞。联合放电模式可以唯一地编码和回忆一个特定的地方。图 7-9(b)所示是机器人可以识别一个地方的识别系统，机器人可以使用多模态传感器获得环境的感觉线索。部署在神经形态计算芯片上的基于大脑启发的多模态混合神经网络(MHNN)模型用来对这些感觉线索进行解码，该模型可以用多时空尺度的融合方法对位置进行识别。

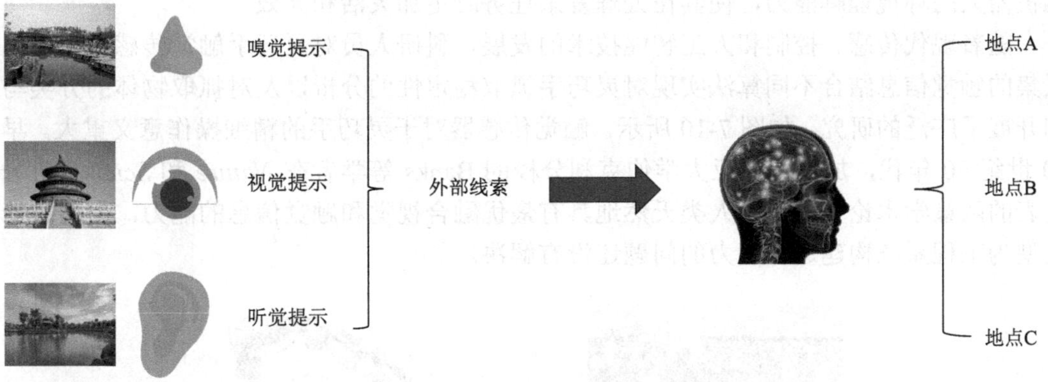

(a) 人脑多模态位置感知机制

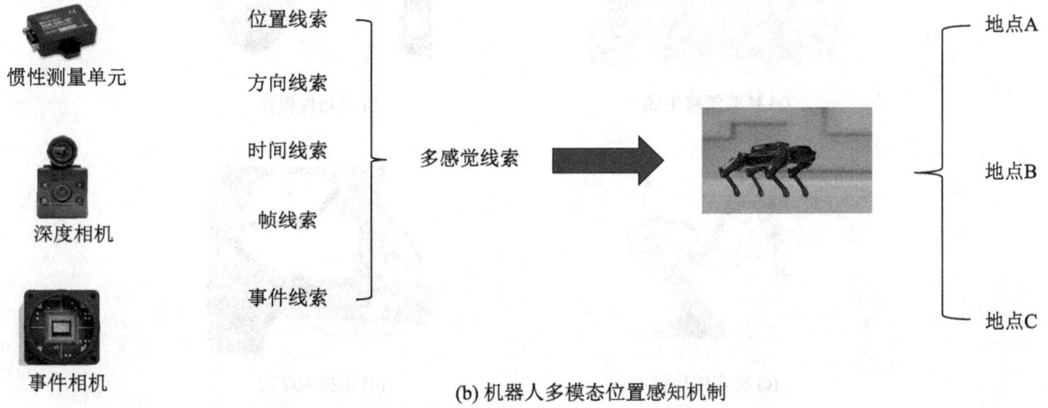

(b) 机器人多模态位置感知机制

图 7-9　人类大脑和某机器人的多模态位置感知机制示意图

该系统可以模拟大脑的多模态感知机制，从传统和神经形态传感器中编码和整合多模态线索，以实现机器人的地点识别。研究人员使用了多尺度液态状态机等多种神经网络模型，以异步融合多模态信息。这些模型可以在不同的时间尺度和空间尺度上处理信息，从而提高信息处理的效率和准确性。研究结果表明，机器人在地点识别方面，与传统的视觉SLAM 方法和现有的基于生物启发的方法相比，表现出更好的性能和鲁棒性，具有广泛的应用前景。

7.3.2　视-触模态融合

目前很多机器人都配备了视觉传感器。在实际应用中，传统的视觉感知技术受到多种因素的影响，如光照变化和遮挡等问题。此外，一些物体的内在特性，如“软”或“硬”，通常无法通过视觉传感器直接获取。对于机器人来说，触觉是获取环境信息的重要方式。与视觉不同，触觉传感器能够直接测量物体及环境的多种特性。同时，触觉也是人类感知外部世界的基本模态之一。早在 20 世纪 80 年代，神经科学研究者就通过实验验证了触觉感知在稳定抓取操作中的重要性。因此，为机器人引入触觉感知模块，不仅在一定程度上模拟了人类的感知与认知机制，还满足了实际操作中的迫切需求。触觉感知的加入能够增强机器人的环境理解能力，使其在处理复杂任务时更加灵活和高效。

随着现代传感、控制和人工智能技术的发展，科研人员对灵巧手触觉传感器、使用所采集的触觉信息结合不同算法实现对灵巧手抓取稳定性的分析以及对抓取物体的分类与识别开展了广泛的研究，如图 7-10 所示。触觉传感器对于灵巧手的精细操作意义重大。早在 20 世纪 90 年代，加利福尼亚大学伯克利分校的 Banks 等学者在 *Nature* 和 *Science* 上分别发表的两篇学术论文揭示了人类天然地具有最优融合视觉和触觉信息的能力，但通过计算模型为工程系统构建这种能力的问题还没有解决。

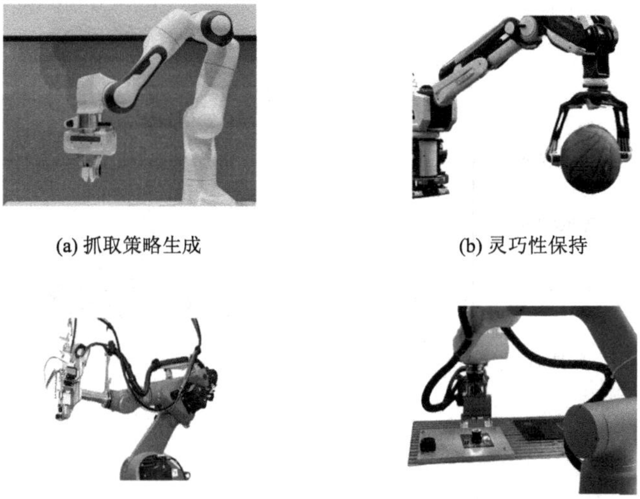

(a) 抓取策略生成　　(b) 灵巧性保持

(c) 稳定性检测　　(d) 重抓取学习

图 7-10　基于视-触融合感知的机器人灵巧抓取作业

视觉信息与触觉信息采集的是物体不同部位的信息，前者是非接触式信息，后者是接触式信息，因此它们反映的物体特性具有明显的差异，这也使得视觉信息与触觉信息具有非常复杂的内在关联关系。现阶段很难通过人工机理分析的方法得到完整的关联信息表示方法，因此数据驱动的方法是目前比较有效地解决这类问题的途径。为此，在结构化稀疏编码的统一框架下，建立了机器人多模态融合感知的计算模型，开发了若干融合理解方法。机器人视觉-触觉融合架构无缝地覆盖了从底层到顶层机器人决策的多模态感觉。一系列具有快速滑动反馈控制的智能抓取策略和视觉-触觉融合识别策略能确保机器人灵巧地抓取和准确识别日常物体，处理各种具有挑战性的任务，如抓取装有液体的纸杯、机器人自主完成多物品分类和清洁桌面。

视觉与触觉信息具有显著的差异性。一方面，它们的获取难度不同。通常视觉信息较容易获取，而触觉信息更加困难。这往往造成两种信息的数据量相差较大。另一方面，由于在采集过程中采集到的视觉信息和触觉信息往往不是针对同一部位的，具有很弱的配对特性，因此视觉与触觉信息的融合感知具有极大的挑战性。自从 Banks 分析人类的视-触融合能力后，在机器人上实现高效视-触融合感知的研究进展异常缓慢。

将视觉和触觉信息融合以进行三维重建是一种有效的方法，通过结合图神经网络处理视觉和触觉信号，可以实现对三维物体的精准重建。这种方法能够充分解释来自触觉的高保真局部信息和来自视觉的全局信息的互补性。在机器人多模态融合感知过程中，需要综合考虑任务的特性、环境的复杂性以及传感器的特性。尽管机器人触觉感知的应用已有长时间的研究，但其进展远远落后于视觉感知的快速发展。

7.3.3　视-听模态融合

机器人在结合视觉和听觉感知时，可以更有效地执行复杂的操作任务。通过捕获自然语言操作指令和场景信息，机器人能够实现视觉定位，并将音频信息嵌入路径规划器中，从而提高自主导航的精度。配备听觉传感器的机器人可以通过操作目标物体来收集听觉数据，帮助区分在视觉上难以分辨的物体。视-听模态融合的相关任务如图 7-11 所示。

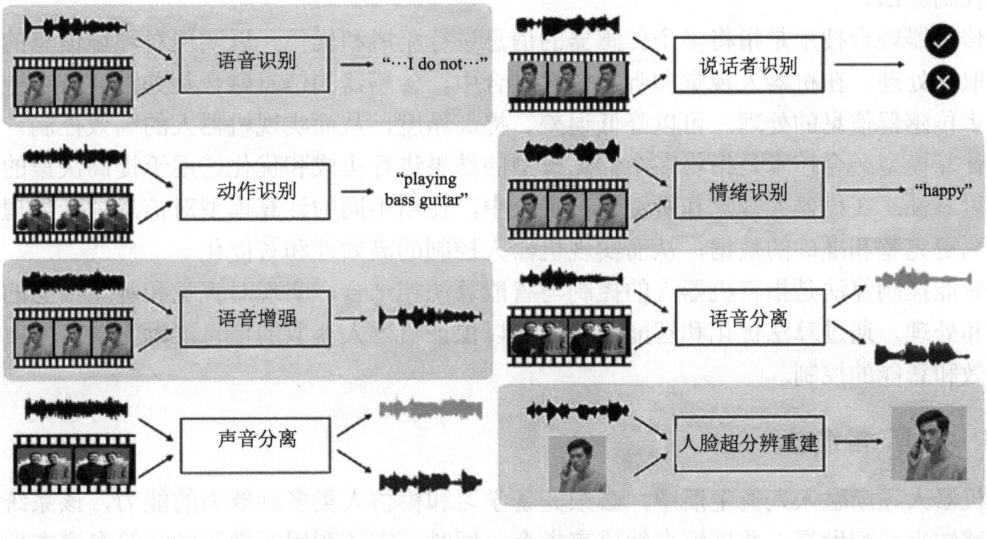

图 7-11　视-听模态融合的相关任务

这种视-听融合系统包括三个模块：视觉语言感知模块、音频感知模块和机器人操作模块。首先，系统将自然语言指令与视觉信息输入视觉语言感知模块，以定位可能的目标对象。当仅凭视觉信息无法确定目标对象类别时，机器人操作模块通过接触目标对象进行动作，并记录声音信息。接着，音频感知模块分析这些声音信息，识别出指令中涉及的目标对象，从而完成相应的操作任务。这种多模态融合系统使机器人在应对复杂任务时更加智能化、精准化。

这种多模态融合的机器人操作系统展示了通过视觉和听觉感知来执行复杂的指令任务。例如，当机器人接收到“拿起带有胶囊的瓶子，并放置在左边的盒子中”这种自然语言指令时，它首先利用视觉信息定位场景中的瓶子和盒子，并理解其位置关系，找到左边的盒子。若视觉上无法区分相同的瓶子，机器人可以通过不同的操作(如晃动瓶子)采集声音数据，借助听觉信息判断哪一个瓶子内含有胶囊，最终找到正确的目标。

整个系统依赖于机器人对自然语言指令的正确理解，同时通过多模态感知(视觉和听觉)精确识别和定位目标，实现预期的操作。视觉语言感知模块负责解析指令中的位置和物体指示关系，帮助机器人识别和定位目标；音频感知模块通过分析操作行为(如晃动产生的声音)，进一步识别物体的特征。通过结合这两个感知模块，可以用深度学习算法设计合适的网络来整合数据和处理指令。

实验表明，与仅依赖单一模态相比，系统在接收多模态数据(视觉+听觉)的情况下表现更为出色。机器人可以更准确地识别目标，显著提升任务成功率，并获得更强的操作能力，能够应对更加复杂的操作需求。这种多模态融合不仅提高了机器人的感知能力，还为机器人提供了应对更复杂任务的智能化基础。视觉信息和听觉信息的融合可以提高机器人的感知和分析能力，减少信息之间的冲突，避免单一信息损失的问题，从而实现机器人控制的准确性和智能性。信息融合技术不仅可以解决单一信息检测容易受到环境因素影响的问题，还可以减少信息之间的冲突，提高机器人的决策和控制能力。

机器人视觉和听觉信息融合的实现，主要包括传感器融合技术、计算模型融合技术、智能控制算法。

传感器融合技术是指将多个传感器的信息进行集成和优化，以实现对环境信息的高质量获取和处理。在机器人视觉和听觉信息融合中，传感器的信息融合是关键环节之一。通过对多传感器信息的处理，可以降低误差、提高精度，从而实现机器人的高效控制。

计算模型融合技术是指将多个计算模型的结果进行集成和优化，用于提高决策的准确性和可靠性。在机器人视觉和听觉信息融合中，使用不同的计算模型对信息进行处理，可以得到更完整和准确的数据，从而实现机器人控制的高效性和智能化。

智能控制算法是指将机器人的控制与智能算法相结合，实现对视觉和听觉信息的智能分析和处理。通过算法优化和智能决策，可以保证机器人获取的信息准确无误，并实现更加高效和智能的控制。

7.3.4　视-听-触模态融合

机器人逐渐融入人类生活中，必须具备学习和模仿人类多种能力的能力，该系统通过视觉感知来观察世界，并理解自然语言指令。同时，它还利用听觉和触觉等多模态信息来感知物理环境，从而执行复杂的任务。例如，最先进的具身指示表达机器人导航任务(REVERIE)便展示了这种能力。该系统结合了对视觉、语言和机器人行为的学习，帮助机器人在探索环境时找到目标对象。

这些任务充满挑战，因为机器人不仅需要准确定位目标，还必须对目标及其位置关系进行深层次的语义理解。这种理解能力使机器人能够区分出正确的目标与不相关的指示物体，确保完成任务时的精度与效率。这种多模态感知与语义理解的结合，是未来机器人更智能化、更人性化发展的关键。对于人类和机器人来说，视觉、听觉和触觉的多感官感知在日常任务中发挥着至关重要的作用：视觉可以可靠地捕捉全局设置；听觉即使在视觉被遮挡的情况下也会立即发出警报；触觉可以提供物体的精确局部几何结构，表征目标的当前状态。尽管示教机器人在处理各种任务方面取得了不错的进展，但关于将多感知模式结合起来进行机器人操作的研究仍然很有限。最近有一些研究者尝试将听觉或触觉与视觉结合用于机器人感知。下面介绍同时将视觉、听觉和触觉信号纳入三种主要的感知模式进行处理，并研究它们在具有挑战性的多感知机器人操作任务中的作用。

斯坦福大学的最新研究成果中，利用视觉、听觉和触觉智能融合完成机器人操作任务。采用配备了摄像头、接触式麦克风和基于视觉的触觉传感器的 Franka Emika Panda 机械臂，用上述传感器分别接收视觉、听觉和触觉信号。如图 7-12 所示，通过捕获视觉、听觉和触觉数据及其各自的特征，采用多模态感知融合的自注意力模型框架，帮助完成复杂情况下具有挑战性的机器人操作任务，如密集包装和倾倒。

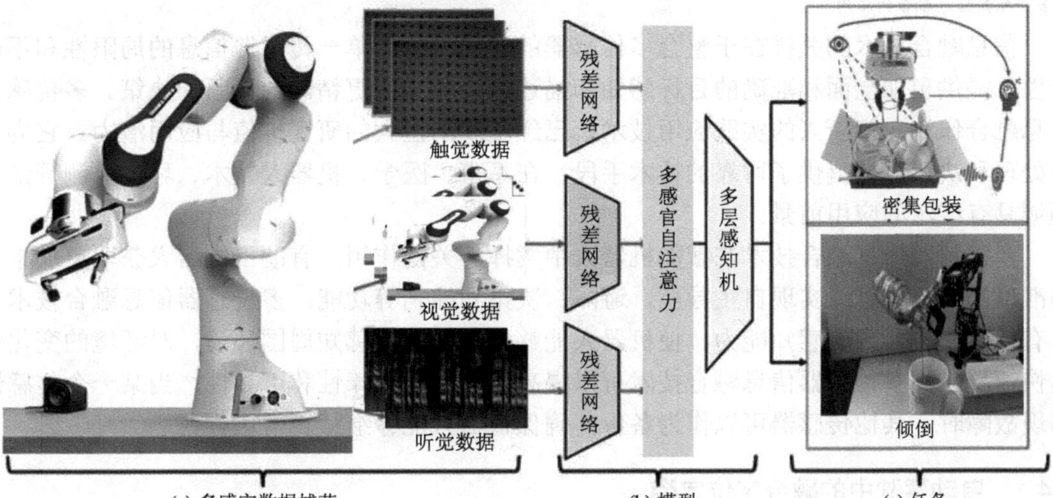

图 7-12　多感官机器人学习框架

机器人能够看到、听到和感觉的细节如下。

(1) 视觉：使用面向机器人放置的第三人称视角相机捕捉视觉数据，该相机提供了机器人设置及其末端执行器位置的全局视图。

(2) 听觉：将压电接触式麦克风连接到感兴趣的物体上，并通过振动接收听觉信号。麦克风对与麦克风所连接表面的任何接触都很敏感，并捕获最小的环境噪声

(3) 触觉：将 GelSight 传感器连接到机器人抓取器的指尖。GelSight 传感器是一种基于视觉的触觉传感器，通过弹性体与物体交互，并使用嵌入式相机测量高分辨率的接触几何形状和力。在数据收集过程中，人为给出机器人控制输入 u，该策略从任务相关的离散动作空间中选择，并通过键盘实时发布命令。

多传感器自注意力(MULSA)模型，在每个时间步长，将{XV,XA,XT}作为输入，分别对应于由相机、压电接触式麦克风和 GelSight 传感器捕获的视觉、听觉和触觉传感数据。对于音频，使用 mel 频谱图来对听觉信号进行编码。对于每个模态，附加了之前时间步长的观测历史数据。使用来自三种模态的自注意力机制来融合特征集 $\{v_1,v_2,\cdots,v_N,a_1,\cdots,a_N,t_1,\cdots,t_N\}$。在这个过程中有三种类型的注意力：①跨模态注意力，它允许一个模态的特征 e_i 在同一时间步长被另一个不同模态的特征 e_i 补偿；②跨时间注意力，它使特征 e_i 在

同一模态内的不同时间步长关注特征 e_i，以捕捉时间变化；③跨模态和跨时间注意力，其结合了上述两种类型。最后，多感官特征 m 被反馈到多层感知器(MLP)，输出预测结果 $\hat{u}$。

对于视觉、听觉和触觉在机器人操作任务中的作用，视觉通常提供物体的位置信息，但它经常受到遮挡；听觉提供即时反馈，还指示对象的特性，如材质，但在没有接触时信息量较小；触觉捕捉手上物体的动力学，这可以很好地表征局部几何形状以及接触力的方向和大小。

多传感器信息融合的应用

7.4　多传感器信息融合的应用

信息融合技术的关键在于整合多传感器的数据，克服单一传感器信息的局限性和不确定性，提供更加全面和准确的目标感知和描述，以便支持更精确的判断和决策。多传感器信息融合作为一门新兴的实践应用技术，已经展现出巨大的研究价值与应用潜力。它为信息处理和决策支持提供了可靠的技术手段，在军事、医学、机器人技术、环境监测等诸多领域具有广泛的应用前景。

多传感器信息融合技术在智能机器人中发挥着关键作用，有助于机器人获取更加丰富和准确的环境信息，实现自主导航、避障、决策和控制等功能。多传感器信息融合技术可以有效提高机器人的感知能力，使机器人能够更加全面地感知周围环境，对环境的变化做出快速反应。多传感器信息融合技术可以提高机器人的鲁棒性和可靠性，当某一个传感器出现故障时，其他传感器可以作为备份，确保机器人能够继续正常运行。

7.4.1　自动驾驶中的融合定位定姿

由于涉及生命安全问题，自动驾驶技术对于感知有严格的要求：高速、高精度、高准确性和高可靠性，如自动驾驶技术对汽车位置和姿态的极高要求、对汽车周围环境中障碍物的快速检测要求等。

自动驾驶汽车对位置和姿态的要求精度远远高于其他装置，汽车在行驶过程中，必须能实现车道级定位。除了精确地感知车辆的位置之外，还需要精确感知车辆在当前车道中的位置。目前的定位和姿态传感器依据不同的原理和方法可分为三类：无线电信号传感器、航位推算传感器以及环境特征匹配传感器。全球导航卫星系统(GNSS)、惯性导航系统(INS)以及视觉或激光雷达分别代表三种方法，且已成为移动测量平台、无人机、移动机器人和自动驾驶汽车的标准设备，帮助这些系统在复杂环境中实现精确的定位和导航。GNSS 提供全球范围的定位，惯性导航系统则通过追踪运动状态进行自主定位，而视觉和激光雷达通过环境感知实现高精度的本地化，如图 7-13 所示。

这三类传感器在定位定姿方面展现出显著的互补优势。GNSS 通过全球统一的时间和空间基准，提供全天候、高精度的绝对定位，成为全球范围内精确定位的唯一系统。惯性导航系统利用加速度和角速度传感器进行航位推算，获取载体的位置信息，包括速度、姿态和加速度，具备独立性，不依赖外部环境，且不受平台或环境干扰，具有高采样率和可靠性，通常作为主滤波器整合其他传感器的信息。视觉传感器通过环境特征的感知和匹配实现航位推算，能够在有先验地图的情况下进行绝对定位。然而，其探测距离有限，易受到弱纹理、低光照和模糊运动的影响，但在环境遮挡时的表现相对稳定。因此，视觉传感器常作为 GNSS 和 INS 的补充，在组合系统中提升整体的定位和定姿精度。

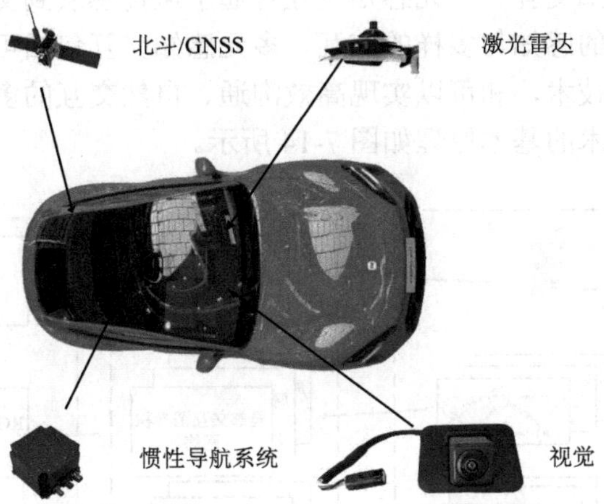

图 7-13 自动驾驶汽车的定位和姿态传感器分布

视觉传感器通过感知、识别和跟踪环境中的特征信息来实现载体的位姿估计，因其硬件技术的成熟性、体积小、成本低，已经广泛集成于各种智能设备中。除了基本的位姿估计功能，视觉传感器还具备语义分割、场景理解和大范围建图等先进的计算机视觉能力，这使其在诸多领域具有广阔的应用前景。其在无人机、自动驾驶、机器人导航等领域的应用，展示了其在动态环境中进行精确定位和导航的潜力，同时也推动了学术界和工业界对视觉感知技术的深入研究。

由于自动驾驶技术正在高速发展且该项技术尚未成熟，因此相关技术还在快速发展中。新技术、新方法、新器件和新数据不断诞生，使自动驾驶技术成为目前热门的技术领域，也使得数据的采集方式和融合方式不断更新，如激光雷达和视觉融合、高精度地图与 GNSS/INS 融合、多摄像头视频融合等。

7.4.2 多模态人机交互

多模态人机交互技术是近年来人工智能领域的一项重要创新。传统的人机交互主要局限于键盘、鼠标和触摸屏等单一方式，随着科技的进步，多模态人机交互技术带来了从语音到手势的全新体验，开启了与机器人更自然、更智能互动的时代。下面介绍多模态人机交互技术的架构与原理，以及其在智能家居、虚拟现实等领域的广泛应用。

交互层负责实现机器人与人类用户、其他机器人或外部系统之间的有效互动和通信，使机器人协同增强，以及更具社交性。随着虚拟现实交互、脑机接口技术的发展，正在逐步实现人机的多样化交互。

多模态、多样化交互技术提升人机交互的灵活性和自然性。传统图形界面/触摸屏操作烦琐复杂，多模态、多样化交互技术更加开放自由，更接近人们日常生活的交流方式，能够提升人机交互的灵活性和自然性。例如，Microchip 开发了基于电场感应的 3D 手势识别技术，当手部在空间中运动时会使电场发生畸变，电极接收器会感应到变化，机器人识别手势并做出反应。

基于多模态、多样化的感知和交互技术，智能机器人将完成从传感层到交互层的自主贯通，实现多元化的感知交互。多元感知交互打通了从传感层到交互层的智能机器人完整数据架构，实现了广泛的感知与多样的交互。多元感知交互包括可以实现全息感知、全面理解的多模态感知融合技术，和可以实现高效沟通、自然交互的多样化交互技术。

多模态人机交互技术的基本原理如图 7-14 所示。

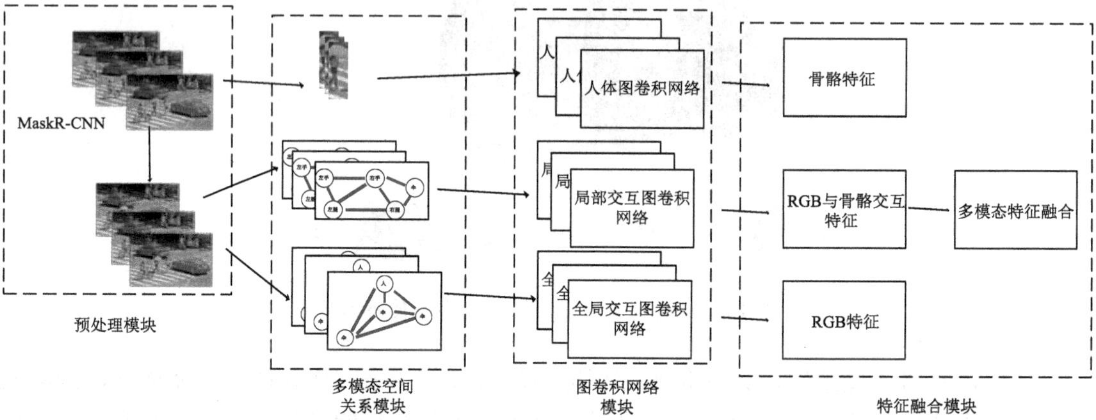

图 7-14　多模态人机交互技术的基本原理图

多种输入方式：多模态人机交互技术融合了多种输入方式，包括语音、手势、触摸和眼动等，用户可以根据自己的喜好和习惯选择最方便的交互方式。

数据融合与处理：多模态人机交互技术通过将不同输入方式的数据进行融合和处理，实现了更准确、智能的交互响应，提高了用户体验。

自适应学习：多模态人机交互技术可以根据用户的交互行为进行自适应学习，逐渐了解用户的习惯和需求，提供个性化的交互服务。

融合多维环境数据，实现从对环境的“感知”到“理解”的变化：特斯拉 FSD 视觉感知神经网络实现空间内的未知障碍物识别；UCLA 实现多目立体视觉和复杂环境多视角分析；商汤基于 UniAD 通用大模型实现感知、跟踪和建图、轨迹预测深度整合；腾讯将触觉传感融入机器人，通过感受外界的接触信息感知和识别物体；Stretch 通过多维环境数据感知，实现多物体的智能辨识和分析；中国科学技术大学发布首个高空作业机器人多模态感知数据集 USTC FLICAR。

多模态人机交互示意如图 7-15 所示。人机友好交互结合智能机器人感知现实世界，实现个性化服务。OpenAI 支持的 Neo 机器人支持用户通过 VR 方式与其交互；Microchip 开发了基于电场感应的 3D 手势识别技术；MIT 提出了基于脑电信号和肌电信号(脑机接口)的人机交互方案，利用脑电信号和肌电信号来实时监督纠正机器人的动作。

通过融合自然语言大模型与多模态感知技术，智能机器人对外界实现了全面且深入的理解，从而增强了感知能力和人机交互体验。

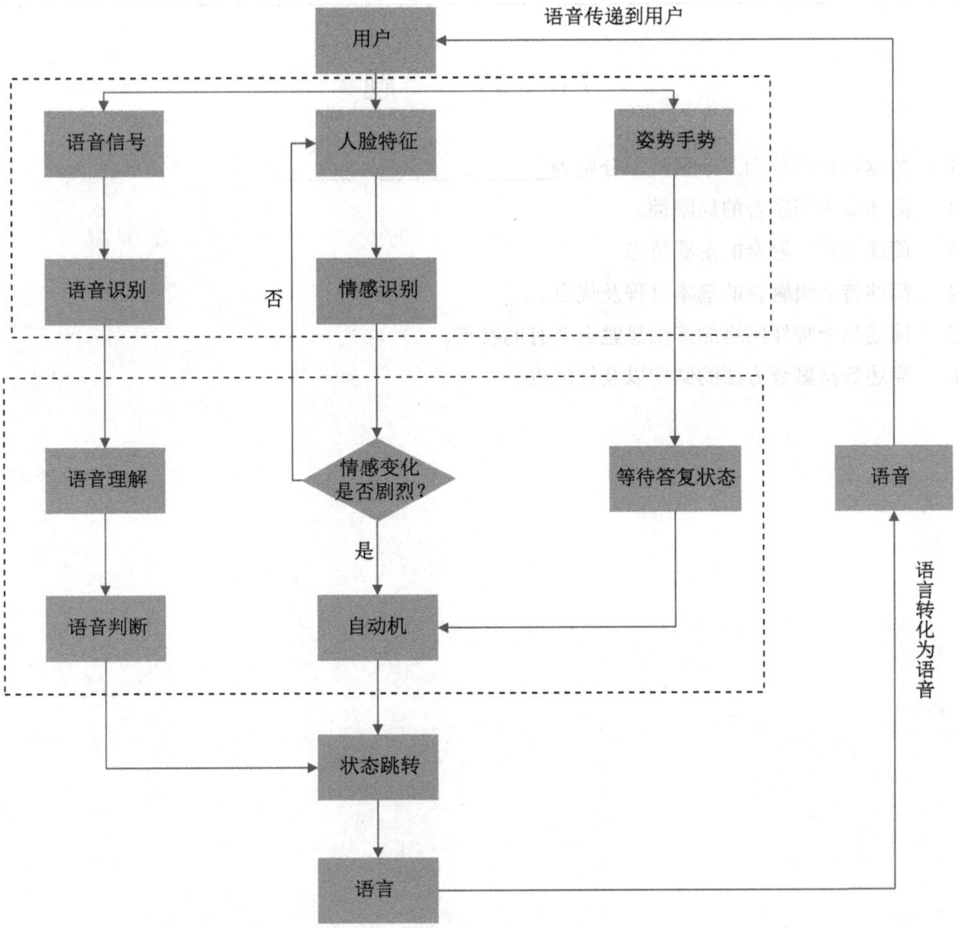

图 7-15　多模态人机交互示意图

多模态人机交互技术将逐渐推动人机之间的融合，使得人与计算机更加紧密地合作，共同创造更加智能和高效的未来。多模态人机交互技术是人工智能发展的重要方向，通过融合语音、手势、触摸和眼动等多种输入方式，实现与计算机的全新体验。通过在智能家居、虚拟现实等领域的应用，多模态人机交互技术正不断优化用户体验，使得人们与智能设备更加亲近、自然。未来，随着技术的不断创新和发展，多模态人机交互技术将成为实现人机融合、智能生活的重要推动力，带来更多的惊喜和便利。

7.5　本 章 小 结

随着智能机器人技术的快速发展，机器人可配备的传感器越来越多，因此需要将多个传感器的信息进行融合，以提高机器人的感知能力和决策水平。本章介绍了多传感器信息融合的基本原理、架构、典型算法、多模态信息融合以及其应用等，通过对来自不同传感器的数据进行综合处理和分析，提取出更准确、全面和可靠的信息。

7.6　习　　题

7-1　数据融合可分为三个层次，分别为______、______、______。

7-2　简述像素级融合的局限性。

7-3　简述决策级融合的主要特点。

7-4　简述特征级融合的基本过程及优点。

7-5　简述基于神经网络的多信息融合具有的特点。

7-6　简述数据融合方法的结构以及优缺点。

第 8 章　智能机器人集群概述

在科技日新月异的今天，智能机器人集群技术正以其广泛的应用前景，逐渐走进人们的视野。智能机器人集群是指由大量智能机器人个体通过协同工作、信息共享和智能决策，形成的一种高效、自主的集体系统。这一系统不仅体现了人工智能技术的飞速发展，更是对机器人学、控制论、计算机科学、通信技术等多学科知识的深度融合与创新。机器人集群组网是智能机器人集群的关键技术之一，是实现机器人之间高效、可靠通信与协作的基础。智能机器人集群具有高度的自主性、灵活性和扩展性，能够适应复杂多变的环境和任务需求，为工业制造、物流运输、农业生产、灾害救援及军事活动等领域带来革命性的变革。

8.1　机器人集群的发展及现状

8.1.1　机器人集群的起源与发展

机器人集群是一种由多个机器人组成的系统，这些机器人之间可以通过通信和协作来完成任务。机器人集群的灵感来源于自然界的自组织系统。例如，昆虫社群、鱼群或鸟群等进行的社交活动，都是基于简单本地交互规则的涌现性群体行为。通常而言，机器人集群从这些自然系统的研究中提取工程原理，从而构建比单个机器人鲁棒性更好、容错性更强、灵活性更高的系统，并且能够更好地调整自身行为来适应环境变化。

机器人集群的概念在 1991 年首次被研究学者 Dorigo 提出，由于当时计算资源不足，机器人集群并没有受到广泛的关注。直到 2003 年，随着计算机技术、传感器技术和控制技术的不断发展，机器人集群的概念才开始崭露头角。最初的研究主要集中于探索机器人之间通过间接通信和协调来共同完成任务，这为机器人集群的后续发展奠定了基础。2003 年之后出现了一些专注于对象检索、聚类和对象排序的研究。这些研究始于观察群居昆虫的群体行为，并且开发了与群居昆虫行为相似的机器人。以群居昆虫为例，尽管昆虫个体能力十分有限，但大量个体合作形成集群后，就可以高效完成陌生环境探索、觅食、重物搬运等复杂任务。因此，通过局部间简单的相互作用，大量简单机器人构成的系统能够涌现出复杂且宏大的集群行为，这种集群智能使得它们能够共同完成超出单个机器人能力总和的复杂任务。图 8-1 以时间轴为主线给出了机器人集群的起源与发展。

图 8-1　机器人集群的起源与发展

进入21世纪后，智能机器人集群作为现代科技发展的重要成果之一，其发展历程和技术革新始终与计算机技术、控制技术、传感器及通信技术的飞跃紧密相连。高度智能化与自主化将成为机器人集群发展的核心方向。随着人工智能的不断优化与迭代，机器人将具备更强的学习、推理与决策能力，能够在无人干预的情况下自主完成复杂任务。通信技术的迅猛发展同样促进了机器人的集群化。例如，5G等高速无线通信技术的普及应用将为机器人提供稳定可靠的通信保障，实现信息的高效共享与实时交互。物联网技术的发展将进一步拓展机器人集群的应用场景，使其能够无缝融入智慧城市、智能工厂等各类智能系统。从最初聚焦于机器人间协同工作的研究，到后来扩展到对象检索、聚类和对象排序等复杂任务，机器人集群不断借鉴自然界中昆虫社群、鱼群及鸟群等自组织系统的行为模式，通过局部简单交互规则涌现出宏观复杂行为。

8.1.2　机器人集群的发展现状及其应用

进入21世纪以来，随着人们对智能制造需求的大幅提升，单个机器人的劣势逐渐凸显出来，生产需要更加数字化、网络化、智能化，因此机器人集群的理论和应用发展成为必然。目前，在工业制造、仓储物流、侦察监控、环境监测和应急救灾等领域都有机器人集群的身影。

机器人集群是融合了多学科、面向科学前沿的代表性技术，涉及的前沿技术广泛，相互结合也较为紧密，涵盖了人工智能、博弈论和运筹学等，又与复杂系统、信息理论、控制理论等学科密切相关。随着机器人技术的快速发展，工业机器人、移动机器人以及水下机器人等均展现出了机器人集群的巨大应用潜力。不可否认，需求往往是驱动技术发展与变革的首要动力。在这一驱动力的作用下，应用层面涌现出了众多典型案例，如智能物流的广泛应用、精准农业的精确实践、海洋群体探测的深入探索以及无人作战的前沿尝试等。应用的不断丰富和技术的不断创新，无疑为机器人集群的进一步发展注入了新的活力，推动了其技术革新与应用场景的持续扩展。未来机器人集群将朝着更智能化、更广泛的应用、更深度的融合创新以及更可持续的发展方向迈进，推动社会的智能化进程。在这一进程中，实现机器人集群的智能化是核心目标，而要实现这一目标，机器人集群组网的作用尤为关键，其能够显著提升机器人系统的整体效能和适应能力。通过集群组网，机器人能够实时共享信息、协同工作，实现更高效的任务执行。集群化的组织方式使得机器人系统能够灵活应对复杂多变的环境和任务需求，通过合理的任务分配和协调，充分发挥每个机器人的特长和优势。此外，集群组网还能增强系统的鲁棒性，通过引入冗余通信链路和容错机制，可以确保在部分机器人出现故障时，整个系统仍能确保任务的顺利完成。机器人集群组网中，通信时延是影响整个系统性能的关键因素，可以通过设计合理的无线通信技术来降低时延，从而更好地进行信息融合和协同决策，提高机器人集群执行任务的能力。为了提高算法的准确性和效率，可以采用强化学习、深度学习等人工智能技术，对大量的环境信息进行处理和分析。此外，通过优化协同决策算法，机器人能够更好地适应复杂多变的任务环境，提高整体性能。

在工业领域，机器人集群联动已经成为常态。工业机器人一般包括驱动、控制、感知、操作、通信和人机交互六大系统。工业机器人集群是智能制造领域最具代表性的产品，依靠自身动力和控制能力来实现各种功能，替代人力，提高效率。其中，日本的安川电机(YASKAWA)、发那科(FANUC)，德国的库卡(KUKA)和瑞士的阿西布朗勃法瑞公司(ABB)是工业机器人四大家族。安川电机和 ABB 机器人集群的业务范围常见于产品线，包括弧焊、点焊、装配、搬运、上下料等，特点是精度高、速度快、稳定可靠。发那科和库卡机器人集群的主要业务范围是汽车、电子、食品等行业，特点是灵活性强、适应性强，可以满足各种复杂生产流程的需求。表 8-1 汇总了工业机器人四大家族的详细情况。

表 8-1　工业机器人四大家族的详细情况

公司名称	国家	核心业务	机器人集群主要应用领域	机器人集群相关优势
安川电机	日本	伺服电机、运动控制器、电子电气	性价比高、实用性强，适用于重复性高的任务	高效的自给自足部件支持稳定集群操作，易于扩展和维护
发那科	日本	数控系统、自动化、机器人本体	标准化程序、操作便利，适用于精密制造	强大的整合能力使得机器人集群在精密制造中协同高效
库卡	德国	机器人本体、系统集成、物流自动化	开放式操作系统，适用于汽车等行业的高端定制需求	开放式操作系统促进集群内机器人的多功能性和快速重新配置
ABB	瑞士	电力产品、运动控制、自动化、系统集成	核心技术优势，适用于电子电器和物流搬运等多样化需求	强大的系统集成和运动控制技术支持复杂环境下的集群协同作业

在农业领域，机器人集群在播种、施肥、灌溉、收割等作业上均表现出了很高的经济价值。通过集群协同作业，可以实现农田的精准管理，提高农作物产量和质量。此外，机器人集群还可用于农产品的加工和包装，实现农业生产的自动化和智能化。图 8-2 展示了机器人集群种植农作物的实际场景，机器人集群的应用有效地提高了生产效率。香蕉是广东省的主要经济作物之一，由于香蕉成熟期较短，单体机器人采摘香蕉效率较低。研究人员在广东省农业科学院白云试验基地和仲恺农业工程学院白云校区农场开展应用示范，图 8-3 展示了采用香蕉采摘机器人集群代替单体机器人采收香蕉的场景，机器人集群协同工作提高了香蕉采摘的效率。以色列一家公司特维夫(Tevel)也可以提供集群采收机器人服务，能够针对不同农业面积和作物种类，部署不同大小的机器人集群进行采收。这项服务于 2022 年在以色列展开，2023 年也已经在西班牙、美国和意大利开展试点项目。

图 8-2　机器人集群种植农作物的实际场景

图 8-3　采用香蕉采摘机器人集群代替单体机器人采收香蕉的场景

在特种应用领域，机器人集群目前最直接的应用场景是水下机器人和空间机器人。水下机器人领域较为成熟的机器人有意大利 Saipem 公司的 Innovator 系列水下机器人，主要用于监测海床和收集数据；美国 Oceaneering 公司的 E-Novus 水下机器人，主要用于油气作业；法国 ECA 集团的 H2000 型水下机器人，主要用于进行沉船和失事飞机调查和打捞；中国科学院沈阳自动化研究所研制的“海星 6000”水下机器人，主要用于科考探索任务；上海交通大学自主研制的“海龙号”水下机器人，主要用于水下管道和电缆的检测维修等任务。随着世界各国加紧开发丰富的海底资源，单体机器人已经无法满足需求，而水下机器人集群能完成复杂而大量的工作，其能深入海底并通过协同合作执行海底地形测绘、海洋资源勘探、环境监测以及海底设备检修等任务。图 8-4 展示了水下探索机器人集群工作场景，通过机器人集群组网，能够实时共享信息并协同完成任务。水下机器人实时传输并共享数据，操作人员可以实时监控水下机器人的工作状态和位置，并根据需要进行远程调度。该机器人集群为无中心组网结构，每个机器人都可以作为终端节点、中继节点或中心节点与其他机器人进行组网。关于无中心组网更详细的内容参见本书第 10 章，这种组网结构灵活性强，能够适应水下环境的多变性，并且减少了单点故障对系统带来的影响。图 8-5 展示了一种空间探索机器人集群工作场景，在该场景中，空间机器人集群能够协助航天员进行空间站建设、卫星维护以及深空探测，通过自主导航和控制系统精确执行复杂空间操作，收集并分析行星表面数据，为人类探索宇宙提供重要支持。在 2012 年，中国科学院长春光学精密机械与物理研究所和哈尔滨工业大学共同建造了空间机器人工程中心，以空间机械设计与制造以及飞行器环境工程专业为依托，开展了一系列的由智能机器人集群主导的对航天器的机电设计、力学设计、热控设计及试验验证工作。其中，集群机器人可以协同工作，共同完成模块的组装和对接。地面控制中心可以实时监测和操控空间机器人的工作状态和位置。这种远程监测和操控能力确保了任务的安全性和可靠性，并提高了机器人集群应对太空环境变化的能力。

图 8-4　水下探索机器人集群工作场景

图 8-5　空间探索机器人集群工作场景

在服务领域，机器人集群的应用也越来越广泛。科沃斯公司研发的智能家用清洁机器人，通过集成先进的智能导航和感知技术，引入了机器人集群开展工作，这种集群工作模式允许多个扫地机器人协同作业，智能分配清洁任务，优化清洁路线，避免重复或遗漏区域，从而进一步提高家庭清洁的效率。上海擎朗智能科技有限公司开发的送餐机器人“飞鱼”已经实现了在多家餐饮店中的集群应用，这些机器人通过智能集群控制系统相互协作，能够自动完成传菜和收盘的工作。集群中的每个“飞鱼”机器人都具备独立导航和任务执行的能力，同时它们能够通过先进的通信技术实时共享信息，协调各自的行动以优化服务流程。深圳市米克力美科技有限公司推出的外墙清洗服务机器人集群，通过智能协同作业、路径规划和自主避障等技术，实现了多台机器人同时清洗不同建筑外墙的高效作业。集群控制系统实时监控和优化清洗策略，共享数据以提升作业质量和效率。机器人之间的智能协调机制确保了整个集群在安全、节能以及持续运行方面的高效表现，与此同时，远程监控与维护系统的引入，进一步提升了作业的可靠性。这种集群化的应用模式不仅显著提高了清洗工作的效率，而且通过智能化的管理手段，为城市环境的美化工作贡献了不可或缺的重要力量。这些应用场景共同展示了服务行业机器人集群的多样性和高效性，预示着它们将在未来服务行业中发挥更加重要的作用。表 8-2 汇总了服务机器人的大致类型。

表 8-2　服务机器人的大致类型

类型	家庭服务机器人	商用服务机器人
具体种类	扫地机器人	送餐机器人
	拖地机器人	迎宾机器人
	擦窗机器人	酒店机器人
	儿童陪伴机器人	商店导购机器人
	教育机器人	银行柜台机器人
	休闲娱乐机器人	巡检机器人
	…	…

在军事领域，机器人集群已经从理论层面走向具体实战层面，成为改变战争形态的关键力量。在阿富汗战争中，美军利用背包机器人在复杂地形中执行侦察和排雷任务，显著提高了作战效率并减少了士兵伤亡。伊拉克战场上，美军部署了大量无人机和地面机器人，如“剑”机器人，它们能够进行面对面交战，增强了战场的立体作战能力。以色列的“机器人军团”在边境巡逻、情报收集和作战辅助中发挥了关键作用，体现了机器人集群在多域作战中的灵活性。美军的无人系统战略强调了实现多个机器人系统的组合作战，如模块化先进武装机器人系统和 MAARS 地面无人作战平台，它们在实战中展现了机器人集群的多功能性和协同作战能力。在俄乌冲突中，俄罗斯军队首次投入了由“平台-M”、“暗语”和“天王星-9”等多功能战斗机器人组成的机器人作战连，标志着战争形态向智能化、无人化的重大转变。低成本和大规模部署的潜力预示着未来战争的颠覆性变革，战斗机器人集群将成为战场上的主力，执行多样化的高风险任务。图 8-6 展示了现代战争中的机器人集群应用愿景，将多个具有不同功能的机器人系统协同起来，形成了一种高度自主、智能化的作战网络，能够执行复杂的军事任务。总结来说，机器人集群技术的发展和应用，正在推动军事作战模式向无人化、智能化、网络化方向转变。通过集群内各机器人的协同作业，不仅提高了作战效率，降低了成本，还极大地增强了战场适应性和任务灵活性。随着技术的不断进步，未来机器人集群将在更多军事领域展现其巨大潜力，成为决定战争胜负的关键因素。

机器人集群的研究中，学术界目前重点关注如下研究方向：①提升机器人集群的协同性和自主性，使其在复杂多变的环境中能够更高效地完成任务。②提高感知精度和通信可靠性，联合感知与通信技术的研究，实现成员间的信息共享和行动协调。③提升机器人集群的学习与优化能力，并运用人工智能技术推动其发展。通过引入深度学习和强化学习等人工智能技术，机器人集群能够具备自我学习、优化和改进的能力，以适应不断变化的任务需求。这种自我适应和进化的能力将极大地提升机器人集群的灵活性和适应性。为了实现这一目标，机器人集群需要完成自主学习、人机交互、语义分析，尤其是对自然语言的理解。同时，人工智能中的关键技术，如感知技术、强化学习以及深度学习等技术将会完全移植到机器人中，推动未来的机器人集群演进为一种智能化的系统。

图 8-6　现代战争中的机器人集群应用愿景

8.2　机器人集群通信及组网

智能机器人集群
数字通信系统

8.2.1　机器人之间的通信

在机器人集群系统中，有效的通信是确保各个机器人能够协同工作、完成复杂任务的关键所在，不仅要求速率高和准确度高，还必须具备强大的抗干扰能力和高度的灵活性，以适应不断变化的任务需求和复杂多变的工作环境。常见的通信系统可根据通信的业务、调制方式、信号特征以及信号复用方式等进行分类，在本节中重点介绍依据通信的信号特征进行分类的通信系统。根据通信信号是模拟信号还是数字信号，将通信系统分为模拟通信系统和数字通信系统。随着无线通信技术的发展，模拟通信系统已无法满足机器人传输数据的需求，当前机器人通信主要以数字通信系统为主。图 8-7 展示了数字通信系统模型的一般框架。

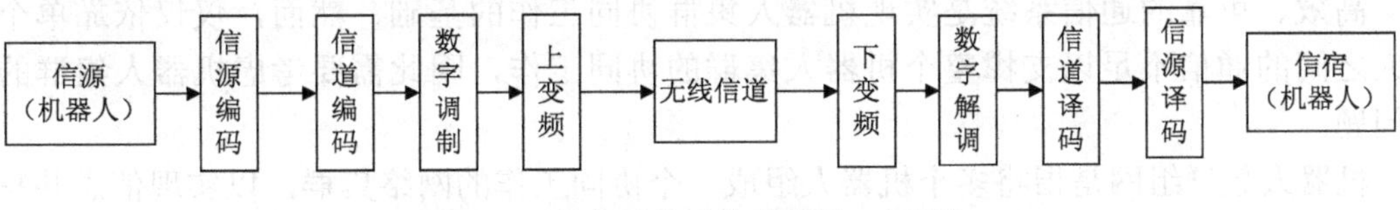

图 8-7　数字通信系统模型的一般框架

数字通信系统中主要包括信源与信宿、信源编码与信源译码、信道编码与信道译码、数字调制与数字解调以及上变频与下变频。下面，将详细介绍图 8-7 中各个模块在数字通信系统中的作用。

信源与信宿是信息的起点与终点，在机器人集群中，信源是信息的发源地，可以是任何一个机器人需要发送的数据、指令或状态信息。这些信息经过处理后，通过通信系统传输至目标机器人(信宿)。信宿接收信息后，进行解析并执行相应的操作或响应。

信源编码是将信源输出的信号转换为适合在通信系统中传输的形式。在机器人集群中，这通常涉及对传感器数据、控制指令等信息的压缩和编码，以减少传输数据量，提高传输效率。常见的编码有哈夫曼编码、游程编码等，对图像、声音等多媒体数据进行压缩，可以显著降低传输带宽需求。信源译码则是信源编码的逆过程，负责在信宿端将接收到的编码信号还原为原始信号，确保信号的准确性和完整性。

信道编码通过在原始信号中增加冗余信息(如校验码、纠错码)来提高信号在传输过程中的抗干扰能力和可靠性。在机器人集群通信中，环境复杂多变，信号可能受到电磁干扰、多径效应、机器人之间的干扰等因素的影响，导致传输错误。信道编码技术，如卷积码、Turbo 码、低密度校验码(LDPC 码)、极化码(Polar 码)等，能够有效检测和纠正这些错误，确保信号准确无误地到达信宿。信道译码则是信道编码的逆过程，负责在接收端对编码后的信号进行解码，恢复出原始信号。

数字调制是将数字基带信号转换为适合在信道中传输的频带信号的过程。在无线通信中，由于信道带宽有限且存在噪声干扰，直接传输数字基带信号往往难以实现高效可靠的通信，因此需要通过调制技术将基带信号调制在中频或高频段上，形成频带信号进行传输。常见的数字调制方式包括相移键控(PSK)、正交振幅调制(QAM)等。在接收端，数字解调则是数字调制的逆过程，负责从已调信号中恢复出原始的数字基带信号。

上变频和下变频是无线通信中常用的频率变换技术。上变频指将信号的频率从低频变换到高频，以适应无线信道的传输特性。在机器人集群通信中，发射端通过上变频将信号频率从基带或中频变换到适合无线信道传输的高频段，接收端则通过下变频将接收到的高频信号变换回基带信号或中频信号，以便进行后续的信号处理。上变频和下变频不仅有助于实现信号的远距离传输，还能提高信号的抗干扰能力和频谱利用率。

机器人集群通信涵盖信源编译码、信道编译码、数字调制解调及上下变频等技术。这些技术协同工作，确保信号高效准确地在机器人间传输，同时提升通信系统的抗干扰性和可靠性。这样，机器人集群能在多变的工作环境和任务需求中，保持高效协同作业，展现出强大的适应性和协作能力。

8.2.2 机器人集群组网

高效、可靠的通信系统是实现机器人集群协同工作的基础，然而，仅仅依靠单个机器人之间的通信不足以支撑整个机器人集群的协同工作，因此需要考虑机器人集群的组网问题。

机器人集群组网是指将多个机器人组成一个协同工作的网络集群，以实现信息共享、协同作业和任务分配。在工业自动化、农业智能化、军事安防以及救援应急等领域，机器人集群组网发挥着越来越重要的作用。通过集群组网，机器人能够相互协作，共同完成复杂的任务，降低了人力成本，提高了工作效率。同时，集群组网还能够增强机器人的适应性和灵活性，使其能够更好地应对各种复杂多变的环境和任务。机器人集群通信网络的组建需要考虑机器人集群系统所处复杂环境的因素，选择合适的组网技术来组建多机器人通信网络对多机器人共同合作完成任务有着重要意义，通常机器人集群的组网按结构可分为有中心组网和无中心组网，下面将详细介绍机器人集群有中心和无中心组网结构。

机器人集群有中心组网结构是指存在一个负责全局任务分配的控制中心(控制器)，这个控制中心可以由群体中的某个机器人担任，或由群体以外的处理器担任，负责每个机器人的任务分配，提供共享信息以及负责冲突的消解。图 8-8 给出了一种典型的有中心机器人通信网络结构，其中计算机代表控制中心，主要用来接收和发送控制信息，控制各个机器人的活动情况等，这些机器人的运动和状态都是由控制中心来控制的，各个机器人之间不能进行数据共享，在本书第 9 章中将详细介绍机器人集群有中心组网。

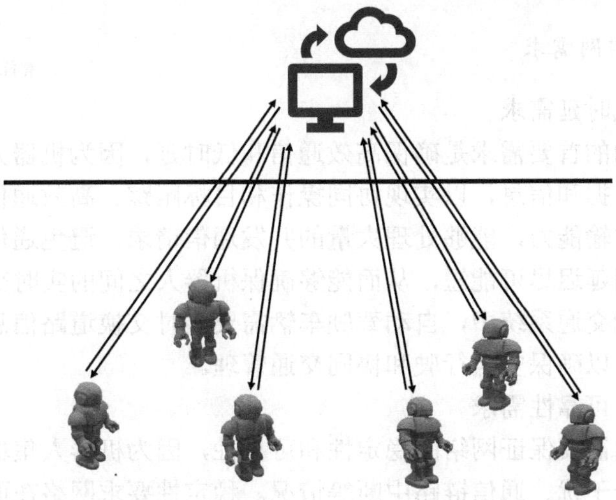

图 8-8　有中心机器人通信网络结构

机器人集群无中心组网结构是指集群中没有主控单元，各个机器人之间的关系平等，机器人之间进行信息交流并进行自主决策，即使网络中的某个局部出现故障，也不会影响整个网络的操作，因此具有很高的鲁棒性。图 8-9 给出了一种典型的无中心机器人通信

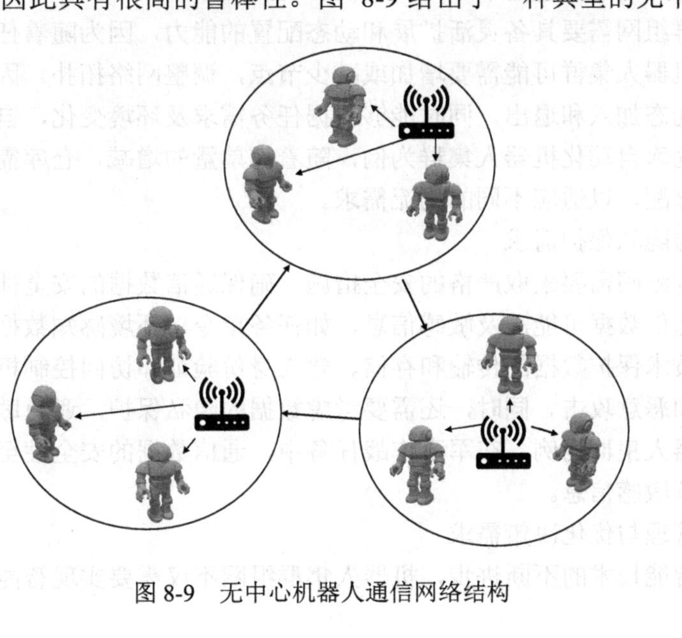

图 8-9　无中心机器人通信网络结构

网络结构，其中机器人外围的圆圈代表一个网络范围内能进行通信的最大范围，这个范围是根据中心节点天线的覆盖范围确定的，在本书第 10 章中将详细介绍机器人集群无中心组网。

综上所述，机器人集群有中心组网依靠控制中心进行任务分配和信息共享；机器人集群无中心组网则让机器人平等交流、自主决策，网络鲁棒性强。两种结构各有特点，适用于不同场景，具体细节可分别参见本书第 9 章和第 10 章。

8.2.3　机器人集群组网需求及组网方式

智能机器人集群组网

1. 机器人集群组网需求

1) 高效通信与低时延需求

机器人集群组网的首要需求是确保高效通信和低时延，因为机器人集群在执行任务时需要实时交换大量数据和信息，以实现协同操作和目标跟踪。高效通信意味着通信协议应该具有高速的数据传输能力，能够处理大量的并发通信请求，避免通信瓶颈。低时延则要求通信过程中的时间延迟尽可能短，从而能够确保机器人之间的实时交互。以自动驾驶车辆集群为例，在智能交通系统中，自动驾驶车辆需要实时交换道路信息、交通信号信息以及车辆状态信息等，以确保安全行驶和协同交通管理。

2) 网络稳定性与可靠性需求

机器人集群组网需要保证网络的稳定性和可靠性，因为机器人集群的工作环境可能充满不确定性，如信号干扰、通信链路中断等情况。稳定性要求网络在面对各种干扰和故障时能够保持正常运行；可靠性则要求网络具备自我修复和容错能力，能够在节点故障或链路中断时自动调整网络结构，保持通信的畅通。以深海探索机器人集群为例，在深海环境中，通信链路可能受到水流、温度和压力的影响，需要稳定的网络通信来确保数据收集和指令传输的可靠性。

3) 灵活扩展与动态配置需求

机器人集群组网需要具备灵活扩展和动态配置的能力，因为随着任务的复杂性和规模的不断变化，机器人集群可能需要增加或减少节点，调整网络拓扑。因此，这要求网络能够支持节点的动态加入和退出，同时能够根据任务需求及环境变化，自动优化通信参数和网络拓扑。以仓库自动化机器人集群为例，随着订单量的增减，仓库需要动态调整机器人的数量和任务分配，以适应不同的物流需求。

4) 安全性与隐私保护需求

机器人集群组网需要采取严格的安全措施，确保通信数据的安全性和隐私性，因为机器人集群中的通信数据可能涉及敏感信息，如任务指令、环境感知数据等。安全措施主要包括使用加密技术保护数据的传输和存储、建立身份验证和访问控制机制等，进而防止未经授权的访问和恶意攻击。同时，还需要考虑数据的隐私保护，避免敏感信息的泄露和滥用。以战争机器人集群为例，在军事作战任务中，通信数据的安全性至关重要，需要防止敌方截获和破解敏感信息。

5) 智能化管理与优化决策需求

随着人工智能技术的不断进步，机器人集群组网不仅需要实现智能化管理，还应满足优化决策的需求。智能化管理依然强调网络能够自主执行资源分配、故障检测与恢复等任务，以减少人为干预。优化决策需求则侧重于网络能够基于实时数据分析和预测，做出最优的决策，以提升整体效能。以智能农业机器人集群为例，网络不仅需要根据农作物的生长状况和天气变化智能调整灌溉、施肥等作业，还应通过分析历史数据和当前环境参数，预测最佳作业时间和方式，从而进一步提高农业生产效率。

6) 标准化与互操作性需求

为了实现不同机器人和系统的互联互通，组网方案需要遵循标准化协议和规范。这有助于降低系统集成和调试的复杂性，提高整个系统的兼容性和可扩展性。同时，还需要考虑互操作性需求，确保不同品牌和类型的机器人能够无缝地进行通信和协同工作。以智能制造生产线为例，不同品牌和类型的机器人需要遵循统一的标准进行通信和协作，以实现高效的生产流程。

7) 成本效益与经济性需求

在实际应用中，组网方案的成本效益和经济性也是需要考虑的重要因素。这要求方案在满足性能指标的同时，尽可能降低硬件成本、软件开发和维护成本等。通过优化网络设计和降低实施成本，可以提高整个机器人集群的经济效益和市场竞争力。以家庭服务机器人集群为例，在家庭环境中，机器人的成本效益是用户选择的重要考虑因素，机器人需要在满足功能需求的同时降低成本。

综上所述，机器人集群组网须满足多项关键需求。高效通信与低时延确保实时交互、网络稳定性与可靠性保障数据完整与通信连续、灵活扩展与动态配置适应任务变化、安全性与隐私保护防止数据泄露、智能化管理与优化决策提升效率与适应性、标准化与互操作性促进不同机器人协同工作、成本效益与经济性则关乎市场竞争力，这些核心需求旨在打造高效、安全、灵活且经济的机器人集群系统。

2. 机器人集群组网方式

机器人集群常见的组网方式包括基于蜂窝移动通信网络的组网方式、基于 Wi-Fi 的组网方式和基于自组织网络(自组网)的组网方式等，其中前两种属于有中心结构，最后一种属于无中心结构。基于蜂窝移动通信网络的组网方式提供广域覆盖和高速数据传输，支持机器人的移动性；基于 Wi-Fi 的组网方式利用无线局域网技术，实现高效、低成本的通信；基于自组网的组网方式则通过机器人自身的通信模块实现动态组网，不需要外部设施。这些方式各具特色，适用于不同场景，为机器人集群的协同工作提供了灵活、可靠的通信支持，下面分别进行介绍。

1) 基于蜂窝移动通信网络的机器人集群组网方式

基于蜂窝移动通信网络(简称蜂窝网络)的机器人集群组网原理是使用移动通信标准(如 4G、5G)，通过基站与机器人通信。机器人通过内置或外接的蜂窝通信模块与最近的基站建立连接，实现数据传输。基于蜂窝移动通信网络的机器人集群网络由多个基站组成，每个基站负责特定地理区域的信号覆盖。核心网络在蜂窝移动通信中承担重要作用，用于移动性管理、服务网关等功能，移动性管理实体用于跟踪和管理移动机器人的位置信息；服务网关用于数据的转发，连接蜂窝网络和外部网络，配备蜂窝通信模块的设备能够接入蜂窝网络进行通信。

2) 基于 Wi-Fi 的机器人集群组网方式

基于 Wi-Fi 的机器人集群组网原理是利用 2.4GHz 或 5GHz 的无线通信频段，依据 IEEE 802.11 标准，利用无线接入点(wireless access point，WAP)广播无线信号，形成无线网络覆盖区域，机器人通过内置或外接的 Wi-Fi 模块连接到这个网络，支持有线网络通过 WAP 转换为无线信号，实现网络的扩展和覆盖。基于 Wi-Fi 的机器人集群组网构成有：无线接入点，用于发送和接收无线信号，连接有线网络和无线设备；路由器，将无线网络与互联网连接起来；交换机/集线器，用于扩展有线网络连接，提供更多的以太网端口。配备 Wi-Fi 模块的移动机器人或固定设备，负责执行任务并与其他设备通信。

3) 基于自组网的机器人集群组网方式

基于自组网的机器人集群组网原理是利用自组网技术允许机器人在没有预设基础设施的条件下，通过点对点通信形成动态网络。每个机器人节点都能够发送、接收和转发信息，实现网络的自组织和自愈合。该组网方式采用无中心路由协议，如 Ad hoc On-demand Distance Vector (AODV) 或 Dynamic Source Routing (DSR) 等。基于自组网的机器人集群组网构成有：机器人节点，每个节点都具备通信能力，能够独立发现路由并维持网络连接；无线通信模块，负责机器人之间的无线通信，包括数据收发、信道选择、路由选择等；路由协议，负责在节点之间发现和维护路由；MAC 层协议，管理无线信道的访问，如 IEEE 802.11 的 CSMA/CA 机制。

表 8-3 给出了三种组网方式的关键指标对比。

表 8-3　三种组网方式的关键指标对比

指标	基于 Wi-Fi 的机器人集群组网	基于蜂窝网络的机器人集群组网	基于自组网的机器人集群组网
传输速率	2M～46Gbit/s	100M～10Gbit/s	取决于节点和协议
覆盖范围	室内/局部区域	广域	动态，多跳扩展
稳定性	高	高	中～高，自适应
安全性	WPA2 加密	运营商级加密	须自定义加密措施
成本	低	中～高	中，取决于设备
灵活性	高	中	高
可扩展性	有限	高	高
移动性支持	有限	优秀	优秀
自适应性/自我修复	无	无	优秀

结合前面讨论的农工业、服务行业、探索行业和军事行业，表 8-4 给出了这几类应用场景下通常适用的组网方式。

在农业领域，通常使用 Wi-Fi 或自组网，因为农业机器人通常在固定的农田或温室工作，Wi-Fi 可以提供稳定且成本效益高的连接；自组网适用于监测广阔农田或在偏远地区工作。在工业环境中，Wi-Fi 提供稳定连接，适合自动化生产线；蜂窝网络适合需要远程监控或移动性的工业机器人。在服务行业，Wi-Fi 适用于固定的服务区域，如餐厅或商场；蜂窝网络适合移动服务机器人，如快递配送或移动零售。在探索行业，自组网可以在没有基础设施的环境中提供通信能力，适应多变的地形和环境。在军事行业，军事行动可能跨越广阔地域，需要快速部署和高移动性，蜂窝网络和自组网都能提供所需的通信能力，尤其在基础设施受损或敌方干扰的情况下。

表 8-4　几类应用场景下通常适用的组网方式

领域	推荐组网方式	推荐原因	关键指标表现
农业	Wi-Fi/自组网	农业作业区域通常固定，Wi-Fi 成本效益高；自组网适用于开阔田野	传输速率：高；覆盖范围：局部/动态；稳定性：高；成本：低
工业	Wi-Fi/蜂窝网络	工业环境内部 Wi-Fi 连接稳定；蜂窝网络适合远程监控和移动作业	传输速率：非常高；覆盖范围：广域；稳定性：高；成本：中～高
服务行业	Wi-Fi/蜂窝网络	服务区域固定，Wi-Fi 满足通信需求；蜂窝网络适合移动服务场景	传输速率：高；覆盖范围：局部/广域；稳定性：中；成本：中
探索行业	自组网	探索环境可能缺乏基础设施，自组网灵活、适应性强	传输速率：变化；覆盖范围：动态；稳定性：自适应；成本：中
军事行业	蜂窝网络/自组网	军事行动需要广域覆盖和快速部署，蜂窝网络和自组网均适用	传输速率：非常高/变化；覆盖范围：广域/动态；稳定性：高/自适应；成本：高

8.3　群体智能与机器人集群的智能化

8.3.1　群体智能的概念

群体智能，作为一种由众多个体协同合作展现的智能行为，超越了单个个体的智能水平，广泛存在于自然界的昆虫社群、鸟群和鱼群等现象中。自 20 世纪 90 年代起，随着计算机科学、神经科学和人工智能等领域的蓬勃发展，群体智能的研究逐渐受到重视。如今，它已成为人工智能、经济学及生物学等多个领域的热门研究方向。

群体智能的概念最早在 1989 年由 Beni 在研究细胞机器人的自组织现象时提出，旨在描述群居生物通过协作展现出的集体智能，并探索借鉴自然界的群体协作行为来解决问题或构建人工集群系统。尽管群体智能系统中的个体智能有限，但它们通过相互协作与分工完成复杂任务。经过三十多年的发展，群体智能的研究已经取得了显著进展，从最初的蚁群优化算法、粒子群优化算法(particle swarm optimization, PSO)等，逐渐扩展到机器人集群、无人集群等群体智能系统的研究。随着互联网的普及和大数据技术的快速发展，群体智能的研究进一步拓展到基于互联网的群体智能理论、系统与应用，以及人机物融合的群体智能计算。概括而言，群体智能目前主要包括以下三种形态。

1. *互联网群体智能*

互联网群体智能指的是在广泛深度交互的互联网环境下，大规模人群为了特定目标在线共同作用，从宏观上产生的一种超越个体智能局限性的智能状态。这种智能状态使得群体具备了完成复杂任务的能力。例如，基于群体化编辑的维基百科、基于群体化开发的开源软件、基于众问众答的知识共享平台以及基于众智众享的 App 商店等，都是互联网群体智能的实例。这种形态下的群体智能理论是人工智能领域的重要研究方向之一，为人工智能在其他领域的研究提供了基础性和支撑性作用。

2. 无人系统群体智能

无人系统群体智能指的是由众多相对自主、人工研发的无人自主运动体通过相互协作与分工涌现出的复杂智能行为的特性。无人机集群、无人艇集群、无人坦克集群以及工业智能机器人集群等，都是无人系统群体智能的典型实例。这些无人集群以低成本、分散化的方式，满足了复杂任务的功能需求，展现出单个无人自主运动体难以企及的智能水平。无人系统群体智能在军事和民用领域都具有广泛的应用前景。

3. 人机物融合群体智能

人机物融合群体智能指的是通过人、机、物异构群智能体的有机融合，构建具有自组织、自学习、自适应、持续演化等能力的智能感知计算空间，实现智能体个体技能和群体认知能力的提升。在万物智联的推动下，人机物融合已成为信息技术发展的重要趋势，这一趋势促使人机物融合群体智能成为一种面向未来的新型智能形态。智慧城市、智能制造、智能战场等是人机物融合群体智能的典型实例。这种形态下的群体智能充分利用了人、机、物各自的优势，实现了智能体的有机融合和协同工作。

综上所述，群体智能以其独特的协同合作与涌现性特征，为复杂问题的求解提供了新思路，并在多个领域展现出广泛的应用前景。表 8-5 从关键要素、实现方式和典型应用比较列出了互联网群体智能、无人系统群体智能和人机物融合群体智能三种形态群体智能的差异。

表 8-5　三种形态群体智能的差异

主要形态	关键要素	实现方式	典型应用
互联网群体智能	人群、互联网络	特定人群通过互联网在线协作，激发个体智能，汇聚群体智能	众包、开源软件开发
无人系统群体智能	无人集群、网络	多个无人系统间通过无线网络相互协作，汇聚群体智能，完成复杂任务	协同作战、物流配送、抢险救援等
人机物融合群体智能	人、机、物	人、机、物异构群智能体有机融合，能力互补，群智涌现	智慧城市、智能制造、智能战场等

8.3.2　实现机器人集群智能化的方法

群体智能机器人的协同控制问题源于人类对大自然现象的思考。在自然界中，动物的集体行为(如鸟群、鱼群和蚁群等动物的群体活动)表明，每一个单独的个体都可以组成一个群体系统，研究人员通过对生物系统内部工作机制的研究，将这些生物理论应用到实际中，为新兴的产业提供了理论上的支撑。例如，无人机群的协同工作、智慧物流中机器人的协同作业以及智慧交通系统、水下航行系统等，都是无人系统群体智能形态的典型应用场景。群体智能机器人的无中心协同控制问题一直是众多研究人员关注的热点，这源于群体智能机器人在许多领域的成功应用，如群体智能机器人的追踪、编队和集群等。

群体智能机器人技术的发展及其所展现的实际应用价值已经吸引了许多人的目光和兴

趣。群体智能机器人系统的能力在单个机器人的 N 倍以上，而且能够完成单个机器人无法完成的困难任务，因此无中心的群体智能机器人系统很有应用前景，并已经在很多领域得到了应用。图 8-10 展示了群体智能机器人在物流中的应用。

图 8-10　群体智能机器人在物流中的应用

实现机器人集群智能化需要考虑多方面的因素，包括仿生学、人工智能算法、大模型应用以及先进的硬件与传感器技术等。首先需要满足一些基本原则，如邻近原则、品质原则、多样性反应原则、稳定性原则和适应性原则。这些原则指导了群体在不同环境下进行决策和行动。群体智能需要具有自组织性，即机器人集群能够通过简单的个体交互展现出复杂的群体行为。在具体实现中，可以借鉴仿生学原理，从自然界中寻找灵感。例如，蜜蜂采蜜过程中的分工合作机制，可以为机器人集群的任务分配提供启示。蜜蜂通过舞蹈语言传递蜜源信息，集群中的工蜂根据这些信息协同工作，确保整个蜂群的效率最大化。将这种机制引入机器人集群，在实际生产中可以通过智能算法模拟蜜蜂的分工合作，实现任务的动态分配。人工智能在实现机器人集群智能化中扮演着核心角色。机器学习与深度学习技术赋予机器人强大的自我学习能力，使其不断优化感知、决策与控制策略，以适应复杂多变的环境和任务。强化学习则让机器人在与环境的互动中找到最优行为策略，优化集群整体性能。计算机视觉与传感器融合技术增强了机器人对环境的全面感知能力，多智能体系统间的协调与协作则确保集群高效完成任务。人工智能技术促进了机器人集群的智能化水平，推动了其在多领域的应用与发展。大模型在实现机器人集群智能化中也发挥了重要作用，特别是预训练大语言模型(如 GPT 系列、BERT 等)，在自然语言处理领域取得了显著突破，为机器人理解和生成自然语言提供了强有力的支持。在机器人集群中，这些大模型可以用来提升机器人的语言理解能力，使它们能够更准确地理解人类指令、交流需求及环境信息。例如，通过引入大模型进行语义解析，机器人能够更精准地捕捉指令中的意图，并在集群内部进行有效沟通。此外，大模型还具备强大的知识推理和生成能力。机器人集群在执行复杂任务时，往往需要基于大量背景知识进行决策。大模型可以整合互联网上的海量知识库，为机器人提供实时的知识支持，帮助它们做出更加合理、准确的决策。在硬件与传感器技术方面，引入先进的感知设备，如激光雷达、摄像头和红外传感器等，能够提升机器人对周围环境的感知能力。借鉴蝙蝠通过超声波定位猎物的机制，机器人可以利用类似的传感技术实现精准导航和避障。此外，结合机器视觉和自然语言处理技术，机器人不仅能够识别物体，还能理解人类指令，增强人机协作能力。

通过综合应用仿生学原理、智能算法、大模型预测以及先进的硬件与传感器技术，机器人集群能够具备强大的自组织性、感知能力、学习优化能力和人机协作能力，从而实现高效的群体智能。这不仅提升了机器人集群在复杂环境中的适应能力，也为其在更多领域的应用提供了广阔前景。

下面介绍如何表征群体智能。群体智能的表征是一个多维度的评估过程，它要求从不同角度来衡量和理解机器人集群的行为和性能。协作效率是衡量群体智能协同工作以快速、有效地完成任务的关键指标；鲁棒性评估了群体在面对挑战，如环境变化或个体故障时，保持功能和稳定性的能力；适应性则关注群体智能对新环境或新任务的响应能力，以及它们调整策略以优化性能的速度；可扩展性是另一个重要方面，它衡量当群体规模增大时，智能系统是否能够维持或提升其性能；通信效率涉及群体成员之间的信息交换，评估通信成本与任务完成效率之间的关系；决策质量则评价群体智能在解决问题时所做出的决策是否接近最优解，这通常通过与已知的最优解或启发式方法进行比较来实现；人机交互能力是衡量群体智能与人类用户进行有效沟通和协作的能力，这通常通过评估用户满意度、任务完成度和交互的自然流畅度来实现。

综合这些评估维度，能够获得一个全面的视图，了解群体智能在实际应用中的表现和潜力，以及它们能够在多样化的环境中实现高效、可靠的操作。这种全面的表征不仅有助于识别现有系统的优势和局限性，还为未来的研究和开发提供了方向，推动了群体智能技术向更高层次的自主性、灵活性和智能化发展。这些方法的结合应用将推动机器人群体智能的发展，使其在更多领域发挥重要作用。

8.3.3　智能机器人集群中的协同、规划与控制

随着应用场景的不断拓展，从工业生产到服务领域，乃至极端环境下的探索任务，智能机器人集群的高效运作成为关键。为了实现这一目标，应深入剖析并优化机器人集群技术的关键环节。其中，任务分配直接关系到工作效率与资源利用的最大化；路径规划则是确保机器人能够自主、安全地完成既定任务的基础；机器人集群控制技术能够提升系统整体性能，并应对复杂多变的任务环境。因此，本节将从任务分配、路径规划和机器人集群控制技术这三个核心方面进行深入阐述，以期为机器人集群技术的进一步发展提供理论支持与实践指导。

任务分配涉及为整个机器人集群制定一系列协同行动计划，以确保集群能够高效地完成特定任务，其需要考虑集群中每个机器人的能力、约束条件以及任务目标，并根据这些因素生成合适的任务分配和协同策略。通过合理的任务分配，可以确保集群中的每个机器人都能够发挥自己的优势，并协同完成复杂任务。

在群体环境中，路径规划需要考虑多个机器人之间的协同工作和碰撞避免。它涉及为每个机器人确定从起点到终点的最优路径，并考虑集群中其他机器人的位置和动作。路径规划算法需要考虑机器人的移动能力、环境的动态变化以及其他机器人的状态，以确保整个集群能够安全、高效地执行任务。

机器人集群控制技术涉及对集群中每个机器人的硬件和软件系统的操作和控制，确保机器人能够按照预定的路径和决策执行动作。机器人集群控制技术需要考虑机器人之间的

通信和协作，确保信息的实时共享和同步。通过精确的控制，机器人集群能够协同完成各种复杂任务，并展现出集体智慧的行为。

1. 任务分配

在机器人群体智能的领域中，任务分配是确保机器人集群能够高效、有序地完成复杂任务的核心环节。它不仅仅是一个简单的任务分解和分配过程，更是涉及对机器人能力评估、任务优先级排序、资源优化利用等多方面的综合考虑。

任务分配的首要步骤是对整体任务进行深入的分析和理解。这包括明确任务的目标、约束条件、时间要求等关键信息，以及了解任务执行过程中可能遇到的各种挑战和不确定性。通过对任务的全面把握，可以为后续的路径规划提供明确的方向和依据。接下来，任务分配需要根据机器人集群的特点，将整体任务分解为多个子任务。这些子任务需要具有明确的目标、输入和输出，以便机器人能够清晰地理解并执行。在分解任务时，需要充分考虑机器人的能力、状态和任务需求，确保每个子任务都能够被合适的机器人执行。在任务分配过程中，需要考虑多个因素，如机器人的能力、状态、任务优先级、资源限制等。通过合理的任务分配，可以确保每个机器人都能够充分发挥其优势，避免资源的浪费，并提高整体任务的执行效率。同时，任务分配还需要考虑任务之间的依赖关系和优先级，以确保任务能够按照预定的顺序和进度执行。

为了实现高效的任务分配，研究者提出了多种算法和方法，如强化学习算法、遗传算法和粒子群优化算法。这些算法通过模拟自然选择和群体智能的原理，在搜索空间中寻找最优的任务分配方案。它们能够处理复杂的约束条件和非线性关系，并通过迭代优化找到接近最优解的方案。此外，还有一些基于规则的方法也广泛应用于任务分配中，这些方法通过定义一系列规则来指导任务的分解、分配和执行过程。规则可以根据实际需求和机器人能力进行定制和调整，以满足不同的任务要求。

本节以粒子群优化算法为例介绍任务分配。在机器人集群系统中，单一的蚁群算法只能计算出当前环境下的目标方向，无法满足复杂任务的要求，因此在蚁群算法的基础上引入速度优化算法以扩展其适用范围。粒子群优化算法是由美国科学家 Kennedy 和 Eberhart 于 1995 年提出的一种基于群体的智能优化方法。它同很多起源于生物现象的计算技术(仿人脑模型的神经元网络、模拟进化过程的遗传算法以及基于蚂蚁觅食及组织能力的蚁群算法)一样，是受生物群体(如鸟群和鱼群)运动规律的启发而形成的演化算法。PSO 能有效地解决大多数全局优化问题，是处理含约束、多目标问题的良好优化工具之一。这种源于简化社会模型的算法利用由简单个体组成的群体、群体与环境以及个体之间的互动行为，达到通过信息共享、学习及自组织来提升个体行为策略的目的，使得整个系统能够利用局部信息而产生可预测的行为。PSO 是基于群体模型的，群体模型的形成须符合群体智能的基本原则；粒子则描述为没有质量、没有体积而又有自身速度和位置的群体中的个体，粒子速度的改变靠自身及同伴的运动来动态调整。群体的运动在求解空间搜索中，产生从无序到有序的演化，是由局部最优解获取全局最优解的过程。下面将介绍任务分配中常见的三种数学模型：能力评估模型、任务优先级排序模型和资源优化利用模型。

1)能力评估模型

能力评估模型用于评估每个机器人完成特定任务的能力。能力可以基于机器人的技能、

性能参数和经验来评估。该模型为

$$C_n = w_1 \cdot S_n + w_2 \cdot M_n + w_3 \cdot E_n \tag{8-1}$$

其中，C_n 是机器人 n 的能力评估值；S_n 是机器人 n 的技能得分；M_n 是机器人 n 的性能参数，如速度或负载能力；E_n 是机器人 n 的经验值，可能基于完成任务的次数或成功率确定；w_1、w_2、w_3 是权重，用于调整不同因素对能力评估的影响。

2) 任务优先级排序模型

任务优先级排序模型用于根据任务的难度、紧急性和重要性来排序任务，即

$$\rho_k = w_1 \cdot D_k + w_2 \cdot E_k + w_3 \cdot I_k \tag{8-2}$$

其中，ρ_k 是任务 k 的优先级得分；D_k 是任务 k 的难度得分；E_k 是任务 k 的紧急性得分；I_k 是任务 k 的重要性得分；w_1、w_2、w_3 是权重，用于调整不同因素对任务优先级的影响。

3) 资源优化利用模型

资源优化利用模型用于分配有限的资源，以最大化任务完成的效率，即

$$R_{\text{alloc}} = \frac{\sum_{n=1}^{N} C_n}{\sum_{k=1}^{K} \rho_k} \tag{8-3}$$

其中，R_{alloc} 是资源分配的比例；N 是可用机器人的数量；K 是任务的数量。

在实际应用中，任务分配需要根据具体场景和任务需求进行定制和优化。例如，在物流领域，机器人集群需要完成货物的搬运和存储任务。任务分配可以根据货物的数量、种类、存放位置等信息，将任务分解为多个子任务，并分配给不同的机器人执行。同时，任务分配还需要考虑机器人的电量、速度、搬运能力等因素，以确保任务能够高效完成。

2. 路径规划

在机器人集群智能系统中，路径规划是另一个至关重要的组成部分，它涉及机器人在复杂环境中寻找一条从起始点到目标点的最优或可行路径。有效的路径规划不仅能够提高机器人的工作效率，还能够减少资源的消耗和避免潜在的碰撞。实现路径规划通常需要考虑以下部分。

首先，机器人需要获取环境信息，这通常通过传感器或地图数据来实现。环境信息可能包括障碍物的位置、地形特征、可通行区域等。有了这些信息，机器人就能对环境有全面的了解。其次，机器人会进行路径搜索。在这一阶段，机器人会利用不同的算法来寻找从起始点到目标点的路径。常见的路径搜索算法包括广度优先搜索、深度优先搜索、Dijkstra算法、A*算法等。这些算法各有优缺点，适用于不同的环境和需求。紧接着，在搜索到可能的路径后，机器人需要进行路径评估。这一步是为了筛选出最优或最可行的路径。评估的标准可能包括路径的长度、平滑度、安全性等。通过综合考虑这些因素，机器人可以选择出最合适的路径。最后，机器人会执行路径跟随。在实际应用中，由于环境的不确定性和动态性，机器人可能需要根据实时感知到的环境信息对路径进行微调。例如，当机器人遇到未知障碍物时，它可能需要重新规划路径以绕过障碍物。路径规划的常用方法有领航跟随法和虚拟结构法等。

领航跟随法的基本思想是在整个机器人队伍中，选取一定数量的机器人作为领航者，其他的机器人作为跟随者，领航者决定着整个机器人队伍的行进路线，跟随者则按照既定的规则，以一定的位姿来跟随领航者。该方法的优点是只需要给领航者一定的编队信息便可完成对整个机器人队伍的整体编队，跟随者不需要知道具体的编队信息。其缺点是整个机器人队伍中并没有明确、及时的编队情况特征反馈，在具体的编队过程中，这意味着如果领航者的运动速度过快，则跟随者可能无法及时地完成追踪动作。

虚拟结构法的基本思想是将机器人队伍看成一个刚体的虚拟结构，每个机器人都是虚拟结构上相对固定的一点。在运动时，每个机器人的相对位姿保持不变。该方法首先使用虚拟结构尽量匹配每个机器人的位姿，然后根据生成的轨迹微调虚拟结构的位姿和方向，最后确定每个机器人的轨迹，并调整运动速度来跟踪虚拟结构上的目标点。虚拟结构法的优点是能够比较容易地指定机器人队伍的运动，并可以进行队形反馈，能够取得较好的跟踪效果；每个机器人之间没有明确的功能划分，不涉及复杂的通信过程。该方法的缺点是要求机器人队伍的队形保持刚体运动的特点，这限制了其应用范围，适用于大型物体的多机器人搬运等场合。

下面将介绍路径规划中常见的两种数学模型：环境信息获取模型和路径评估模型。

1) 环境信息获取模型

环境信息获取模型用于从传感器数据中提取有关障碍物和其他环境特征的信息，即

$$F_{\text{env}} = \{(x_{\text{obs}}, y_{\text{obs}}) \mid d(x_{\text{obs}}, y_{\text{obs}}) < d_{\text{thresh}}\} \tag{8-4}$$

其中，F_{env} 是环境特征集合；$(x_{\text{obs}}, y_{\text{obs}})$ 是障碍物的坐标；$d(\cdot)$ 是距离函数；d_{thresh} 是距离阈值。

2) 路径评估模型

路径评估模型用于选择最优路径，如使用路径长度和平滑度，即

$$Q_{\text{path}} = \frac{L_{\text{path}}}{1+\sigma_{\text{path}}} \tag{8-5}$$

其中，Q_{path} 是路径质量得分；L_{path} 是路径长度；σ_{path} 是路径的平滑度，可能基于路径曲率或转弯次数确定。

3. 机器人集群控制技术

在机器人群体智能中，机器人集群控制技术是确保各个机器人能够协同工作、高效完成任务的核心技术。机器人集群控制技术不仅涉及单个机器人的动作和行为，还包括机器人之间的通信、协调和决策等方面，下面将介绍机器人群体智能中的集群控制技术。

机器人群体智能的控制通常依赖于一个明确的控制架构，该架构定义了机器人之间的通信方式、信息处理方式以及任务分配等。常见的群体控制架构包括有中心控制、无中心控制。有中心控制由一个中央控制器负责整个群体的决策和协调。这种架构适用于任务较为简单、机器人数量较少的情况。然而，当群体规模扩大或任务复杂度增加时，有中心控制可能会面临通信时延、计算负载大等问题。无中心控制则是将决策和协调任务分散到各个机器人上，每个机器人都具有一定的自主性和决策能力。这种架构能够减小通信时延和计算负载，提高群体的灵活性和鲁棒性。然而，无中心控制要求机器人之间能够进行有效

的通信和协作，以避免冲突和干扰。

协同控制是机器人群体智能中的关键技术之一，它涉及机器人之间的信息共享、决策同步和动作协调等方面。协同控制的目标是实现机器人之间的无缝协作，提高整个群体的工作效率和性能。为了实现协同控制，机器人需要具备一定的感知和通信能力。通过传感器和通信系统，机器人可以实时获取环境信息和其他机器人的状态信息，从而做出更加准确的决策和行动。此外，机器人还需要具备学习和适应能力，以便在动态环境中不断调整和优化自身的行为和策略。在协同控制中，常见的策略包括基于规则的协同、基于优化的协同和基于学习的协同。基于规则的协同是通过预设的规则和协议来实现机器人之间的协同的；基于优化的协同是通过优化算法来寻找最优的协作策略的；基于学习的协同则是利用机器学习等技术让机器人从经验中学习协作策略的。

综上所述，任务分配、路径规划和机器人集群控制技术之间紧密相连，共同构成了机器人集群技术的核心。它们之间的协同工作使得机器人集群能够高效、准确地完成任务，并在工业、农业、服务行业、探索行业、军事行业等领域发挥重要作用。

8.4 本 章 小 结

本章概述了智能机器人集群技术的发展历程与现状。首先，从机器人集群的起源出发，探讨了其从概念提出到技术成熟的过程，展示了如计算机、传感器和通信技术的进步推动其不断演进。接着，深入分析了机器人集群通信及组网，包括多种组网方式及其在不同场景下的应用，给出了机器人集群中高效通信与低时延、网络稳定性与可靠性等关键需求，并且引出了有中心和无中心的组网结构，为第 9、10 章的内容做了铺垫。此外，详细阐述了机器人群体智能的概念及其实现途径，以及人工智能在提升群体智能水平中的重要作用。最后，本章总结了任务分配、路径规划及机器人集群控制等关键技术的具体实现方式，展望了智能机器人集群在不同领域未来的应用前景。

8.5 习　　题

8-1　请简述智能机器人集群的定义及其在工业制造中的应用前景。

8-2　机器人集群的起源和发展经历了哪些阶段？

8-3　描述机器人集群在农业领域中的应用，并解释机器人集群如何提高农业生产的效率。

8-4　解释群体智能中的“自组织性”，并给出一个自然界中体现自组织性的例子。

第 9 章　智能机器人集群有中心组网方法

在当今通信网络技术迅猛发展的时代背景下，智能机器人正在向着集群化、协作化的方向发展。相较于传统的独立机器人，智能机器人集群展现出无可比拟的优势。集群中的机器人能够并行协作，高效执行各类任务，无论是大规模的数据处理还是紧急的响应需求，都能迅速而准确地完成。这种智能化的协作方式不仅提升了执行精度，也确保了系统的稳定性与可靠性。即便在部分机器人出现故障的情况下，整个集群依然能够保持一定的运作能力，展现了强大的容错性。此外，智能机器人集群还具备出色的可扩展性，能够根据实际需求灵活调整机器人数量、类型、分工等，以应对不同规模和复杂度的任务挑战。因此，有理由相信，智能机器人集群将在未来的工业、服务、探索等领域展现出广阔的应用前景，开启一个全新的智能化时代。

智能机器人集群
有中心组网结构

9.1　智能机器人集群有中心组网拓扑结构

在当今科技迅猛发展的时代，智能机器人集群系统以其卓越的优势和无限潜力，已经成为机械自动化和智能化研究领域中一个备受瞩目的焦点。智能机器人集群系统由一群智能机器人构成，它们通过紧密的协作，共同完成一系列复杂的任务，展现出比单一机器人更加强大的能力和更高的效率。智能机器人集群系统的核心优势在于其高度的自主性、协同性和适应性，这些特点赋予了它们在不断变化的环境中灵活应对的能力，使其能够胜任如搜救行动、环境监测和物流配送等多样化的任务。在智能机器人集群的工作流程中，任务分配和路径规划扮演着至关重要的角色，尤其是在智能制造领域，其性能直接关系到整个系统的运行效率。通信网络是智能机器人集群系统的重要组成部分，是实现机器人之间信息交互的基础，智能机器人集群组网按照网络的拓扑结构可以分为有中心和无中心两种。本节将介绍有中心网络拓扑结构，这种结构具有结构简单、稳定、通信效率高的优势，常用于机器人集群组网中。

有中心的智能机器人集群是指存在一个中心控制节点的智能机器人集群系统。在这种系统中，中心控制节点可以是智能机器人，也可以是其他的具有决策、控制能力的功能实体，其负责整体协调和管理各个机器人的行为，确保它们能够协同完成任务。中心控制节点通常具有更高的计算能力和决策能力，能够对整个集群进行全局优化和调度。集群内的智能机器人可以通过不同形式的通信链路与中心控制节点进行连接，以实现整个智能机器人集群的信息交互和协同控制。

有中心的智能机器人集群网络拓扑如图 9-1 所示，其中，中央控制器作为网络的中心控制节点，负责处理信息和制定策略等，并直接管理和指挥集群中的所有机器人(执行体)。这些机器人通过下行链路接收中央控制器的指令，并通过上行链路反馈执行情况和环境数据。下面从系统构成的角度来详细介绍这种网络拓扑结构。

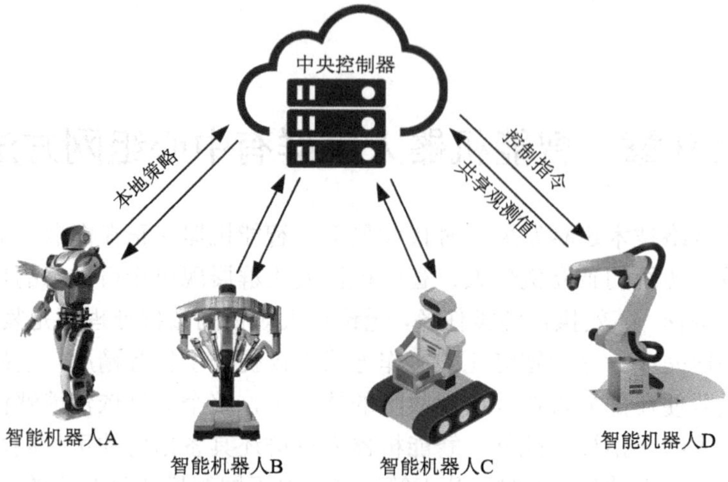

图 9-1　有中心的智能机器人集群网络拓扑图

中央控制器：通常是网络中最复杂且计算能力最强的单元，是整个智能机器人集群的控制中枢。中央控制器负责数据的战略性分析、整体任务规划和调度、资源分配，并向各个机器人发出指令。中央控制器通常具备强大的处理能力，以实时处理来自所有机器人的数据，确保集群协调、高效的运作。

智能机器人：网络中的每个智能机器人都是为特定的操作角色设计的，配备了多种传感器和执行器来与环境互动。它们执行中央控制器的指令，执行的任务范围可能从简单的物料搬运到复杂的组装操作。与中央控制器相比，这些机器人在计算能力上通常较弱，但在移动性、操控性和特定任务处理上更加专注。它们不断地收集、上报数据，并执行中央控制器所下达的控制指令。

通信链路：网络的生命线，包含上行和下行两种链路。下行链路负责将来自中央控制器的指令和配置信息传递给机器人，上行链路则传输传感器数据和状态报告返回中央控制器。上、下行链路的设计侧重于带宽、延迟和可靠性，以确保维持实时通信，这对于同步操作和适应动态环境至关重要。

这种中心化的网络拓扑结构适用于需要进行快速调度和反应的场景，如智能制造和智能物流。有中心的网络拓扑结构能够实现集中管理和高效协调，但也带来了中央控制器故障可能导致整个网络瘫痪的风险。网络结构的设计需要平衡这些优势与风险，确保虽然存在层级结构，但系统能够有效应对中断，保持韧性。这种结构简化了指挥和监控的流程，使得集群能够高效地响应中央控制器的指令，但同时对中央控制器的可靠性和处理能力提出了较高要求，因为整个系统的稳定性和性能在很大程度上依赖于它。中央控制器具有数据处理和对所有下属机器人进行高级决策的能力，这使得整个系统能够快速做出响应，并统一指挥，特别适合应用于需要精确同步和一致行动的场景，如自动化生产线和精准农业操作。这种拓扑结构还能简化监控过程，使得集群的维护和管理更为方便，尤其在安全和监控领域中，集中控制可以快速部署机器人以应对紧急情况。这种结构的劣势则在于存在单点故障的风险，如果中央控制器出现问题，整个集群可能会失去指挥，导致效率低下或完全瘫痪。同时，随着机器人数量的增加，中央控制器的负载会大幅增加，可能导致系统处理速度和通信效率的下降。因此，这种结构并不适用于环境动态变化大、需要机器人高度自治和快速自适应的场景，如复杂的探索任务以及灾害现场的搜索与救援等，这些场景更倾向于采用去中心化或分布式的网络拓扑结构，以提高系统的鲁棒性和适应性。

9.2　基于蜂窝移动通信网络的机器人集群组网

9.2.1　蜂窝移动通信网络的发展历史和发展趋势

蜂窝移动通信系统自 20 世纪 70 年代末首次商用以来，已经经历了五个阶段的发展，极大地推动了全球通信技术的进步和社会生活方式的变革。图 9-2 给出了 1G～5G 以及未来 6G 蜂窝移动通信系统的演进过程和发展趋势，以下是对蜂窝移动通信系统发展历史的概述。

蜂窝移动通信系统发展历程

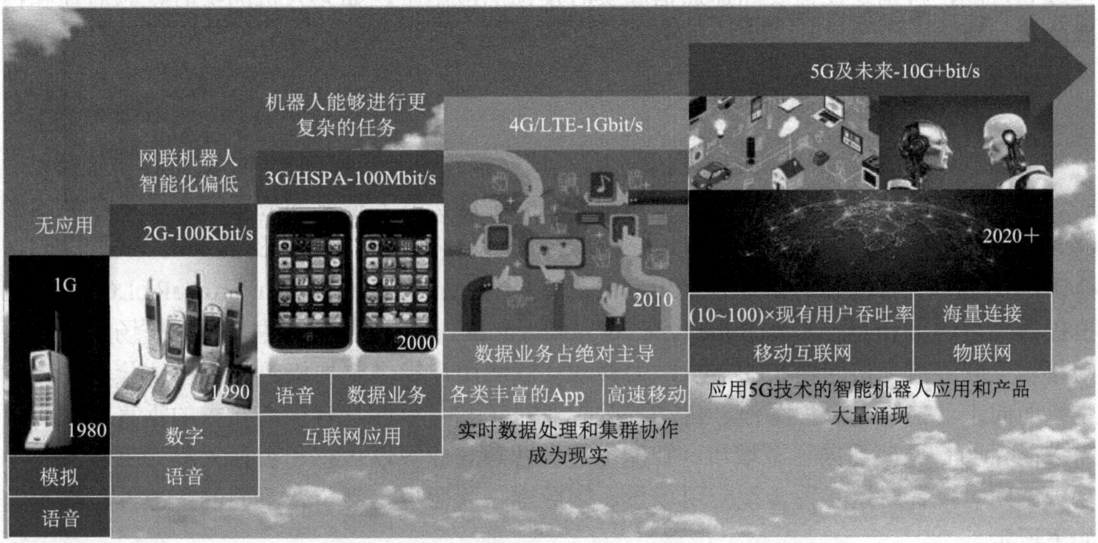

图 9-2　蜂窝移动通信系统的演进过程和发展趋势

1. 第一代～第四代(1G～4G)蜂窝移动通信系统

1G～4G 的发展过程不仅体现了通信技术的飞速进步，而且也涉及了多种关键网络制式的变化，这些制式对全球通信技术的演变起到了决定性作用。

1G 技术在 20 世纪 80 年代推出，最初主要基于 AMPS(模拟移动电话系统)网络制式，它是纯模拟系统，用于传输语音。尽管 1G 实现了移动通信的基本功能，但其安全性较低，容易受到干扰和窃听。由于 1G 网络主要支持语音，对于智能机器人的应用几乎没有直接贡献。此时期的机器人技术主要依赖线控或者简单的无线遥控。随后在 20 世纪 90 年代，2G 技术标志着从模拟到数字通信的转变，引入了 GSM(全球移动通信系统)和 IS-95 两大网络制式。GSM 成为当时使用最广泛的标准，支持加密通话和短信服务；而 IS-95 以其优越的数据和语音通信质量在美国和一些其他地区流行。2G 时代开始出现了一些网联机器人，如早期的工业监控机器人，它们通过 2G 网络发送状态报告和接收简单指令，但这些机器人的智能化程度和自主性相对较低。

进入21世纪第一个十年，3G技术使数据传输速度显著提升，主要网络制式有UMTS（通用移动通信系统）和CDMA2000。UMTS基于GSM进行改进，支持更快的数据传输速度，使得移动互联网和视频通话变得可行。CDMA2000则是IS-95的升级版本，支持更高速的数据传输。数据传输速率的增加和视频通信能力的出现，使机器人能够执行更复杂的任务，如远程医疗机器人，它们能够在医生的远程指导下执行简单的诊断和监控任务，利用3G网络传输高清视频和医疗数据。4G技术进一步提高了速度和效率，其主要标准包括LTE-A和WiMAX。LTE-A提供了更快的下载和上传速度，改善了网络容量和延迟，成为全球最流行的4G标准。WiMAX在某些地区用于提供固定和移动宽带服务。这些关键的网络制式不仅推动了移动通信技术的发展，也逐渐形成了今天人们依赖的高速、高效的全球通信网络。4G网络的到来极大提高了数据传输速度并降低了延迟，这使得实时数据处理和集群协作成为可能，特别是在需要高速通信和实时反馈的应用中，如无人机的实时视频监控和精确的集群协调。

2. *第五代蜂窝移动通信系统(5G)*

5G技术标志着一个全新的里程碑，它不仅继承并进一步增强了4G的高速传输特性，还引入了极低的延迟和更广泛的连接能力，这对智能机器人集群的应用产生了革命性的影响。5G网络有三种典型的应用场景，分别是增强型移动宽带（enhance mobile broadband，eMBB）、超高可靠超低时延通信（ultra reliable low latency communication，uRLLC）和大规模机器类型通信（massive machine type communication，mMTC）。其中，eMBB场景主要面向移动互联网流量快速增长的需求，为移动互联网用户提供更加极致的应用体验；uRLLC主要面向工业控制、远程医疗、自动驾驶等对时延和可靠性具有极高要求的垂直行业应用需求；mMTC主要面向智慧城市、智能家居、智慧农业等以传感和数据采集为目标的应用需求。同时，针对这三种典型应用场景，国际电信联盟也定义了一系列的关键性能参数，如下所示。

（1）峰值传输速率：常规要求10Gbit/s，特定场景为20Gbit/s。

（2）用户体验速率：100Mbit/s，部分场景为1Gbit/s。

（3）频谱效率：相对于IMT-Advanced提升3倍。

（4）移动性：500km/h。

（5）空中接口时延：1ms。

（6）连接数密度：100万个/km^2。

（7）流量密度：10Mbit/$(s \cdot m^2)$。

在2017年12月，3GPP发布了“非独立组网（non-standalone，NSA）”的5G标准；然后在2018年6月，发布了“独立组网（standalone，SA）”的5G标准，至此，5G标准的第一个完整版本R15才算完整发布。由于5G网络的建设和发展对国家的经济建设和发展起着极大的推动和促进作用，因此5G标准确定以后，各个国家和地区均在积极推进5G网络的商用化建设。2019年4月，韩国成为第一个商用5G的国家，美国紧随其后，中国工业和信息化部也在2019年6月正式向中国电信、中国移动、中国联通、中国广电发放5G商用牌照，并在11月1日正式上线5G商用套餐。5G时代是蜂窝移动通信系统融入智能机器人集群发展的一个转折点。极低的延迟和高数据传输速率支持机器人在执行任务时进行即时通信和协作；大规模设备连接能力使得大规模机器人集群得以实现，并能在复杂环境中高效作业。大量使用 5G 技术的智能机器人应用和产品涌现出来。例如，在自动化仓库中，5G 可以支持成百上千的机器人实时交换位置和状态信息，确保高效的货物排序和搬运；在自动驾驶领域，5G 的实时通信能力允许车辆之间进行毫秒级的信息交换，极大地提高了道路安全和交通效率。此外，城市安全监控中，利用 5G 网络的机器人可以快速响应安全威胁，进行高效的监控和控制。5G 的这些特性不仅拓展了机器人集群的功能，也为其在更加复杂和动态的环境中的应用提供了可能。

3. 未来第六代蜂窝移动通信系统(6G)的发展趋势

对移动通信技术和通信网络的研究永远在路上，随着 5G 的快速发展，研究人员现在已经着手进行 6G 网络的研究，并发布了一系列的 6G 白皮书。预计 6G 将在 2028 年左右开始商用，将提供更高的数据传输速率(达到 5G 的 100 倍)、更低的延迟、更广泛的连接覆盖以及更智能的网络管理能力。6G 的发展有望支持全息通信、深度虚拟现实、高精度定位、空天地一体化等前沿技术，开启人类通信和社会生活的新篇章。

6G 将主要依托于先进的无线通信技术，包括更高频段的毫米波、太赫兹通信和更精密的波束成形(beam forming)技术，以实现其技术和性能的突破。预计 6G 将提供 100 倍于 5G 的数据传输速率，数据传输峰值可能达到 1Tbit/s 以上，同时，网络延迟将降至亚毫秒级。此外，6G 将引入更智能的网络切片和更广泛的设备连接技术，以应对不断增长的设备种类和数量。这些技术的结合不仅提升了数据处理的速度和效率，也极大地增加了网络的覆盖范围和增强了可靠性。

在一系列新技术的支持下，6G 时代的智能机器人集群将具备前所未有的通信能力和智能水平。机器人集群将能够在更广泛的环境中实现高度精确的任务协调和执行。例如，在复杂的工业制造环境中，6G 网络能够支持成百上千的机器人同时进行高精度的协同作业，实时处理和分析海量数据，从而优化生产流程。在应急响应和灾害管理领域，6G 的快速响应和高传输速度使得机器人能够更快地部署和响应，实时将现场数据回传至指挥中心，极大地提升了应对紧急情况的效率和安全性。

此外，6G 网络大规模引入人工智能技术，这将显著提升智能机器人集群的自主性、效率和协作能力。6G 的高速数据传输和极低延迟使机器人能够实时接收和分析大量数据，人工智能的集成则允许机器人自主学习，适应环境变化并做出复杂决策。这种技术融合将使机器人在执行精确的制造任务、紧急响应和城市管理等多样化场景中，能够更加高效地协同作业，同时大幅度地提高操作的精确度和响应速度，开启智能自动化和机器人技术的新纪元。

总之，蜂窝移动通信系统 1G～5G 的发展历程，不仅体现了通信技术的不断进步，也推动了社会生活方式的重大变革。未来，随着 6G 等新技术的研发和应用，蜂窝移动通信系统将继续为人类社会带来更加丰富多彩的通信体验和更加便捷高效的生活方式。

9.2.2 基于5G的智能机器人集群的架构、应用及关键能力需求

1. 基于5G的智能机器人集群的架构

随着5G技术的成熟和5G基站的广泛部署，其在智能机器人集群中的应用展现出巨大潜力，特别是在实现高效、智能化的生产和服务领域。5G技术的核心优势——高速率、低延迟和广连接，不仅为智能机器人集群提供了强大的通信能力，还促进了机器人技术在自动化生产、智能监控、灾难响应等多个领域的创新应用。在工业4.0和智能制造的背景下，智能机器人集群通过高效协同工作，大幅提升了生产的效率和灵活性。5G网络技术的引入为智能机器人集群的高效通信和实时数据处理提供了前所未有的支持，推动了机器人的技术革新和应用扩展。图9-3给出了基于5G的智能机器人集群系统的示意图，其中包括一些重要的系统组件和应用场景。

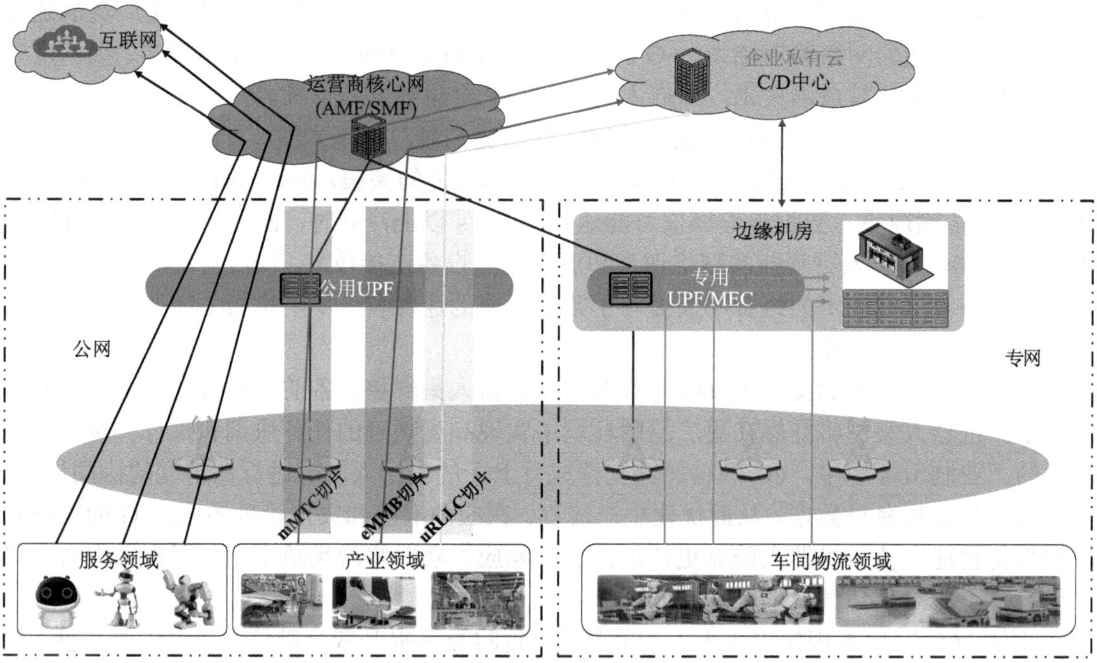

图9-3 基于5G的智能机器人集群系统示意图

目前，基于5G的智能机器人集群架构并无统一规范，不同应用场景、不同设备厂商都给出了各自的解决方案。但基于5G的智能机器人集群系统通常包含5G无线接入网、5G核心网、云计算与边缘计算、机器人操作系统与应用等组成部分。图9-4给出了一种常见的基于5G的智能机器人集群网络架构，下面分别进行介绍。

1) 5G无线接入网

5G NR (new radio) 接入网引入了多项关键技术，显著提升了有中心的智能机器人集群的连接质量和协作效率。首先，大规模MIMO (massive multiple-input multiple-output) 技术通过大量天线阵列同时支持多用户数据传输，极大提高了频谱效率和通信容量，使得大规

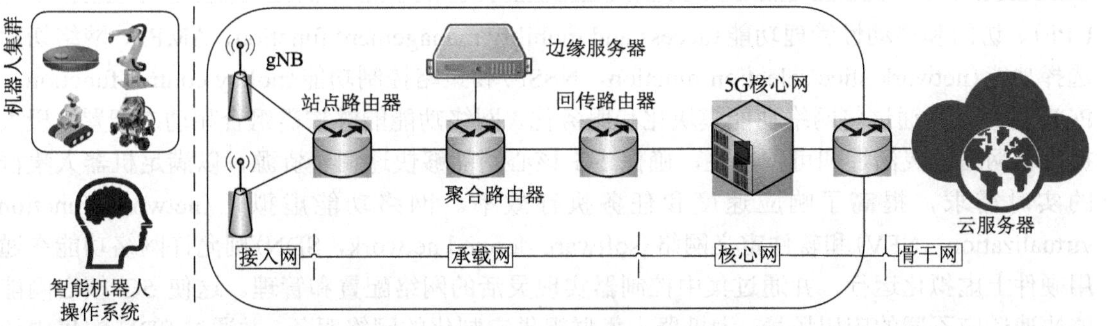

图 9-4　基于 5G 的智能机器人集群网络架构示意图

模机器人网络中的每个机器人都能获得稳定且高效的无线连接，保证了集群的实时协作和数据同步。波束成形技术通过定向传输无线信号，提高了信号的覆盖范围和质量，确保集群中各机器人即使在远距离或复杂地形下，也能获得强大且清晰的信号覆盖，降低通信中断风险，提升集群控制的稳定性，图 9-5 展示了 5G 接入网波束成形技术的示意图。毫米波(millimeter wave, MMW)技术的引入提供了极高的带宽，支持快速的数据传输和高吞吐量，确保机器人之间能够快速交换大量数据，如高清传感器信息或视频流，助力集群快速做出集体决策，提升协作效率。此外，5G NR 接入网通过灵活的频谱共享和动态频谱利用优化了频谱资源的利用，实现了高低频协同组网，确保网络能根据集群实际需求动态调整，维持高效的网络性能，即使在网络负载较高时，集群也能获得足够的带宽和连接质量。5G NR 接入网通过优化调度算法和资源管理，显著降低了延迟，提升了网络的可靠性，确保需要实时控制和精确协调的智能机器人集群能够及时传输控制信号和反馈数据，维持动作的同步性和协调性。总体而言，这些 5G NR 接入网技术极大增强了智能机器人集群的网络连接和协作能力，使其能够在复杂任务和高要求场景中表现出色。

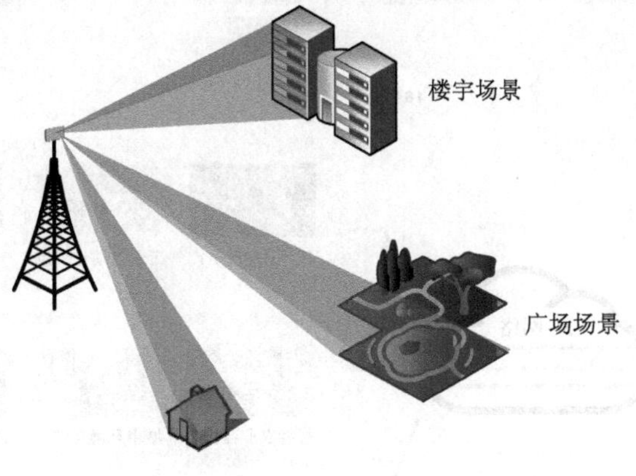

图 9-5　5G 接入网波束成形技术示意图

2) 5G 核心网

5G 核心网(5GC)引入了多项关键技术，为有中心的智能机器人集群提供了有力的支持。首先，5GC 采用了如图 9-6(a)所示的服务化架构(service-based architecture，SBA)，包括会话管理功能(session management function，SMF)、用户平面功能(user plane function，

UPF)、访问和移动性管理功能(access and mobility management function，AMF)、网络切片选择功能(network slice selection function，NSSF)和策略控制功能(policy control function，PCF)等模块，通过将网络功能模块化和服务化，网络功能能够按需组合和动态配置，极大提高了网络的灵活性和可扩展性，确保 5G 核心网能够快速调整资源，以满足机器人集群的实时需求，提高了响应速度和任务执行效率。网络功能虚拟化(network function virtualization，NFV)和软件定义网络(software-defined network，SDN)则允许网络功能在通用硬件上虚拟化运行，并通过集中控制器实现灵活的网络配置和管理。这使 5G 核心网能够快速适应不同的应用场景，为机器人集群提供定制化的网络服务，并通过 SDN 的集中控制特性提供更高效的流量管理和路由优化，确保低延迟和高可靠性。如图 9-6(b)所示，网络切片技术进一步增强了 5G 核心网的能力，允许在同一物理基础设施上创建多个虚拟网络切片，根据不同任务的需求进行优化配置，从而确保关键任务数据的优先传输，并提高整体网络资源的利用效率。5G 核心网中的增强型移动性管理确保机器人在移动过程中保持与中心节点间无缝、高效地通信，避免切换造成的通信中断，保障机器人集群任务执行过程的连续性和稳定性。综上所述，5G 核心网的这些技术为智能机器人集群提供了更灵活、高效和可靠的网络环境，支持集群在复杂和动态环境中的高效协作和快速响应。

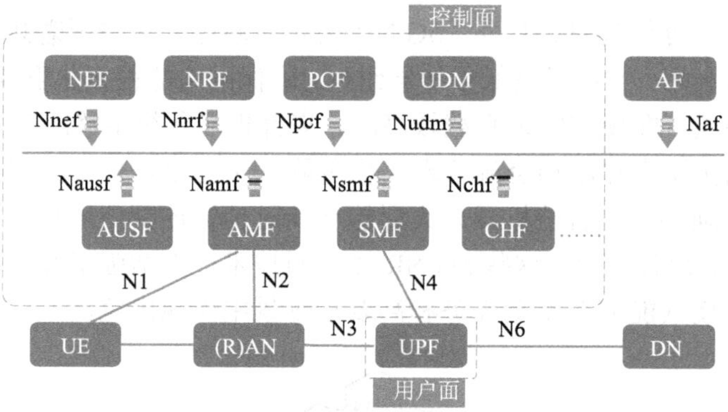

(a) 服务化架构

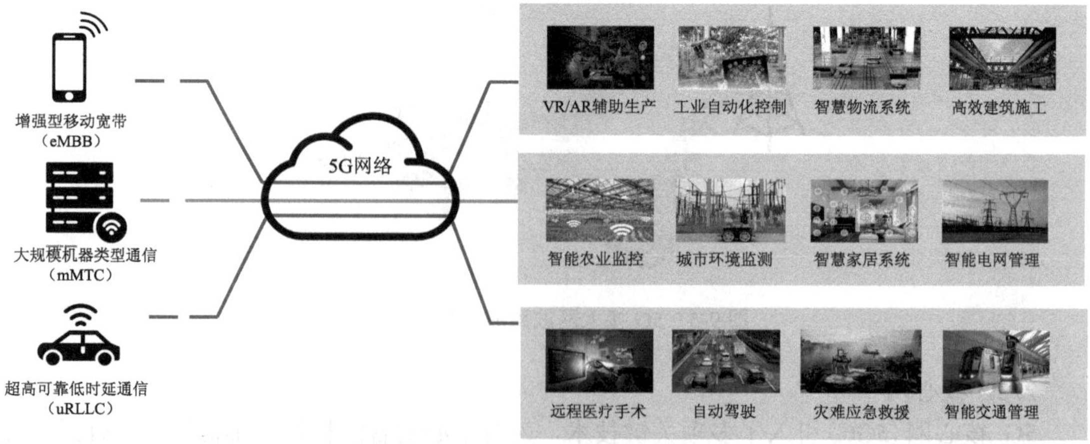

(b) 网络切片技术

图 9-6　5G 核心网关键技术

3）云计算与边缘计算

如图 9-7 所示，云计算与边缘计算是 5G 网络架构中的两项关键技术，它们为有中心的智能机器人集群组网带来了显著的优势。云计算利用分布式数据中心的强大计算和存储能力，将复杂的计算任务和数据分析从机器人终端上传到云端。这种集中式处理模式不仅可以降低机器人本地硬件的复杂性和成本，还能通过云端的强大资源进行大规模的数据处理和深度学习模型的训练与推理，从而增强机器人的智能决策能力。对于有中心的智能机器人集群，云计算可以实现全局数据的统一处理和管理，使集群能够协调一致地执行复杂任务，并且支持远程监控和管理，提高集群的灵活性和适应性。

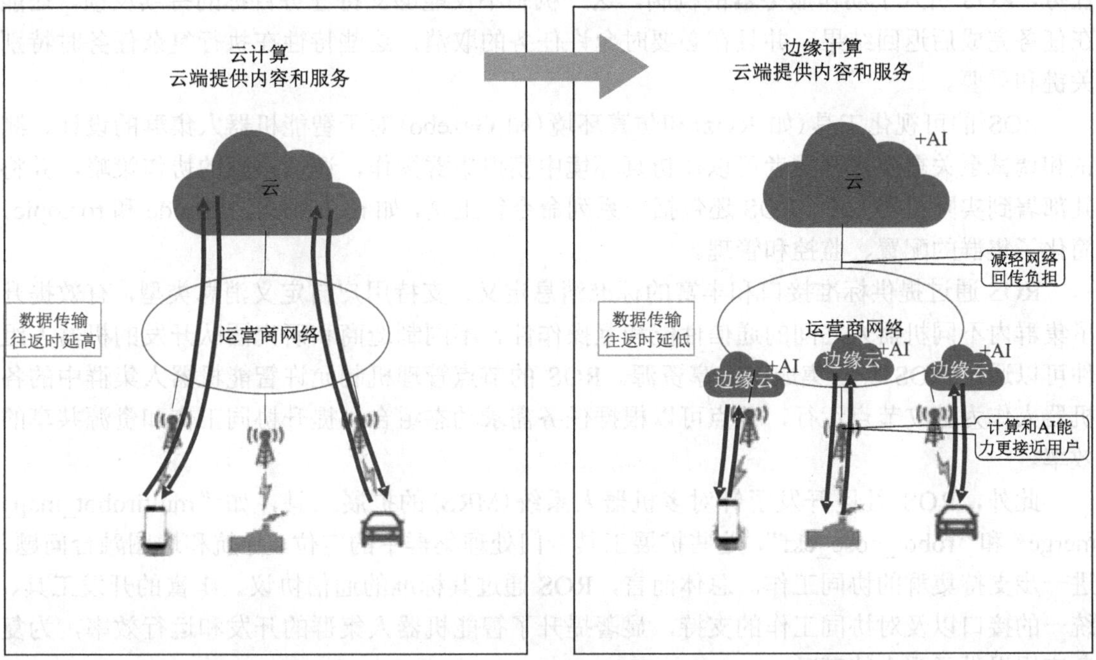

图 9-7　云计算与边缘计算

另外，边缘计算通过将计算资源下沉到网络边缘，即接近数据源或机器人终端的地方，实现低延迟、高带宽的数据处理和响应。边缘计算能够在靠近机器人所在的边缘节点处执行关键任务和处理实时数据，这对于要求快速响应的应用场景至关重要。例如，在紧急情况下或高动态环境中，边缘计算可以确保机器人能在毫秒级的时间内完成数据处理和决策，从而避免网络延迟导致的任务失败。此外，边缘计算还降低了数据传输到云端的带宽需求，减少了网络负载，进一步提升了系统的整体效率和可靠性。

结合云计算与边缘计算的优势，5G 网络可以为有中心的智能机器人集群提供一种灵活、可扩展的计算架构。云计算提供了强大的集中处理能力，支持复杂任务的全局优化与决策；边缘计算则确保了本地任务的快速响应和低延迟处理。这种云边协同的计算模式，使得智能机器人集群能够在复杂、多变的环境中高效协作，并在不同任务需求下灵活调整资源配置，从而实现更高效的操作和更优质的服务。

4）机器人操作系统与应用

机器人操作系统（ROS）是一套为机器人软件开发而设计的灵活框架，提供了一系列工具、库以及协议，旨在促进机器人应用的代码重用和快速开发。在智能机器人集群的环境中，ROS 扮演着至关重要的角色。

ROS 通过提供标准的通信协议和发布/订阅机制，支持智能机器人集群中节点间的异步消息传递。每个机器人可以发布其感知或状态信息，同时订阅其他机器人发布的消息，实现信息共享和协同工作。ROS 还支持同步的服务调用机制，一个节点可以请求另一个节点执行任务并等待响应，适用于控制指令执行或获取特定信息。对于需要较长时间来完成的任务，ROS 引入了动作服务器的机制。这一机制不仅能够支持任务目标的持续反馈，还能在任务完成后返回结果，并且在必要时允许任务的取消，这些特性在执行复杂任务时特别关键和重要。

ROS 的可视化工具（如 Rviz）和仿真环境（如 Gazebo）对于智能机器人集群的设计、测试和调试至关重要。开发者可以在仿真环境中模拟集群操作，评估不同的协作策略，并将其部署到实际机器人中。ROS 还包括一系列命令行工具，如 roslaunch、rosnode 和 rostopic，简化了集群的配置、监控和管理。

ROS 通过提供标准接口和丰富的标准消息定义，支持用户自定义消息类型，有效提升了集群内不同机器人之间的通信性能和互操作性。不同制造商和研究团队开发的机器人组件可以通过 ROS 轻松集成，共享资源。ROS 的节点管理机制允许智能机器人集群中的各机器人作为独立节点运行，节点可以根据任务需求动态组合，提升协同工作和资源共享的效率。

此外，ROS 社区开发了针对多机器人系统（MRS）的扩展工具，如“multirobot_map_merge”和“robot_pose_ekf”，这些扩展工具专门处理集群中的定位、导航和地图融合问题，进一步支持集群的协同工作。总体而言，ROS 通过其标准的通信协议、丰富的开发工具、统一的接口以及对协同工作的支持，显著提升了智能机器人集群的开发和运行效率，为复杂应用提供了强大的基础。

综上所述，基于 5G 的智能机器人集群技术架构为实现机器人的高效协同和智能化操作提供了坚实的基础。通过总结和深入探讨该技术架构的关键组成部分及其功能，本书可为研发和部署基于 5G 的智能机器人集群提供参考和指导。未来，随着 5G 技术的不断演进和成熟，预计将有更多创新的应用场景得到实现，推动机器人技术在更广泛领域中的应用和发展。

2. 基于 5G 的智能机器人集群的典型应用场景

基于 5G 的智能机器人集群的典型应用场景根据其行业领域可以大致分为工业领域和服务领域两大类。

1）工业领域的应用场景

基于 5G 的智能机器人集群在工业领域的应用正在彻底改变制造业的面貌，带来前所未有的自动化和智能化水平。这些机器人利用 5G 的高速率、低延迟和广连接等优势，实现了更加灵活和高效的生产方式。图 9-8 给出了几种基于 5G 的智能机器人集群在工业领域的典型应用。

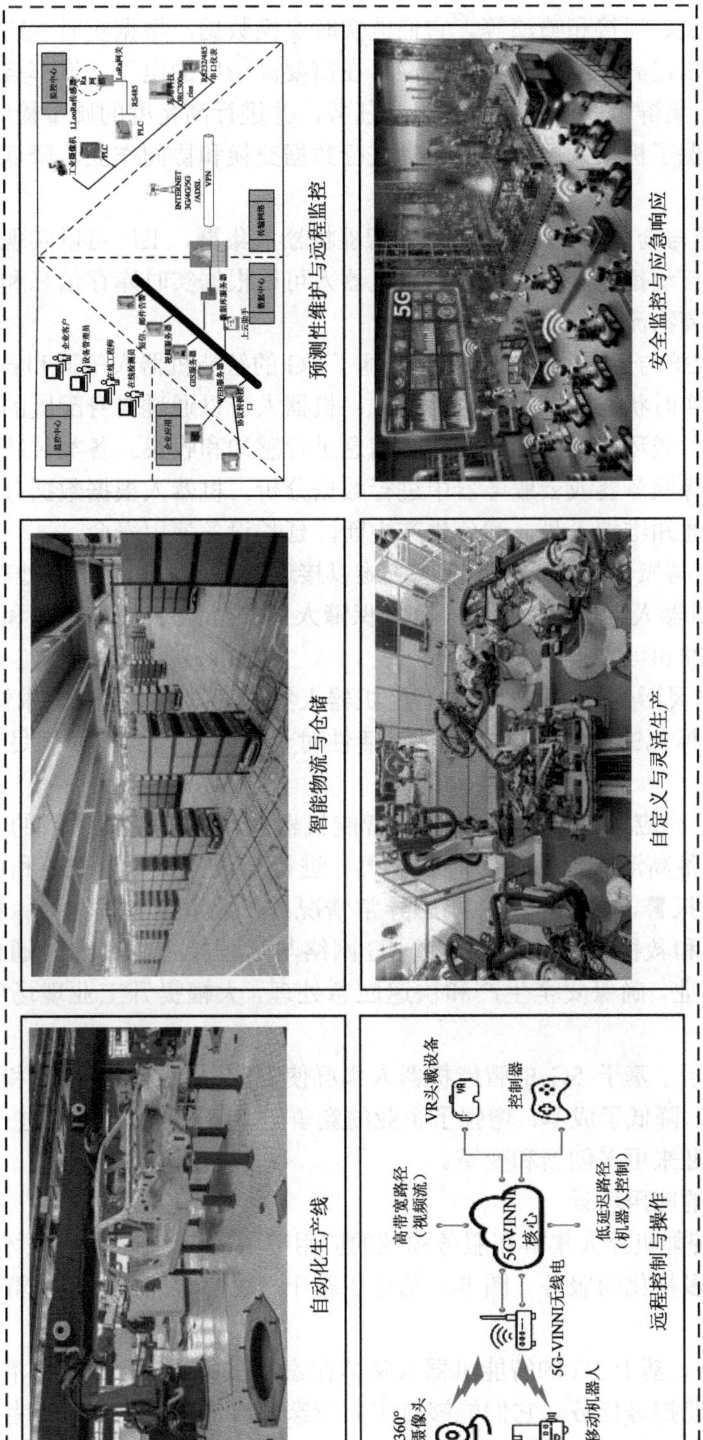

图 9-8　基于 5G 的智能机器人集群在工业领域的典型应用

(1) 自动化生产线。基于5G的智能机器人集群能够在生产线上密切协作，执行复杂的制造任务，如组装、焊接和喷漆等。它们能实时交换数据，根据实时生产需求动态调整作业顺序和速度，以提高生产效率和灵活性。在需要高精度的电子、汽车等制造领域，基于5G的智能机器人集群可以执行精密的组装任务，并进行高精度的质量检测。5G网络低时延的性能优势确保了机器人之间可以实时进行数据交换和协同作业，降低作业过程中的错误率。

(2) 智能物流与仓储。利用基于5G的智能机器人集群，工厂可以实现仓库的智能化管理，包括货物的自动拣选、搬运和存储。机器人可以根据实时库存信息和生产需求自动调整作业计划，提高物流效率，降低成本。

(3) 预测性维护与远程监控。通过部署基于5G的智能机器人集群和各类传感器，工厂可以实现设备的实时状态监控和预测性维护。机器人可以通过自身配置的或在工厂中部署的传感器对工厂各类环境信息、工作状态信息进行感知和收集。各类传感信息可以按需在机器人本地、边缘服务器或云服务器中进行数据分析，机器人根据数据分析结果自动执行维修任务或提前通知维护人员，避免生产中断，延长设备使用寿命。

(4) 远程控制与操作。对于危险或人类难以接近的环境，如化学品处理、高温作业等，基于5G的智能机器人集群可以远程操作，保障人员安全。5G的高速率和低延迟特性使得远程控制更加精准和可靠。

(5) 自定义与灵活生产。基于5G的智能机器人集群可以根据客户需求快速调整生产线，实现小批量、多样化的定制生产。这种灵活性对于应对市场变化和满足个性化需求至关重要。

(6) 安全监控与应急响应。基于5G的智能机器人集群在工业领域的安全监控与应急响应中，通过配备高清摄像头和多种传感器，进行全天候实时监控，利用人工智能进行智能分析和自动报警，快速识别并响应异常情况；在紧急事件发生时，机器人可以立即执行灭火、疏散和救援任务，同时通过5G网络与远程指挥中心实时通信，进行高效的多机器人协同作业，确保安全生产和快速应急处理，大幅提升工业现场的安全性和应急能力。

这些用例展示了基于5G的智能机器人集群使工业生产更加智能化和自动化，提高了生产效率和质量，降低了成本，增强了企业的竞争力。随着5G技术的进一步发展和应用，未来工业领域将迎来更多创新和变革。

2) 服务领域的应用场景

基于5G的智能机器人集群在服务领域的应用范围广泛，利用5G技术的高速率、低延迟特性，提供了多样化的服务。图9-9给出了基于5G的智能机器人集群在服务领域的典型应用。

(1) 家庭服务。基于5G的智能机器人集群在家庭服务领域可以承担清洁、照顾老人或儿童、家庭安全监控等任务。它们能够自主完成家庭日常清洁工作，对老人或儿童进行日常照料和陪伴，同时通过实时视频监控保障家庭安全。

图 9-9　基于 5G 的智能机器人集群在服务领域的典型应用

(2) 医疗健康服务。基于 5G 的智能机器人集群在医疗健康领域可以执行远程手术、患者监护、药物配送等任务。利用 5G 的高速率和低延迟特性，医生可以远程控制机器人进行精细操作，提高手术准确性和安全性。同时，机器人还可以 24h 监控患者的健康状况，及时响应紧急情况。

(3) 教育培训服务。基于 5G 的智能机器人集群在教育培训领域可以实现远程互动教学、个性化学习辅导等。它们能够根据学生的学习情况提供个性化的辅导方案，同时支持远程视频教学，让优质教育资源的共享成为可能，尤其是对于偏远地区的学生。

(4) 酒店与旅游服务。在酒店与旅游领域，基于 5G 的智能机器人集群可以提供客房服务、导游讲解等服务。机器人可以在酒店内为客人提供行李搬运、送餐等服务，提升服务效率和客人满意度；在旅游景点，机器人作为智能导游，提供多语言讲解，丰富游客体验。

(5) 零售与客服服务。在零售行业，基于 5G 的智能机器人集群可以提供仓库自动化管理、客户导购、商品配送等服务。这些机器人能够高效地管理库存，根据实时数据更新库存信息；在商场中，它们还能作为导购员为顾客提供信息咨询和购物建议，改善购物体验。

(6) 公共安全服务。基于 5G 的智能机器人集群在公共安全领域可用于执行监控巡逻、紧急救援等任务。它们能够在公共场所进行实时监控，及时发现异常情况并报警；在灾害发生时，智能机器人集群可以快速进入危险区域进行搜救，提高救援效率。

这些用例展现了基于 5G 的智能机器人集群在提高服务效率、改善用户体验和增强服务能力方面的巨大潜力。随着 5G 技术的不断成熟和智能机器人技术的进步，预计将会有更多创新的应用场景不断涌现。

3. 基于 5G 的智能机器人集群的关键能力需求分析

5G 网络以其强大的传输能力为广泛的垂直行业提供了支持，其服务化的 5G 核心网架构支持不同的客户按照其业务需求对网络进行定制，以满足其性能指标。本节将分析智能机器人集群对网络关键能力的需求并讨论 5G 性能对其的支持程度。

1) 时延需求分析

目前，智能交互的形式以语音交互和视觉交互为主。在语音交互中，对于超过 100ms 时延的混响，人类能够明显分辨出一个声音出现了两次，出现了类似于回声的现象；而在视觉交互场景(如第一人称射击类游戏)中，相关研究指出，10ms 的时延完全不会影响游戏的体验，只有当玩家与服务器之间出现了 50ms 以上的时延时，玩家才会感觉到游戏出现了轻微的卡顿。基于上述分析，在 5G 时代，为了在语音与视觉交互过程中不让大脑出现延迟感，端到端传输时延不高于 10ms 即可。

在面向未来 2030 年以后的智能交互场景中，智能体将产生主动的智慧交互行为，同时可以实现情感判断与智能反馈，由智能体实现的智慧交互的数据处理量将会大幅增加，因此为了实现智能体与人类的实时交互与反馈，传输时延必须小于 1ms。

2) 确定性需求分析

工业精准控制、智能电网控制、精密仪器自动化制造等业务对时间确定性有着明确的要求。例如，智能电网控制中的继电保护业务要求时延抖动不超过 100μs；广域远程保护业务要求时延抖动不超过 10μs，同步要求低于 1μs；部分精密仪器自动化制造业务为保证产品质量，甚至要求亚微秒级的抖动。业务精准要求网络传输信息要“不早也不晚”地到达，对网络的确定性指标能力提出极高的要求。

3) 用户体验速率需求分析

展望未来智能交互领域的发展，语音交互将从机械的单轮对话进阶到更加流畅的多轮对话，计算机视觉交互将聚焦更细维度的图像特征，拓展更多的交互空间和场景。智能交互将不仅仅局限于人与机器之间，机器人与机器人之间也将可以实现学习能力的共享与生活技能的复制，基于自适应知识图谱更新与多模态融合行为识别的机器间智能交互技术也将得到广泛应用。此外，基于类脑神经计算与认知功能模拟的脑机接口技术也将得到充分发展。可以预见，5G 时代 1Gbit/s 的用户体验速率将无法满足未来智能交互的需求，因此预计面向 2030 年以后的智能交互的用户体验速率将大于 10Gbit/s。

4) 可靠性需求分析

在现有的智能交互应用中，影响可靠性的因素主要是交互过程中语音识别和图像识别的准确程度。以语音交互为例，虽然语音识别技术已经取得了长足的进步，但是现有的语音识别系统很难做到排除各种声学环境因素的影响，人类语言在日常生活中的随意性和不确定性也给语音识别系统造成了极大的识别困难。在 5G 支持的智能语音与视觉交互场景中，可靠性最多只能达到 99%。面向 2030 年以后的智能交互应用场景将融合语音、人脸、手势、生理信号等多种信息，智能体对人类思维、情境的理解能力也将提高，因此需要进一步提高可靠性指标。

5) 安全性需求分析

在现有的智能机器人集群应用中，安全性的关键因素包括数据保护、网络安全以及物理操作安全。随着机器人技术的发展，特别是在 5G 时代，智能机器人集群将广泛应用于复杂和关键的任务执行中，如无人工厂、智慧城市管理以及灾难响应等领域。

数据保护和网络安全：智能机器人集群收集和处理大量敏感数据，包括个人隐私、商业机密和关键基础设施信息，因此端到端的加密技术必须升级，以确保数据在传输和存储过程中的安全性。预计到 2030 年，将需要采用量子加密技术来防御量子计算的威胁。

物理操作安全：随着智能机器人集群在物理世界中扮演越来越重要的角色，它们操作的安全性变得尤为重要。必须开发先进的避障算法和故障自我诊断机制，以确保操作过程中的安全。预计在 2030 年以后，智能机器人集群将能够在极端环境下安全运作，可靠性须达到 99.999%。

6) 移动性需求分析

移动性是智能机器人集群在执行任务过程中的关键能力，包括高速网络切换、自适应导航和高速移动支持。为保持智能机器人集群在移动过程中的通信连续性，网络切换时延需要小于 5ms，以支持高速移动环境下的无缝切换。智能机器人集群需要具有高度自适应的导航能力，以适应复杂多变的环境。预计到 2030 年，机器人将能够实现几乎实时的环境感知和路径规划，导航系统的更新频率须达到 1kHz。随着技术的进步，机器人的移动速度将大幅提升。为了支持高速移动，智能机器人集群的通信系统须支持高达 1000km/h 的移动速度。

7) 算力需求分析

随着智能机器人集群任务的复杂度增加，对算力的需求也相应增加。机器人需要实时处理包括视频、图像和传感器数据等在内的大量数据，因此智能机器人集群须能够实时处理和分析收集到的数据，并支持复杂的决策和操作。到 2030 年，单个机器人的处理能力须达到至少 100TOPS(每秒万亿次运算)，以支持高级人工智能算法。为减小数据传输延迟和带宽压力，越来越多的数据处理将在边缘进行。预计到 2030 年，边缘计算节点须提供至少 1POPS(每秒千万亿次运算)的处理能力，以满足大规模智能机器人集群的需求。

9.3　基于 Wi-Fi 的集群组网

如图 9-10 所示，Wi-Fi 技术已经广泛应用于人们的日常工作和生活当中。基于 Wi-Fi 的集群组网通常是指利用 Wi-Fi 技术构建的一个或多个节点相互协作、共享资源、增强覆盖范围和可靠性的无线网络系统。这种组网方式旨在解决传统单一 Wi-Fi 接入点(access point, AP)覆盖范围有限、信号受阻或衰减等问题，通过节点间的协同通信和智能路由选择实现大面积、高密度、强自适应性的无线网络覆盖。

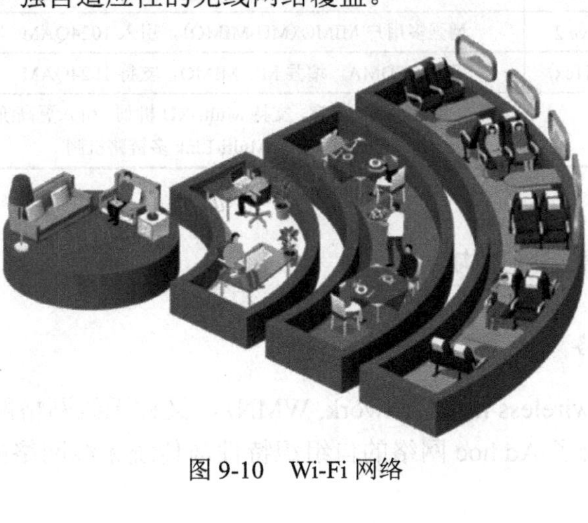

图 9-10　Wi-Fi 网络

9.3.1　局域网的发展历史

Wi-Fi 是一项重要的局域网(local area network, LAN)技术。局域网，顾名思义，是局限于一个小范围的地理区域，如一间办公室、一栋大楼、一个校园、一个公司园区，甚至一个家庭内部。通常，局域网的覆盖范围为几百米到几千米，成员设备通过有线(如以太网)或无线(如 Wi-Fi)方式相互通信。

局域网的发展历史可以追溯到 20 世纪中后期，随着计算机技术的进步和对数据共享需求的增长，局域网从概念到实现经历了多个关键发展阶段。以下是局域网发展历史的主要里程碑。

Wi-Fi 技术的起源可以追溯到 1985 年美国联邦通信委员会(FCC)开放了 ISM (industrial,scientific,and medical)频段，不需要许可证即可使用无线通信。这一举措为无线局域网(WLAN)技术的发展铺平了道路。

1990 年，电气电子工程师学会(IEEE)成立了 802.11 工作组，其负责制定无线局域网标准。1997 年，IEEE 发布了首个正式的 802.11 标准，定义了物理层(PHY)和介质访问控制层(MAC)规范，最高数据传输速率为 2Mbit/s，使用了跳频扩频(frequency hopping spread spectrum，FHSS)和直接序列扩频(direct sequence spread spectrum，DSSS)技术。

1999 年，IEEE 发布了 802.11b 标准，该标准工作在 2.4GHz 频段，最大数据传输速率提升至 11Mbit/s，采用直接序列扩频技术。这是 Wi-Fi 技术的第一个大规模商用版本，也是人们通常所说的“Wi-Fi”一词的起源。随着 Wi-Fi 联盟的成立和“Wi-Fi Certified”标志的推广，802.11b 标准在全球范围内迅速普及，标志着 Wi-Fi 技术进入大众视野。

之后的更新情况如表 9-1 所示。

表 9-1　Wi-Fi 技术标准更新情况

年份	标准名称	主要特性与改进	最大理论速率/(bit/s)
2001	802.11a	引入 5GHz 频段，采用 OFDM 技术	54M
2003	802.11g	工作于 2.4GHz 频段，兼容 802.11b	54M
2009	802.11n	引入 MIMO 技术，支持双频段	600M
2013	802.11ac Wave 1	专注 5GHz 频段，扩大信道宽度，增加 MIMO 流数	1.3G
2016	802.11ac Wave 2	增强多用户 MIMO(MU-MIMO)，引入 1024QAM	3.47G
2019	Wi-Fi 6(802.11ax)	引入 OFDMA，增强 MU-MIMO，支持 1024QAM	9.6G
2024	Wi-Fi 7	支持最大 320MHz 带宽，支持 Multi-RU 机制，引入更高阶的 4096QAM，引入 Multi-Link 多链路机制	47G

9.3.2　常见 Wi-Fi 集群组网架构

1. 无线 Mesh 网络

无线 Mesh 网络(wireless mesh network, WMN)，又称无线网格网络，是一种先进的无线局域网架构，它结合了 Ad hoc 网络的自组织特性与传统无线网络的稳定服务特点，旨在通过多跳路由实现广域覆盖、高可扩展性、高可靠性以及灵活部署，图 9-11 给出了无线 Mesh 网络的基本架构。

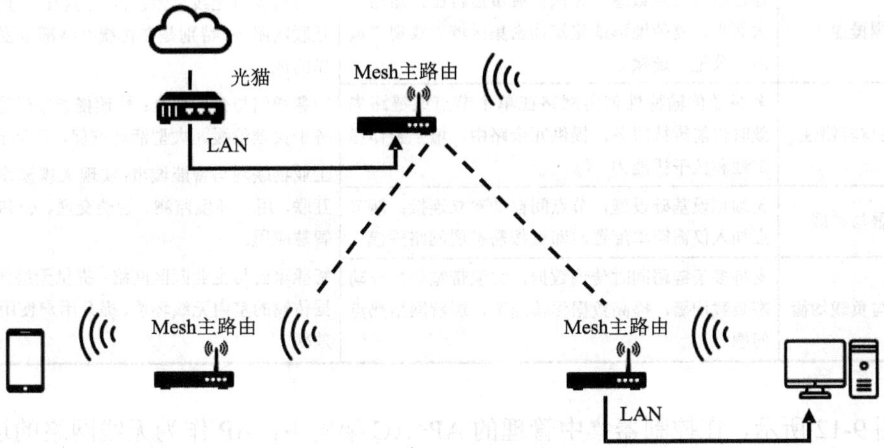

图 9-11　无线 Mesh 网络的基本架构

其核心特征在于通过多个无线节点间的多跳互连，形成一种自我组织、自我修复、高度灵活和健壮的网络系统。无线 Mesh 网络的关键技术如表 9-2 所示。

表 9-2　无线 Mesh 网络的关键技术

关键技术	原理	作用
多跳路由协议	采用分布式哈希表(DHT)、基于地理位置的路由、机会路由等特殊路由算法	在复杂网状结构中找到最佳或最可靠的路径，确保数据包在节点间高效且可靠地转发
自组织与自愈合能力	节点间的协作与信息交换(如邻居发现协议、链路状态信息等)	当网络拓扑变化时，自动发现并调整路由，重新分配网络资源，保证服务连续性
频谱管理与干扰抑制	动态频率选择、功率控制、空间分集等技术	优化频谱利用率，减少同频干扰，提升网络整体性能
安全机制	WPA/WPA2/WPA3 加密、AES 加密、认证协议(如 802.1X)、密钥管理机制	确保在开放环境中数据传输的安全性

无线 Mesh 网络由一系列具备无线通信能力的节点组成，这些节点包括但不限于路由器、接入点、传感器和终端设备。每个节点不仅能够与其相邻节点直接通信，还能作为中继节点转发其他节点的数据包，形成一种非集中式、自配置、自愈合的网状拓扑结构。在网络中，任意两个节点间的通信路径可能包含多个中间节点，通过多跳路由协议确保数据包能够在没有物理线路连接的情况下高效传输。无线 Mesh 网络的性能优势如表 9-3 所示。

2. 控制器集中管理的 AP+AC 架构

控制器集中管理的 AP+AC 架构是一种典型的企业级无线局域网部署方案，由接入点和无线控制器(access controller, AC)两部分构成。它巧妙地结合了 AP 与 AC 的优势，以满足不同场景下高效、安全、可扩展且易管理的无线网络需求。通过灵活运用关键技术，该架构实现了集中控制、优化资源、保障用户体验与网络安全，为包括企业、教育、医疗、零售等在内的多元化应用场景提供了理想的无线网络解决方案。

表 9-3　无线 Mesh 网络的性能优势

核心优势	描述	应用场景
大范围覆盖	通过增加节点数量，轻松扩展覆盖范围，适用于大面积、复杂地形或建筑物密集区域，实现“最后一公里”连接	城市与乡村无线宽带接入：为居民、企业提供无线互联网服务，特别是在传统网络部署困难或成本高昂的地区。
高可用性与容错性	多路径传输特性使得网络在单个节点或链路失效时仍能维持服务，提供冗余路由，增强整体稳定性和抗干扰能力	应急通信与公共安全：快速搭建临时通信网络，服务于灾难救援、大型活动安保、消防指挥等场景。
易于部署与扩展	无须预设基础设施，节点间自动建立连接；新节点加入仅需简单配置，即可按需扩展网络规模	工业物联网与智能城市：实现大规模设备间的无线互联，用于环境监测、智能交通、公共设施管理等智慧应用。
带宽聚合与负载均衡	支持多条链路同时传输数据，实现带宽叠加与动态负载均衡，提高数据传输速率，缓解网络热点问题	智能家居与企业园区网络：提供无缝漫游、高效数据传输的室内无线环境，提升用户使用体验与工作效率

如图 9-12 所示，在控制器集中管理的 AP+AC 架构中，AP 作为无线网络的边缘设备，负责接收和发送无线信号，以及与用户设备的直接交互；AC 则作为核心组件，对所有 AP 进行统一配置、监控、优化及故障处理。

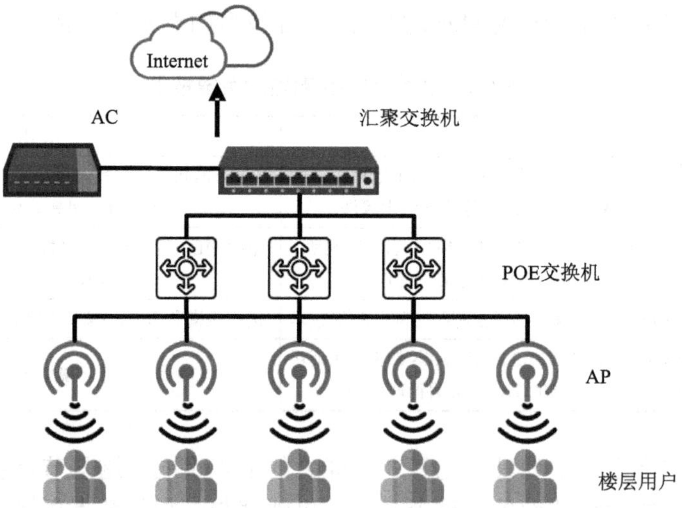

图 9-12　控制器集中管理的 AP+AC 架构图

AP 与 AC 之间通过控制通道建立通信，由 AC 统一配置、监控和更新所有 AP 的运行参数与策略。这种模式简化了网络运维，确保了配置的一致性，降低了复杂度，使管理员能够快速响应网络变化，实施全局策略，并实现无线资源的智能化调度与优化。

AC 根据实时网络状况动态调整 AP 的工作信道、发射功率、接入用户数等参数，有效避免同频干扰，最大化无线资源利用率，从而提升网络整体性能与用户连接质量。这种精细化管理确保了无论是在繁忙的办公环境，还是在高密度的教育或医疗机构，用户都能享受到稳定的无线连接与高速的数据传输。

AC 通过协调 AP 间用户切换，采用快速关联、预认证、负载均衡等技术，实现了平滑、无感知的漫游体验。这意味着移动设备用户在覆盖区域内移动时，业务不会中断，确保了在线会议、视频通话、移动教学等应用的连续性，极大提升了用户满意度。表 9-4 汇总了控制器集中管理的 AP+AC 架构的优势。

表 9-4　控制器集中管理的 AP+AC 架构的优势

<table>
<tr><th>优势</th><th>描述</th><th>应用场景</th></tr>
<tr><td>高效管理与优化</td><td>集中化管理简化网络运维，便于实施全局策略，快速响应网络变化，实现无线资源的智能化调度与优化</td><td rowspan="4">企业办公环境：为员工提供稳定、安全、高效的无线网络服务，满足移动办公、视频会议、文件共享等业务需求。
教育机构：构建校园无线网络，满足师生随时随地接入互联网的需求，支持在线教学、电子图书馆、远程实验等教育应用。
零售与服务业：为顾客提供免费 Wi-Fi 服务，收集用户行为数据，支持精准营销、室内导航、自助服务等业务创新</td></tr>
<tr><td>优质用户体验</td><td>通过射频管理与无缝漫游技术，提供稳定的无线连接、高速的数据传输以及流畅的移动漫游体验</td></tr>
<tr><td>高安全性</td><td>集中部署与更新安全策略，确保网络安全防护的一致性与及时性，有效抵御各类无线攻击</td></tr>
<tr><td>可扩展性</td><td>支持大规模 AP 部署，新 AP 加入网络只需配置与 AC 的连接，即可自动融入现有管理体系，实现网络规模的按需扩展</td></tr>
</table>

3. 胖瘦 AP 混合组网

如图 9-13 所示，胖瘦 AP 混合组网是一种兼顾灵活性与集中管理的无线局域网部署模式，结合了独立运作的胖 AP(FAT AP)与受控于 AC 的瘦 AP(FIT AP)的特点。

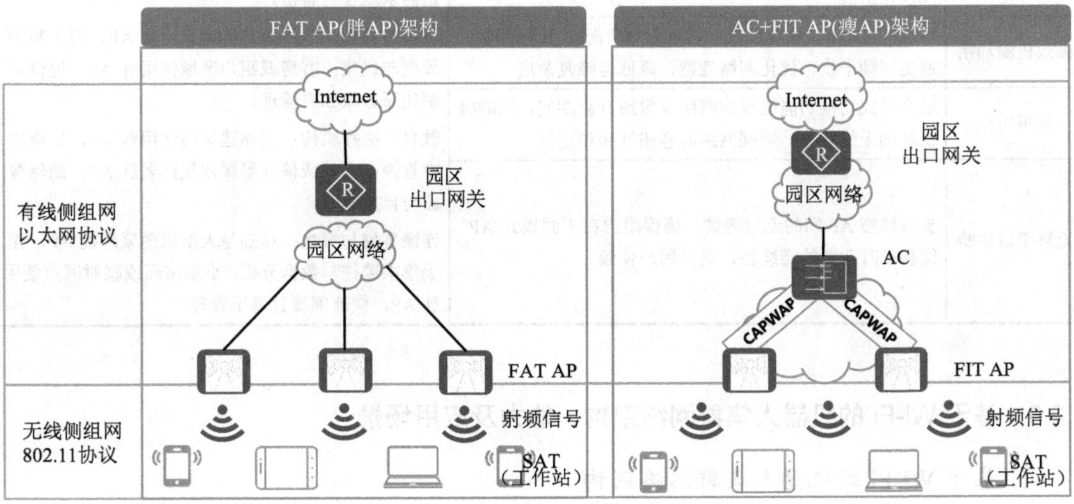

图 9-13　胖瘦 AP 混合组网结构示意图

胖 AP，即具备完整网络功能的接入点，能够独立完成用户接入、认证、路由、DHCP 服务、安全策略等任务，适用于小型、孤立或对本地控制有特殊需求的场景。这类 AP 具备高度自治性，无须依赖外部控制器即可快速部署并管理本地无线网络，特别适合于临时或偏远地区的无线覆盖需求。

瘦 AP，专注于无线信号的收发与用户接入，其高级功能如认证、路由、安全策略等由中央 AC 统一管理。瘦 AP 通过控制通道与 AC 通信，实现集中配置、监控、优化及故障处理。这种模式有利于大规模 AP 部署，便于集中管控，能够有效避免同频干扰，优化网络性能，降低运维复杂度，尤其适用于企业、校园、酒店等需要集中管理和精细化控制的环境。

在这种架构中，根据实际需求和网络环境，选择性地部署胖 AP 和瘦 AP，两者既可独立工作，也可协同配合，形成一种兼具分布式自治与集中管控特性的复合型无线网络。混合模式切换是胖瘦 AP 混合组网的一大亮点。部分 AP 支持在胖模式与瘦模式之间动态切换，可以根据网络需求灵活调整工作模式。例如，在 AC 故障或网络升级期间，原本作为瘦 AP 工作的设备可切换至胖 AP 模式，维持基本无线服务，待 AC 恢复正常后重新接入，确保服务连续性。这种机制显著增强了网络的容错性和稳定性。

为了确保用户在不同模式 AP 间移动时业务不中断，设计良好的混合组网应支持胖 AP 与瘦 AP 之间的无缝漫游。这意味着无论用户身处哪种 AP 的覆盖范围内，都能享受到一致、流畅的无线体验，这对于提升移动办公、在线学习、视频会议等应用的用户体验至关重要。表 9-5 汇总了胖瘦 AP 混合组网的性能优势。

表 9-5　胖瘦 AP 混合组网的性能优势

优势	描述	应用场景
灵活部署	根据实际场景选择合适的 AP 类型，既能利用胖 AP 实现快速部署、本地自治，又能利用瘦 AP 实现集中管控、规模化扩展	大型企业园区：在核心区域部署瘦 AP，享受集中管理优势；在边缘或特殊区域部署胖 AP，满足特定需求或作为备份。
高效资源利用	瘦 AP 模式下，由 AC 统一管理射频资源、安全策略，避免同频干扰，优化网络性能，降低运维复杂度	酒店与商业地产：公共区域采用瘦 AP，便于集中管理与优化；客房或租户区域使用胖 AP，提供定制化服务或独立管理。 教育与医疗机构：主体建筑内使用瘦 AP，实现集中管控；户外或偏远附属建筑部署胖 AP，确保覆盖与自主运营。 连锁零售与餐饮：总部与大型店面采用瘦 AP，便于集中监控与数据分析；小型店面或临时网点使用胖 AP，快速部署且易于管理
高可用性	混合模式切换功能确保在网络异常或升级期间，仍能提供基础无线服务，增强网络的容错性和稳定性	
无缝漫游体验	支持胖瘦 AP 间的无缝漫游，确保用户在不同模式 AP 间移动时业务的连续性，提升用户体验	

9.3.3　基于 Wi-Fi 的机器人集群网络架构、能力及应用场景

1. 基于 Wi-Fi 的机器人集群网络架构

机器人集群网络架构是一种分布式系统设计，旨在实现多个机器人个体间的高效协作与信息交换，以达成共同的目的或任务。基于 Wi-Fi 的机器人集群网络架构通常包含三个层次。

底层：每个机器人作为网络中的一个节点，配备有 Wi-Fi 无线通信模块、嵌入式计算单元、传感器、执行器等硬件组件。机器人节点通过 Wi-Fi 连接至无线局域网，具备自我感知、环境感知、决策执行和通信交互的能力。

中间层：Wi-Fi 网络作为核心通信基础设施，为机器人节点提供无线接入服务。机器

人节点可通过直接通信(Ad hoc 模式)或接入点(Infrastructure 模式)形成局域网络。在集群规模较大或需要跨越地理区域时，可以通过 Wi-Fi 路由器、无线 Mesh 网络或者 Wi-Fi 与有线网络的混合架构进行扩展和互联。

控制层：中央管理单元(如本地控制中心或云端平台)通过 Wi-Fi 网络对机器人集群进行集中或分布式的管理与协调。该层负责任务调度、路径规划、状态监控、故障诊断、数据融合与决策优化等高级功能。在某些应用场景下，机器人之间也可实现局部自治与协同，减轻中央管理单元的负担。

2. 最新 Wi-Fi 标准网络能力

1) Wi-Fi 6(802.11ax)

高效传输：Wi-Fi 6 涵盖 2.4/5GHz 两个传输频段并支持更高阶的 1024QAM 调制方式，最大理论速率达到 9.6Gbit/s，虽然仍低于 5G 20Gbit/s 的峰值速率，但已可提供相当高速的传输能力。

低时延：Wi-Fi 6 引入 OFDMA 技术，允许多个机器人同时传输数据，减少竞争与等待时间，并支持 MU-MIMO，最高支持 8×8MU-MIMO，也就是 8 个空间数据流，这也使得 Wi-Fi 6 的延迟降低到 10～20ms，但相比于 5G uRLLC 的 1ms 时延差距明显，仅适用于一些对时延要求较宽松的应用场景。

高密度连接：支持更多并发设备，理论上能处理高达 128 个客户端的连接，这对于大规模机器人集群非常有利。

覆盖能力：Wi-Fi 6 的室外覆盖能力为 100～200m，但 Wi-Fi 设备通常应用于室内，受到墙体遮挡的影响，其室内覆盖能力为 10～20m，覆盖能力方面不如 5G，但在比较空旷的室内环境，如工厂、仓库等场景下，通常可以满足其覆盖需求。

移动性支持：Wi-Fi 6 网络通常应用于较小的固定区域内，不适合高速移动场景。而 5G 支持高速移动性，可以无缝地在基站之间切换，适合车辆、无人机等快速移动的应用。

目标唤醒时间(TWT)：降低机器人节点的能耗，延长电池寿命。

安全性：支持 WPA3 协议，从而增强网络安全。

2) Wi-Fi 7(802.11be)

更高带宽：Wi-Fi 7 将支持 320MHz 信道带宽，是 Wi-Fi 6 的两倍。此外，Wi-Fi 7 还将空间数据流的最大数量增加了一倍，在某些情况下，这些天线的数量是可以变化的，从 8 个增加到 16 个。Wi-Fi 7 支持 16 个空间数据流条件下 46Gbit/s 的峰值速率，这已经超过了 5G 的峰值速率，但低于 6G 100Gbit/s 的峰值速率。

更低时延：Wi-Fi 7 实现了相比于 Wi-Fi 6 更低的时延，时延可以降低至 10ms 以内，但仍与 5G uRLLC 有较大差距。

更强大的连接：Wi-Fi 7 理论上将支持高达 1000 台设备的连接，更强大的连接能力将使其可以服务更加密集的智能机器人集群场景。

3. 基于 Wi-Fi 的机器人集群网络应用场景

Wi-Fi 网络和 5G 网络在传输能力、体系架构上存在明显不同。5G 网络具有大带宽、低时延、广覆盖的特点，可以支持高清视频、虚拟现实技术，为机器人提供高速数据传输和处理能力，可以有效保障机器人与人类之间的实时互动，提升人机交互的体验和效果，适用于室外和大型场所，提供稳定、可靠的网络连接；Wi-Fi 网络具有高速率、易部署，但覆盖和稳定性受限的特点，可以在短距离内提供高速数据传输，满足小型机器人集群的通信需求，且不需要复杂的网络布线，只需设置 AP 即可提供网络覆盖，这大大降低了网络部署的难度和成本。但 Wi-Fi 网络受环境因素影响较大，如墙壁、障碍物等可能导致信号衰减或中断；同时，相比于 5G 网络，Wi-Fi 网络的覆盖范围相对较小，适用于相对小型、封闭的环境。

虽然 Wi-Fi 网络和 5G 网络都为机器人集群提供了网络连接和数据传输的能力，使机器人能够协同工作、执行任务，但考虑二者性能、成本等方面的差异，两者的适用场景不同。5G 网络更适用于室外和大型场所的机器人集群应用，常规的 5G 基站一旦部署，就难以移动；Wi-Fi 网络则更适用于室内和小型、封闭的环境。此外，考虑 Wi-Fi 网络的部署成本相比于 5G 网络来说十分低廉，其在机器人集群系统中也存在许多应用场景，图 9-14 给出了基于 Wi-Fi 的智能机器人集群的典型应用。

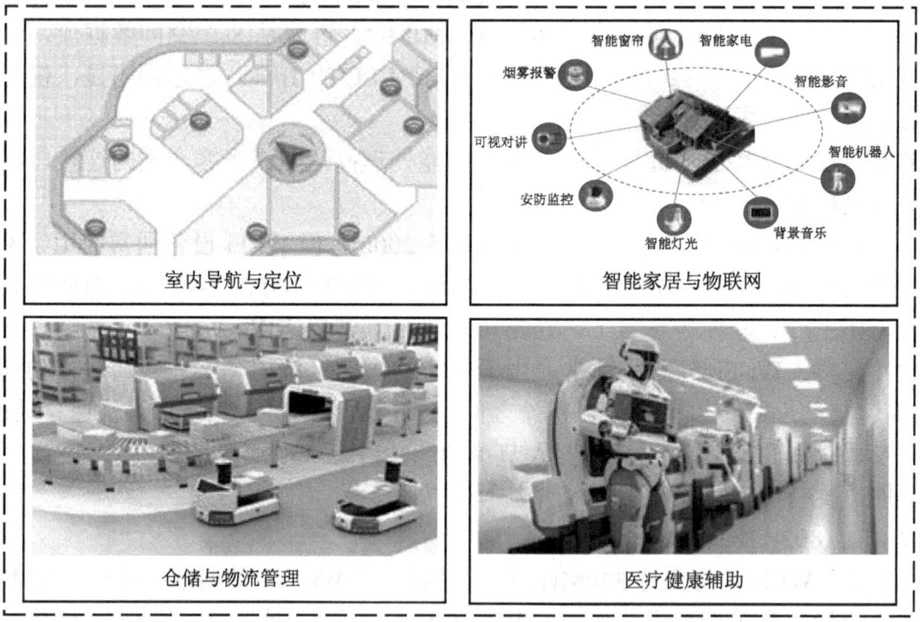

图 9-14　基于 Wi-Fi 的智能机器人集群的典型应用

1) 室内导航与定位

在家庭、办公室、医院、仓库等室内环境中，机器人集群需要具备精确的导航与定位功能，以完成清洁、巡检、运输等任务。Wi-Fi 网络在室内环境中具有广泛的覆盖范围，且信号稳定，能够满足机器人集群对导航与定位精度的要求。此外，Wi-Fi 网络还支持多设备同时连接，方便机器人集群之间的通信与协作。

2) 智能家居与物联网

在智能家居系统中，机器人集群可以通过 Wi-Fi 网络与各种智能设备(如智能灯泡、智能插座、智能空调等)进行连接与通信，实现家庭环境的自动化控制。Wi-Fi 网络在智能家居领域具有广泛的应用基础，且支持高速数据传输，能够满足机器人集群与智能设备之间的实时通信需求。此外，Wi-Fi 网络还支持远程访问与控制，方便用户随时随地管理家庭环境。

3) 仓储与物流管理

在仓储与物流领域，机器人集群可以通过 Wi-Fi 网络实现货物的自动搬运、分拣、入库等操作，提高物流效率并降低人工成本。Wi-Fi 网络在仓储与物流领域具有广泛的应用基础，且支持设备之间的快速连接与通信。机器人集群可以通过 Wi-Fi 网络实时获取货物的位置、数量等关键数据，从而实现精准的货物管理。此外，Wi-Fi 网络还支持与现有信息系统的无缝对接，方便企业实现信息化管理与决策。

4) 医疗健康辅助

医疗健康领域是科技与医疗深度融合的重要领域，它利用先进的技术手段，如基于 Wi-Fi 的机器人集群、人工智能、大数据等，来提升医疗服务的质量、效率和个性化水平。这些技术不仅帮助医生更精准地诊断疾病、制定治疗方案，还实现了患者监测、康复训练的智能化以及医疗资源的高效配置，为患者带来更便捷、舒适和安全的医疗体验。

具体来说，在医疗健康领域，基于 Wi-Fi 的机器人集群可以应用于多个方面。例如，在手术室中，机器人助手可以通过 Wi-Fi 与手术团队实时通信，提供精准的手术辅助；在病房里，护理机器人能够监测患者的生命体征，及时响应患者需求，减轻医护人员的工作负担；在康复中心，智能康复机器人则能根据患者的康复进度和个性化需求，制定并执行康复训练计划，加速患者的康复过程。此外，基于 Wi-Fi 的远程医疗系统还使得患者能够在家中接受专业医生的远程诊断和治疗建议，极大地提高了医疗服务的可及性和便利性。

需要注意的是，虽然 Wi-Fi 网络在机器人集群领域具有广泛的应用潜力，但在某些场景下可能面临信号覆盖不足、安全性问题等挑战，因此在实际应用中需要根据具体场景和需求进行技术选型与部署。同时，随着 5G 网络技术的不断发展与普及，未来机器人集群领域的应用场景将更加广泛和多样化。

9.4　有中心的智能机器人集群规划关键技术

9.4.1　智能机器人集群任务分配问题数学模型

智能机器人集群任务分配(multi-robot task allocation, MRTA)问题主要解决高效地分配多个机器人执行多个任务，以最大化系统效益或最小化执行成本。具体来说，这涉及优化任务分配以确保每个任务由合适的机器人执行，平衡机器人负载以避免过度负载或闲置，管理时间约束以确保任务在规定时间内完成，处理任务之间的依赖性以保证任务按顺序执行。同时，还需要应对环境和任务的动态变化，确保系统在机器人发生故障时的可靠性，协调机器人之间的通信与协作，以及降低能量消耗以延长机器人工作时间。通过解决这些问题，系统能够在复杂环境中高效、可靠地完成任务。

智能机器人集群任务分配问题是一个经典的组合优化问题，涉及多个机器人和多个任务的分配。

用 $R=\{r_1,r_2,\cdots,r_N\}$ 代表机器人集合，其中 N 表示机器人数量。$I=\{i_1,i_2,\cdots,i_K\}$ 代表任

务集合，其中 K 表示任务数量。c_{nk} 是机器人 r_n 执行任务 i_k 的成本或效用，通常为正数矩阵 $\boldsymbol{C}$ 。x_{nk} 是决策变量，当机器人 r_n 分配到任务 i_k 时，$x_{nk}=1$，否则 $x_{nk}=0$ 。

智能机器人集群任务分配的目标可以根据具体问题的不同来定义，如最小化总成本或最大化总效用。这里以最小化总成本为例：

$$\min\sum_{n=1}^{N}\sum_{k=1}^{K}c_{nk}x_{nk} \tag{9-1}$$

智能机器人集群任务分配通常包括以下基本的约束。

(1) 每个任务被分配给一个机器人：

$$\sum_{n=1}^{N}x_{nk}=1,\quad \forall k\in\{1,2,\cdots,K\} \tag{9-2}$$

(2) 每个机器人可以执行多个任务或不执行任务：

$$x_{nk}\in\{0,1\},\quad \forall n\in\{1,2,\cdots,N\},\ \forall k\in\{1,2,\cdots,K\} \tag{9-3}$$

上述模型是一个基本模型，实际问题中可能有更多的约束和目标，具体如下。

(1) 时间约束：每个机器人 r_n 完成任务 i_k 需要的时间为 t_{nk}，并且机器人 r_n 的总工作时间不能超过 $T_n^{\max}$，即

$$\sum_{k=1}^{K}t_{nk}x_{nk}\leqslant T_n^{\max},\quad \forall n\in\{1,2,\cdots,N\} \tag{9-4}$$

(2) 任务优先级：任务 i_k 有优先级 ρ_k，需要首先完成高优先级任务，即

$$x_{nj}\geqslant x_{nk},\quad \rho_j>\rho_k \tag{9-5}$$

(3) 任务依赖性：任务 i_j 可能依赖于任务 i_k，即 i_j 必须在 i_k 完成后才能开始，即

$$x_{nk}\leqslant x_{nj},\quad \forall n\in\{1,2,\cdots,N\},\ i_j\text{依赖于}i_k \tag{9-6}$$

将上述目标函数和约束条件综合起来，可以得到一个混合整数线性规划(MILP)问题：

$$\begin{aligned}
\min\quad & \sum_{n=1}^{N}\sum_{k=1}^{K}c_{nk}x_{nk} & \\
\text{s.t.}\quad & \sum_{n=1}^{N}x_{nk}=1,\quad \forall k\in\{1,2,\cdots,N\} & \text{(a)}\\
& \sum_{k=1}^{K}t_{nk}x_{nk}\leqslant T_n^{\max},\quad \forall n\in\{1,2,\cdots,N\} & \text{(b)}\\
& x_{nk}\in\{0,1\},\quad \forall n\in\{1,2,\cdots,N\},\ \forall k\in\{1,2,\cdots,K\} & \text{(c)}\\
& x_{nk}\leqslant x_{nj},\quad \forall n\in\{1,2,\cdots,N\},\ i_j\text{依赖于}i_k & \text{(d)}\\
& x_{nj}\geqslant x_{nk},\quad \forall n\in\{1,2,\cdots,N\},\ \rho_j>\rho_k & \text{(e)}
\end{aligned} \tag{9-7}$$

这个问题可以通过多种方法进行求解，包括但不限于分支定界法、割平面法和启发式算法。具体的求解方法取决于问题的规模和具体要求。该问题的求解变量是一个整数变量，分支定界法是处理整数规划的经典方法，表 9-6 给出了基于分支定界法求解该问题的流程。

表 9-6　基于分支定界法求解智能机器人集群任务分配问题的流程

步骤	具体操作
1.初始化	初始化目标的上界 $U=\infty$ 和最优解 best_solution=None；构建初始问题节点，并将其加入节点列表。初始节点的约束为空
2.求解初始松弛问题	求解初始问题节点的松弛问题(即去掉整数约束后的线性规划问题)，得到初始下界 L
3.选择节点	从节点列表中选择一个未处理的节点 N
4.选择分支变量	选择一个非整数变量 x_{nk} 进行分支
5.创建子问题节点	创建两个子问题节点：一个节点将 x_{nk} 固定为其向下取整值，另一个节点将 x_{nk} 固定为其向上取整值
6.求解子问题松弛问题	对每个子问题节点，求解其松弛问题，得到下界 L_{sub1} 和 L_{sub2}
7.更新上界和最优解	如果子问题节点的松弛问题解是整数解且目标值小于当前上界 U，则更新上界 U 并记录该解作为新的最优解
8.剪枝	如果某个子问题节点的下界 L_{sub1} 或 L_{sub2} 大于或等于当前上界 U，则该子问题节点被剪枝，不再进一步求解
9.重复	重复步骤 3～8，直到节点列表为空或所有节点都被剪枝
10.输出最优解	当节点列表为空时，当前记录的最优解即为全局最优解

其中，步骤 5 中创建的子问题节点已经将整数变量松弛为连续变量，问题已经转换成标准的线性规划形式，可以利用“CPLEX”和“Gurobi”等标准的凸优化求解器进行求解。

通过求解这一问题，可以实现多个机器人之间的高效协作，提高整个系统的工作效率。通过优化任务分配，每个任务都由最合适的机器人执行，平衡机器人负载，避免过度负载或闲置，并确保任务在规定时间内完成。考虑任务的优先级和依赖性，系统能够按照正确的顺序执行任务，进一步提升任务完成的有效性和可靠性。

在实际应用中，智能机器人集群任务分配问题还需要应对环境和任务的动态变化。当某些机器人发生故障时，系统能够动态调整任务分配，确保其他机器人能够接替故障机器人完成任务，提高系统的容错性和可靠性。同时，机器人之间的通信与协作机制也至关重要，能够确保信息的及时传递和任务的协同执行。此外，优化能量消耗不仅可以延长机器人的工作时间，还能提高系统的可持续性和效率。通过求解智能机器人集群任务分配问题，能够在复杂环境中实现高效、可靠的任务执行。这对于制造业、物流、救灾和探索等领域的应用具有重要意义，能够显著提高工作效率，降低运营成本，并增强系统的灵活性和适应性。在未来，随着算法和技术的不断进步，智能机器人集群任务分配问题的解决方案将会更加优化和完善，进一步推动智能机器人技术的发展和应用。

9.4.2　智能机器人集群路径规划问题数学模型

智能机器人集群路径规划通常涉及在给定环境中为多个机器人找到一条从起点到终点的路径，同时避免碰撞和其他约束的问题，这一问题可以建模为一个带约束优化问题。

假设有 N 个机器人 $R=\{r_1,r_2,\cdots,r_N\}$，每个机器人 r_n 在时间 t 时的位置为 $P_n(t)$。环境可以表示为一个工作空间 $\mathcal{W}$，通常为一个二维或三维空间，其中包含障碍物 $\mathcal{O}\subset\mathcal{W}$。每个机器人 r_n 的状态可以表示为位置和速度的组合 $s_n(t)=[P_n(t),v_n(t)]$，其中 $P_n(t)$ 是位置，$v_n(t)$ 是速度。机器人必须遵循其运动学模型，如差动驱动模型 $\dot{P}_n(t)=f(P_n(t),v_n(t))$，其中 $f(\cdot)$ 是描述运动学的函数。每个机器人 r_n 都有一个起点 P_n^{start} 和终点 P_n^{goal}。机器人之间以及机器人与障碍物之间必须避免碰撞：

$$\begin{aligned} \| P_m(t) - P_n(t) \| \geqslant d^{\min}, \quad \forall m \neq n \\ P_n(t) \notin \mathcal{O}, \quad \forall n \in \{1, 2, \cdots, N\} \end{aligned} \tag{9-8}$$

路径应在有限时间内完成，并尽可能平滑，路径的平滑程度可以表示为

$$\int_0^{T^{\max}} \| \ddot{P}_n(t) \|^2 \mathrm{d}t \tag{9-9}$$

其中，$T^{\max}$ 是规划的总时间。

智能机器人集群路径规划问题的目标即为在给定的环境 $\mathcal{W}$、障碍物 $\mathcal{O}$、机器人集合 R、每个机器人 r_n 的起点 P_n^{start} 和终点 P_n^{goal} 的条件下，为每个机器人 r_n 规划一条从 P_n^{start} 到 P_n^{goal} 的路径 $\boldsymbol{P}_n(t)$，使得满足一系列约束条件，通常包括但不限于以下条件。

(1) 所有机器人的路径在环境 $\mathcal{W}$ 中避开障碍物 $\mathcal{O}$。

(2) 任意两个机器人在任意时间 $t = \{1, 2, \cdots, T^{\max}\}$ 不会碰撞。

(3) 路径平滑且时间尽可能短。

可以将此问题形式化为如下优化问题：

$$\begin{aligned} \min_{P_n(t), v_n(t)} \quad & \sum_{n=1}^{N} \int_0^{T^{\max}} \| \ddot{P}_n(t) \|^2 \mathrm{d}t \\ \text{s.t.} \quad & \dot{P}_n(t) = f(P_n(t), v_n(t)), \quad \forall t \in \{1, 2, \cdots, T^{\max}\}, \quad \forall n \in \{1, 2, \cdots, N\} \quad \text{(a)} \\ & P_n(0) = P_n^{\text{start}}, \quad P_n(T^{\max}) = P_n^{\text{goal}}, \quad \forall n \in \{1, 2, \cdots, N\} \quad \text{(b)} \\ & \| P_m(t) - P_n(t) \| \geqslant d^{\min}, \quad \forall m \neq n, \quad \forall t \in \{1, 2, \cdots, T^{\max}\} \quad \text{(c)} \\ & P_n(t) \notin \mathcal{O}, \quad \forall t \in \{1, 2, \cdots, T^{\max}\}, \quad \forall n \in \{1, 2, \cdots, N\} \quad \text{(d)} \end{aligned} \tag{9-10}$$

该联合路径规划问题有多种求解思路，包括基于图的搜索方法、数学优化方法和分解方法等。

基于图的搜索方法是智能机器人集群路径规划中常用的一种策略，尤其是在复杂的环境中。以下是详细的步骤说明，展示使用基于图的搜索方法(如使用 A*算法)解决智能机器人集群路径规划问题。

步骤 1：构建图

(1) 环境离散化：将工作空间 $\mathcal{W}$ 离散化成一个图 $G = (V, E)$，节点集 V 代表可能的机器人位置，边集 E 代表机器人可以移动的路径。

(2) 障碍物处理：在图中移除或避免加入与障碍物 $\mathcal{O}$ 重叠的节点，以及穿过障碍物的边。

(3) 连接性构建：为图中的每个节点添加边，通常是连接到相邻的节点。例如，在栅格地图中，可以连接到上、下、左、右和对角线方向的相邻节点。

步骤 2：为每个机器人规划单独路径

(1) 选择算法：选择 A*算法作为路径搜索方法，对每个机器人 r_n，分别在图 G 中从起点 P_n^{start} 和终点 P_n^{goal} 进行搜索。

(2) 启发式函数：定义一个启发式函数 h，如欧几里得距离或曼哈顿距离，以估算任何

节点到目标节点的距离。

(3) 路径搜索：对每个机器人使用 A^*算法独立地搜索最短路径，记录路径并检查其可行性。

步骤 3：冲突检测和解决

(1) 冲突检测：对于所有机器人的路径集合，检查是否存在空间和时间上的冲突。空间冲突指两个机器人计划经过同一位置，时间冲突指两个机器人同时到达同一位置。

(2) 优先级分配：为每个机器人分配优先级，基于优先级重新调整路径，以解决冲突。高优先级机器人的路径被保持，低优先级机器人的路径需要调整。

(3) 路径重新规划：对冲突的低优先级机器人，使用改进的 A^*算法重新规划路径，避免与高优先级机器人的路径冲突。

步骤 4：优化和评估

(1) 路径优化：可能需要根据具体的业务需求对机器人的路径进行进一步优化，如减少转弯次数、缩短总运动时间等。

(2) 系统评估：对整个系统的性能进行评估，包括总运动时间、能耗以及路径的平滑性等指标。

通过求解上述优化问题，可以为每个机器人从起点到终点找到一条平滑且无碰撞的路径。机器人集群的应用场景非常丰富，在不同应用场景中，对于路径规划的目标和约束条件存在不同的要求。本节仅给出了一个以路径平滑为优化目标的例子。在实际应用中，需要根据具体的场景设计相应的优化问题和求解方案。例如，在自动化仓储中，可能更关注最短路径和避障能力；在无人驾驶车队中，则需要考虑速度、加速度以及动态环境中的安全性；在搜救任务中，路径规划还必须应对环境的不确定性。每个应用场景都要求定制化的优化策略，以满足其特定需求。

9.5 有中心机器人集群智能化关键技术及其应用

在当今迅速发展的科技时代，智能机器人集群系统已经成为许多领域的核心技术，从工业制造到农业管理，从仓储物流到灾后救援，这些系统正在改变人们的工作和生活方式。智能机器人集群系统不是简单的机器人集合体，而是通过现代人工智能技术实现的高效协作和智能化操作。特别是有中心智能机器人集群系统，通过中心控制系统的协调和优化，多个机器人能够高效地完成复杂任务，提供比单个机器人更为强大的功能和适应性。下面将探讨这些关键的现代人工智能技术及其在有中心智能机器人集群系统中的应用，展示通过这些技术实现更高效、更智能的系统运作。

9.5.1 有中心机器人集群智能化关键技术

1. 群体智能

群体智能是一种灵感来源于自然界群体行为(如蚁群觅食、鱼群游动等)的人工智能技术，它通过多个简单个体(如机器人)的局部相互作用，形成复杂而协调的集体行为。在有中心智能机器人集群中，群体智能技术至关重要，因为它能够在中央控制系统的指导下，实现集群中各个机器人的协同工作。一个典型的应用场景是大型物流仓储系统，中央控制系统通过群体智能算法(如蚁群算法等)管理数百个自动搬运机器人，它们能够高效地执行货物的搬运、排序和存储任务。通过群体智能，各机器人能够根据局部的环境信息和任务要求，做出自主决策，并在中央控制系统的全局指挥下，调整各自的行为以达到整体的最优效果。这种群体智能不仅提高了系统的灵活性和响应速度，还能够显著提升集群在复杂和动态环境中的鲁棒性。

2. 机器学习

机器学习是一种通过数据驱动的模型自动学习和改进任务性能的技术，典型技术分支包括统计学习、深度学习、强化学习、迁移学习等。机器学习在有中心智能机器人集群中的应用广泛，主要用于实时优化任务分配、路径规划和行为预测。例如，在智能交通管理系统中，中央控制系统通过机器学习模型分析历史交通数据和实时车流信息，预测交通流量变化，并基于此对整个车队的路径进行动态优化，以避免交通拥堵和减少能耗。此外，机器学习还在故障检测和系统优化中发挥了关键作用。通过持续学习集群中的历史数据和实时运行状态，中央控制系统可以自动识别潜在的故障风险，并提前采取措施进行预防，确保整个系统的稳定性和高效运行。机器学习技术的应用，使得有中心智能机器人集群能够不断适应变化的环境，并通过经验和数据的积累，逐步提升其整体性能。

3. 自然语言处理

自然语言处理(NLP)和智能语音技术是人工智能中处理和理解人类语言的核心技术。NLP 涵盖了从文本分析、语义理解到对话生成的广泛领域，智能语音技术则专注于语音识别和语音合成。在有中心智能机器人集群中，这些技术的应用主要集中在人机交互的场景中。例如，在智能制造环境中，中央控制系统可以通过 NLP 技术理解操作员的自然语言指令，并据此实时调整生产线的工作流程或机器人集群的任务安排。操作员可以通过语音指令直接控制集群中的各个机器人，如调整机器人的生产节奏或改变其工作顺序等。智能语音技术则确保了这些语音指令能够被机器人准确识别和执行，极大地提高了操作的便捷性和系统的响应速度。在紧急情况下，操作员通过语音快速发出的指令可以被集群内的多个机器人同时接收并执行，从而在最短的时间内完成复杂的协同任务。

4. 计算机视觉

计算机视觉是一项让计算机系统通过处理和分析视觉数据(如图像和视频)来理解和解释现实世界的技术。它包括图像识别、物体检测、场景理解、运动分析和深度感知等多个领域，广泛应用于自动驾驶、医疗影像分析和工业自动化中。在有中心智能机器人集群中，计算机视觉用于增强集群的环境感知、目标识别和导航能力。例如，在无人驾驶车队中，每辆车都依赖计算机视觉技术识别道路标志、障碍物和其他车辆，这些视觉信息通过中央控制系统进行整合和分析，形成全局的环境模型。基于这个模型，中央控制系统可以实时调整车队中每辆车的行驶路径，确保车队能够安全高效地通过复杂的交通环境。计算机视觉技术不仅帮助各机器人完成单独的视觉任务，如障碍物识别和目标定位，还为中央控制系统提供了重要的感知数据，使集群在动态环境中能够保持高效的运作和精准的行动。

5. 知识图谱

知识图谱是一种将信息以节点和边的形式结构化表示的技术，能够将多源数据整合成一个语义丰富的知识网络，并提供强大的语义理解和推理能力。知识图谱的应用在有中心智能机器人集群中尤为重要，特别是在复杂任务的规划和执行中。例如，在医疗机器人集群中，中央控制系统通过知识图谱将患者的电子健康记录、最新的医学研究和治疗方案结构化地组织起来，形成一个综合的知识网络。机器人通过访问这个知识图谱，能够根据实时更新的医学知识和患者的具体情况，提供个性化的治疗建议，并与其他机器人协同完成复杂的手术或护理任务。知识图谱不仅提升了集群的知识管理能力，还为中央控制系统提供了强大的推理支持，确保在执行复杂医疗任务时能够做出准确的决策，进而提升整个集群的智能化水平和任务执行的精确度。

9.5.2　基于强化学习的有中心智能机器人集群路径规划

针对前面所构建的智能机器人集群路径规划问题，也可以采用基于强化学习的策略来解决这一复杂的优化问题。在这一框架下，可以通过设计合理的状态表示、动作选择和回报函数，结合深度神经网络构建策略网络和价值网络，并通过持续的交互和学习优化这些网络的参数，最终为所有机器人生成平滑且无碰撞的最优路径。这种方法不仅能够应对多种复杂的约束条件，还具有较强的自适应性和扩展性，能够在动态环境中实时调整机器人的运动路径。下面介绍一种基于强化学习的有中心智能机器人集群路径规划算法的基本设计思路。

在智能机器人集群路径规划问题中，可以使用强化学习来学习一种全局策略，该策略能够为所有机器人生成平滑、无碰撞的路径。强化学习方法的设计包括状态表示、动作选择、回报函数的构建以及训练过程中的策略与价值网络的表示与更新。

1. 状态表示

为了确保机器人能够感知并反映环境的动态变化，将系统的全局状态 s_t 定义为

$$s_t = \{P_1(t), v_1(t), \| P_1(t) - P_1^{\text{goal}} \|, \cdots, P_n(t), v_n(t), \| P_n(t) - P_n^{\text{goal}} \|, \mathcal{O}\} \tag{9-11}$$

其中包括以下元素：在一个均匀的时间序列 $t \in \{1, 2, \cdots, T^{\max}\}$ 上，所有机器人的位置 $P_n(t)$ 和速度 $v_n(t)$，这些信息直接决定了机器人当前的运动状态；机器人与其目标位置的相对距离 $\| P_n(t) - P_n^{\text{goal}} \|$，这有助于机器人更好地规划朝向目标前进的路径；环境中的障碍物信息 $\mathcal{O}$，包含障碍物的位置信息，帮助机器人在规划路径时避开障碍物。

2. 动作选择

每个时刻 t 的动作 a_t 是所有机器人在当前状态下的速度控制指令。为了简化动作，假设每个机器人在每个时间步只能调整其速度和方向。动作表示为

$$a_t = \{v_1(t), v_2(t), \cdots, v_N(t)\} \tag{9-12}$$

这些动作通过控制机器人运动学模型中的速度参数 $v_i(t)$，直接影响机器人在下一时间

步的状态。

3. 回报函数的构建

回报函数 $R(s_t,a_t)$ 是强化学习中至关重要的部分，设计合理的回报函数可以有效地引导策略网络学习到最优策略。我们综合考虑了机器人朝向目标的奖励、碰撞的惩罚以及路径平滑性的奖励。

目标奖励 R^{goal}：鼓励机器人尽快接近目标位置。当机器人接近或到达目标位置时，给予正向奖励。公式表示为

$$R^{\text{goal}}(s_t) = -\alpha \sum_{n=1}^{N} \| P_n(t) - P_n^{\text{goal}} \| \tag{9-13}$$

其中，α 是目标奖励的权重。

碰撞惩罚 $R^{\text{collision}}$：当机器人发生碰撞时，给予负向奖励。这包括机器人之间的碰撞和与障碍物的碰撞。公式表示为

$$R^{\text{collision}}(s_t,a_t) = -\beta \sum_{n=1}^{N} \sum_{m \neq n} \mathbb{I}(\| P_m(t) - P_n(t) \| < d^{\min}) - \gamma \sum_{n=1}^{N} \mathbb{I}(P_n(t) \in \mathcal{O}) \tag{9-14}$$

其中，β 和 γ 是碰撞惩罚的权重；$\mathbb{I}(\cdot)$ 是指示函数，表示是否发生碰撞。

路径平滑性奖励 R^{smooth}：为了生成更为平滑的路径，对路径的加速度变化进行惩罚，鼓励机器人保持平滑的运动。公式表示为

$$R^{\text{smooth}}(s_t,a_t) = -\delta \sum_{n=1}^{N} \int_0^T \| \ddot{P}_n(t) \|^2 \mathrm{d}t \tag{9-15}$$

其中，δ 是路径平滑性奖励的权重。

总回报函数表示如下：

$$R(s_t,a_t) = R^{\text{goal}}(s_t) + \lambda_1 R^{\text{collision}}(s_t,a_t) + \lambda_2 R^{\text{smooth}}(s_t,a_t) \tag{9-16}$$

通过设计这样的回报函数，策略网络能够学习到在满足所有约束条件的前提下，实现从起点到终点的最优路径。

4. 策略与价值网络的表示

使用深度神经网络来表示策略网络 $\pi_\theta(a_t \mid s_t)$ 和价值网络 $Q_\phi(s_t,a_t)$。

策略网络 $\pi_\theta(a_t \mid s_t)$：输入为当前状态 s_t，输出为所有机器人的最优动作 a_t。策略网络通过学习从状态 s_t 中生成一个最优的动作序列 a_t，来最大化回报函数。公式表示为

$$a_t = \pi_\theta(s_t) \tag{9-17}$$

价值网络 $Q_\phi(s_t,a_t)$：输入为状态-动作对 (s_t,a_t)，输出为在执行动作 a_t 后，预期的累计回报。价值网络帮助策略网络评估每个动作的质量，并通过策略梯度进行优化。公式表示为

$$Q_\phi(s_t,a_t) = \mathbb{E}\left[\sum_{k=0}^{\infty} \gamma^k R(s_{t+k},a_{t+k})\right] \tag{9-18}$$

5. 策略与价值网络的更新

在训练过程中，策略网络和价值网络的更新是通过与环境的交互来实现的，主要步骤如下。

(1) 采集经验：中心控制器使用当前策略 π_θ 选择动作 a_t，并应用于所有机器人。环境根据该动作更新到新的状态 s_{t+1}，并返回即时回报 $R(s_t, a_t)$。这些数据存储在经验回放缓冲区中。

(2) 价值网络更新：使用存储的经验样本，通过最小化均方误差损失来更新价值网络：

$$\mathcal{L}(\phi) = \mathbb{E}_{(s_t, a_t, R_t, s_{t+1})}\left[\left(R(s_t, a_t) + \gamma Q_\phi(s_{t+1}, \pi_\theta(s_{t+1})) - Q_\phi(s_t, a_t)\right)^2\right] \tag{9-19}$$

(3) 策略网络更新：通过最大化期望回报来更新策略网络，策略梯度的更新公式为

$$\nabla_\theta J(\theta) = \mathbb{E}_{s_t}\left[\nabla_\theta \pi_\theta(s_t) \nabla_{a_t} Q_\phi(s_t, a_t)\big|_{a_t = \pi_\theta(s_t)}\right] \tag{9-20}$$

这种更新机制使得策略网络在每次迭代中逐渐改善，从而为所有机器人生成更优的路径。通过设计合理的状态表示、动作选择和回报函数，并结合策略网络和价值网络的交替更新，能够利用强化学习方法为智能机器人集群路径规划问题生成高效且无碰撞的路径。强化学习的优势在于其在复杂、多约束的动态环境中能够自适应地学习，并在训练过程中不断优化策略，最终得到能够满足所有约束条件的全局最优解。

9.6 本章小结

本章详细探讨了智能机器人集群的有中心组网方法。通过分析智能机器人集群有中心组网的网络拓扑结构，揭示了其核心控制节点通过高效的协调和管理，确保机器人集群能够协同完成任务。进一步阐述了基于 5G 的蜂窝移动通信网络的集群组网，介绍了 1G～5G 的蜂窝移动通信系统的演进，以及 5G 在机器人集群中的架构、应用及关键能力需求。此外，还探讨了基于 Wi-Fi 的机器人集群组网，回顾了 Wi-Fi 技术的发展历史，分析了不同 Wi-Fi 组网架构的特点及其在机器人集群中的应用。

通过对 5G 和 Wi-Fi 技术的深入探讨，本章展示了它们在智能机器人集群通信中的关键作用和应用前景。这些先进的无线通信技术为机器人集群提供了高带宽、低延迟和广覆盖的通信能力，使得机器人能够更加高效、智能地协同工作，广泛应用于工业制造、医疗护理、仓储物流、智能家居等多个领域。随着技术的不断发展，智能机器人集群将能够在更加复杂和多样化的场景中发挥更大的作用。

9.7 习　题

9-1　简述智能机器人集群有中心组网拓扑结构的优势和劣势。

9-2　描述蜂窝移动通信系统 1G～5G 的发展历程及其对智能机器人集群的影响。

9-3　解释无线 Mesh 网络的关键技术及其在智能机器人集群中的应用。

9-4　对比 Wi-Fi 6 和 Wi-Fi 7 在智能机器人集群中的网络能力，讨论它们的应用场景。

9-5　结合具体实例，分别说明机器学习和深度学习在智能机器人集群中的应用及其优势。

第 10 章　智能机器人集群无中心组网方法

第 9 章给出了智能机器人集群有中心组网的拓扑结构及两种常见的组网方法。但是，在一些通信条件恶劣的场景中，如机器人集群作战、灾后搜救、未知环境探索等，难以部署蜂窝基站或 Wi-Fi 网络，使得智能机器人集群有中心的组网方法不再适用。为解决这一问题，受到自然界中一些生物(蚁群、鱼群等)群体运动行为的启发，可以将智能机器人集群构建为无中心的自组网，借助机器人之间的相互通信，实现感知信息和指令信息的传递，以协同完成给定的任务。本章将首先介绍自组网的基本概念与发展历史，再从拓扑、应用、关键技术、基于自组网的机器人集群智能化几个方面，对基于无中心自组网的智能机器人集群进行介绍。

10.1　自组网的基本概念与发展历史

自组织现象广泛存在于物理、化学、生物学以及社会学等多种学科和领域。自组织最突出的特征包括以下两点。①无控制中心：自组网中的个体没有统一的控制中心。②涌现特征：个体简单的局部行为能产生复杂的全局现象。白蚁群就是一个著名的自组织例子，白蚁个体只具有简单的行为功能，而白蚁群作为一个自组织系统，却涌现出复杂的智能化特征(能够建造大型的、功能完善的蚁巢)。鲱鱼群也是典型的没有头领的种群。这些种群的行为表明，即使在没有领导个体存在的情况下，仍然可能出现高度协调的群体行为。这种协调的群体行为并不是来自某个头领的命令，而是在群体内各个成员的相互合作中涌现的。

受到自然界中动物群组协调行动的启发，在一些不具备有中心通信网络条件的场景中，如战场环境、海洋探测环境、森林草原火灾勘查等，可以考虑将执行任务的机器人集群构建为一个自组网。本章主要关注自组网在机器人集群中的应用。

10.1.1　自组网的基本概念

自组网是一种具有多跳路由特性的自主控制和管理网络，由于其节点通常具备无线和移动特性，因此也可称为移动自组织无线网络。

自组网与基于蜂窝移动通信网络的集群组网和基于 Wi-Fi 的集群组网具有显著区别。自组网中通常不存在如蜂窝移动通信网络中的基站或无线局域网中的 AP 等固定基础设施。由于终端的传输范围有限，距离较远的终端需要通过其他节点进行转发以实现远距离通信。

这种多跳的自组网方式使得网络中的终端具备路由和分组转发功能，从而能够通过无线连接构建多样的网络拓扑结构，保证网络的覆盖范围。在自组网出现之前，无线终端通常需要统一的接入点实现通信。而自组网的独特之处在于其不依赖统一接入点，节点间可以直接进行通信，向周围的终端发送或接收数据，自组网可使不同节点间共享局部数据而无须基础设施连接。

自组网技术最初为军事应用而研究，以满足军用通信系统抗毁性、自主性和机动性需求。例如，2000 年美国陆军的“无人值守地面传感器群”项目，是为了获取雨林地带的地面坚硬度和干湿度信息，其允许传感器集群构成自组网。在军事领域以外，近年来，各国研究人员开始广泛重视自组网在民用领域的研究和应用。在民用方面，自组网的一个典型应用是环境探测。在利用机器人集群对偏远或未知地区进行环境探测时，由于成本和地理环境等原因，这些地区通常缺乏非常完善的通信设施，若将机器人集群构建为自组网，则可以有效解决这些环境中的通信问题。

10.1.2　基于自组网的机器人集群发展历史

10.1.1 节只给出了部分基于自组网的机器人集群的例子，通过本节的介绍，读者将能更好地了解自组网的历史发展脉络及其与机器人集群结合的演进过程。自组网自从 20 世纪 60 年代诞生开始至今，经历了从起步到快速发展并赋能千行百业的巨大飞跃，极大地促进了人类的进步。

自组网技术的起源可追溯到 1968 年的 ALOHA 项目。美国夏威夷大学为了将分布在四座岛屿的七处校园内的计算机之间互联，构建了第一个无线自组网——ALOHA 系统。在该网络中，计算机不能移动，相互之间一跳可达。该项目首先研究了共享无线媒介的多站点接入信道问题，提出了著名的 ALOHA 协议。

1983 年，美国国防部高级研究计划局资助进行了具有抗毁性和自适应性的自组网项目。该项目重点解决当时的无线通信装置存在的三个关键技术问题：体积大、功率大、成本高。自组网算法在小规模网络上得到验证。

2000 年，美国陆军提出“无人值守地面传感器群”项目，目标在于使基层指战员能够根据需要利用传感器尽可能收集各种精确的战场信息，如雨林地带的地面坚硬度和干湿度，为精准地制定战斗行动方案提供依据，这里的地面传感器之间就构成了自组网。

近二十年来，对自组网的研究逐渐转向了自组网与诸多具体行业的结合，诞生了诸多领域的应用，包括无人机自组网、无人艇自组网等，自组网的应用进入了百花齐放的崭新时代。

2001 年，欧盟委员会资助了 Swarm-bots 项目，这是国际上首批支持研究机器人群体合作的项目之一。

2005 年，瑞士洛桑联邦理工学院设计了一群多达 20 个能够相互连接的机器人，它们彼此物理连接形成一种协作结构，该学院的研究人员用这些机器人研究群体行为，如集群搬运和目标搜索等。

2011 年，奥地利 Ganz 人工生命实验室的研究人员发布了当时世界上最大的水下无人航行器集群——CoCoRo 自主水下航行器集群，如图 10-1 所示。这一集群由 41 艘无人潜航器组成，潜航器之间通过协同来完成任务，其主要用途是水下监测和搜索。

在 2011 年开始的叙利亚战争中，俄军使用了多种战斗机器人，其中包括著名的“天王星-9”型战斗机器人，如图 10-2 所示。该类机器人在肃清恐怖分子和支援地面部队方面表现出色，尽管在沙漠环境中受到了一定影响，但在城市作战方面表现出非常卓越的性能。

图 10-1 CoCoRo 自主水下航行器集群

图 10-2 “天王星-9”型战斗机器人

2014 年，哈佛大学的 Radhika Nagpal 凭借其设计的由 1024 只称作 Kilobot 的微型机器人构成的集群上榜 *Nature* 杂志的年度十大科学家。Kilobot 十分小巧，单个 Kilobot 只有一枚硬币大小，如图 10-3 所示。当两个机器人相距 10cm 以内时，彼此之间就可以通过红外线进行交流，传达任务。接收到相邻机器人的任务信息后，经过内置简单程序的微处理器分析，Kilobot 可以执行具体的命令。

图 10-3 Kilobot 微型机器人集群

2021 年，哈尔滨工程大学水下机器人技术国家级重点实验室展示了机器人组团“海上出征”的场面。多艘无人艇通过自组网通信，共享信息，快速变换队形，在线执行观察、调整、决策、行动等动作，并自主完成了协同探测、作业等任务。此次任务的成功标志着在国内首次实现了海洋无人艇集群智能协同结构从有中心/混合式结构发展为无中心结构，系统协同智能化水平从半自主升级为全自主，适应任务场景及环境，从确定结构化拓展为未知非结构化。海洋无人艇集群如图 10-4 所示。

图 10-4　海洋无人艇集群

2022 年，浙江大学高飞、许超团队研发了全自主微型飞行机器人集群，以封面文章发表于 *Science Robotics*。每个飞行机器人仅靠自身机载摄像头、机载计算芯片资源和传感器，就可以在野外复杂树林环境下进行协作感知障碍物、定位自身位置、实时规划飞行路径等系列操作。在地形勘探中，该集群可以快速对人员无法到达的区域进行建模。

2024 年，上海人工智能实验室首创了一种“对话式”交互模式，推动了自主集群技术的发展。他们将大模型与无人机深度融合，实现了无人机集群协同控制的突破。每架无人机都搭载了经过高度优化的大模型，实现高效的信息处理和反应，就像拥有了可进行实时“对话”的智能大脑。实验结果表明，采用这一新模式的无人机集群显著提升了整体系统的智能化水平和任务完成率。例如，在模拟搜救和环境监测等应用场景中，集群展现出卓越的协同能力和自我组织效率。

上述基于自组网的机器人集群历史发展脉络中的几个重要事件在图 10-5 中进行了总结。

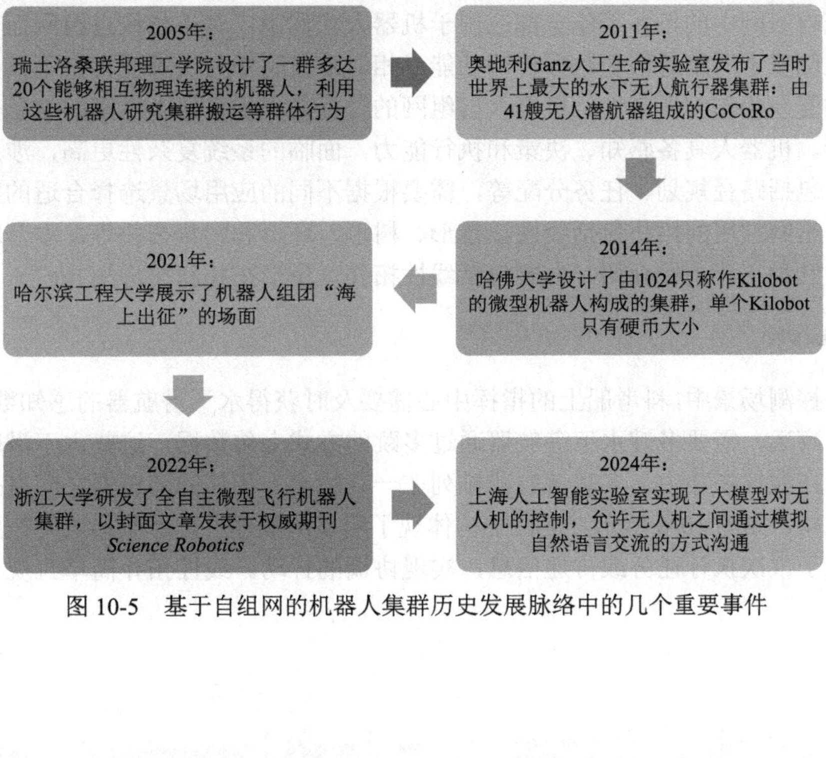

图 10-5　基于自组网的机器人集群历史发展脉络中的几个重要事件

10.2　基于自组网的机器人集群组网方式

在难以通过部署蜂窝基站或 Wi-Fi 来实现中心控制机器人集群的场景中，这些机器人个体该如何协同呢？受到生物群体自组织行为的启发，生物群体之间的环境感知、信息交互、群体决策等功能可以借鉴到机器人集群之中。生物群体自组织行为是一种独特且复杂的现象，涉及生物个体在群体中协同作用、自发形成有序结构的行为。这种自组织行为在许多生物群体中都可以观察到，包括鸟群、鱼群、昆虫社群等。在机器人集群控制中，通过有效的协作机制，多机器人系统的运行效率得到了显著提升，尤其是在面对未知且动态的工作环境时。举例来说，在探索未知环境的机器人集群中，机器人个体可以与附近的其他机器人传递环境等方面的信息，从而协助其他机器人做出相应的行动。这种基于环境反馈的协作方式实现了分布式的系统智能，让机器人集群能够自组织地协作完成复杂任务。这种机制也赋予了系统一定的鲁棒性，即使部分机器人出现问题，整体协作仍能持续。同时，这种机制的设计不仅充分考虑了机器人的局部感知，还可以确保在无法与控制中心直接通信的情况下，机器人之间能够高效完成任务。

在不存在中心节点的机器人集群中，要实现机器人之间的协作，离不开各机器人之间的信息交互，而可靠的信息交互依赖于稳定的网络架构。本节主要从机器人集群的常见拓扑结构和机器人集群的编队控制方法两个方面来介绍机器人集群自组网的组网方式。

10.2.1　机器人自组网的网络拓扑

机器人集群实现信息交互需要在个体间建立物理连接，将机器人个体视为节点，各节点互联形成拓扑结构。拓扑可以影响机器人之间的通信、协作和运动规划，对于协同完成任务或实现集体行为至关重要。

虽然机器人集群中的个体也构成了自组网，但是机器人自组网与传统自组网还有一些区别，传统自组网中的拓扑不能全部应用于机器人集群中。对于传统自组网而言，其中的节点更多地侧重于网络通信和数据传输功能，相对缺乏感知与决策能力，不具备机器人集群网络中的复杂协作与适应性。机器人自组网的目标是实现机器人之间的信息交流、协作和任务执行。机器人具备感知、决策和执行能力，面临的系统复杂性更高，涉及的问题也更多样化，包括路径规划、任务分配等，需要根据不同的应用场景选择合适的拓扑结构。

传统自组网常用的拓扑包括线性、星形、树形、环形和网状拓扑等，本节对适用于机器人集群的几种拓扑进行介绍，主要包括线性拓扑、星形拓扑和树形拓扑。

1. 线性拓扑

在深海探测场景中，科考船上的指挥中心需要及时获得水下潜航器的感知数据等信息，由于传播距离远，需要多艘水下潜航器通过多跳的方式上传数据，这些水下潜航器构成了线性拓扑。在线性拓扑中，多艘潜航器排列在一条线上，相邻的潜航器之间直接相连，形成了线性结构，如图 10-6 所示。这种结构体现了明显的顺序性，潜航器之间按照一定的顺序排列，便于依次执行任务或传递信息，实现协调的行动。线性拓扑简单直观，可以简化指挥与控制。

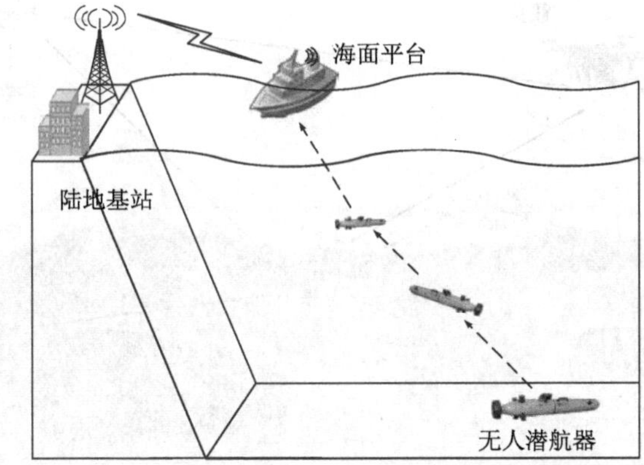

图 10-6　线性拓扑

线性拓扑也有明显的不足，主要体现在两个方面。一是运动路径单一，线性拓扑结构下，机器人只能沿着直线路径移动，适用范围受限。二是通信路径单一，相邻机器人之间直接相连，只存在单一通信路径，这限制了信息传播的速度和全局协作的效率。线性拓扑在特定的任务场景中能够发挥重要作用，特别是在需要按照顺序执行或依次传递信息的情况下。当面对更复杂的任务和更广泛的协作需求时，需要考虑其他更灵活和多样化的拓扑结构。

2. *星形拓扑*

在无人机集群对山地、雨林等环境的探测场景中，由于探测区域较大，受制于通信距离，无人机集群需要结成多个簇来执行任务。通过部署少量通信距离较长的无人机作为簇头，同时部署大量通信距离相对有限的小型摄像无人机作为簇内成员，可以实现探测信息的及时回传。每一个簇内无人机只与簇头无人机交互信息，路由只发生在少量的簇头之间，降低了信息传递的跳数和路由协议的复杂程度。线性拓扑不再适用于这种情况下的机器人空间分布，此时应用星形拓扑结构能够准确地描述簇内无人机与簇头无人机之间的关系，如图 10-7 所示。

在此类机器人集群中，星形拓扑是一种重要的编队结构，其中每个簇内节点都连接到一个簇头，彼此之间并不直接相连，形成像“星星”一样的结构。星形拓扑中，簇头扮演控制和调度的关键角色，能够协调簇内节点的行动。所有簇内节点通过簇头进行通信，保证了信息传输的可靠性和一致性。星形拓扑的优势主要体现在集中控制方面，簇头能够实现对整个簇的集中控制和调度，适用于需要高度协调的任务。簇头可以集中收集和整合簇内节点的信息，提高系统整体的感知能力和决策效率。单一通信路径可以减少通信错误和丢包，提高通信的可靠性和稳定性。但是星形拓扑也有不足。簇头是一个簇的关键节点，一旦其发生故障或遭受攻击，整个系统可能受到严重影响。所有簇内通信都经过簇头，可能产生簇内的通信瓶颈，限制信息传输速度和效率。星形拓扑在大规模机器人集群中有着重要的应用，可以降低拓扑的复杂程度，但是需要注意其簇头失效问题和通信瓶颈可能带来的影响。

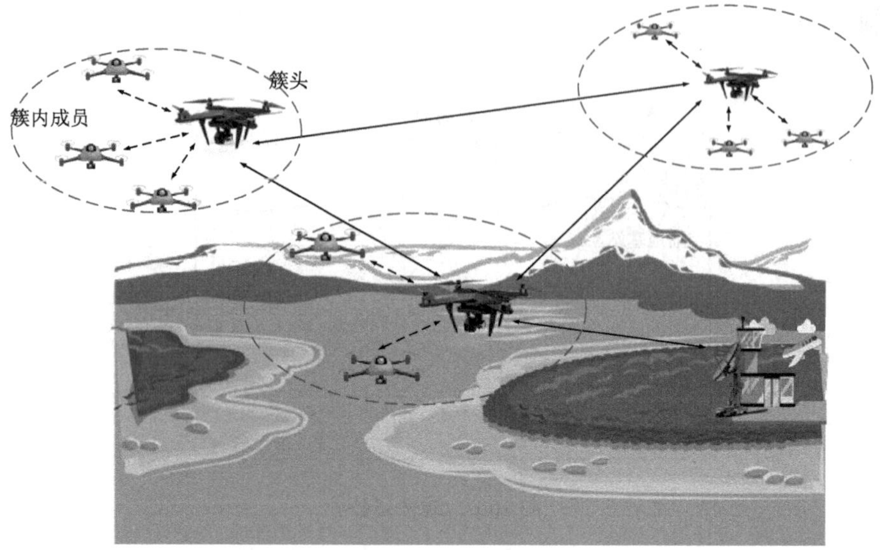

图 10-7　星形拓扑

3. 树形拓扑

在未来的机器人集群作战场景中，通过人工指挥中心进行集中式的控制十分危险，一旦脆弱的指挥中心被敌方发现并摧毁，众多机器人会立即失去控制，因此不存在中心控制节点的机器人集群在战场上有广泛的应用前景。由于不同类型的机器人需要具备不同的功能，承担不同的任务，如一些机器人负责侦察，一些机器人负责通信和居中协调等任务，另一些机器人执行具体打击任务，线性拓扑和星形拓扑都不能很好地反映出机器人的不同功能为网络带来的异构性，因此这种情况下需要借助树形拓扑来建模不同机器人之间的角色关系。机器人集群的树形拓扑是多机器人系统中常见的一种组织结构，具有层次化管理和任务分配的特点，适用于需要分级控制和信息传递的场景，用于管理和协调多个机器人之间的任务分配和协作，如图 10-8 所示。

图 10-8　树形拓扑

树形拓扑的基本原理是将机器人组织成层级结构，以实现任务的分配和协调。树形拓扑由一个根节点开始，根节点可以是一个中央控制节点或一个协调节点。根节点连接到一组子节点，每个子节点可以进一步连接到更多的子节点，直到到达叶节点，也就是最底层的机器人。对于任意一个子节点，它的上一级节点称为父节点。每个节点在树中扮演不同的角色和功能，从而实现整个集群的协同工作。在树形拓扑中，根节点通常负责对整个机器人集群进行整体控制和协调。它接收高层任务的指令，然后将任务分配给子节点。子节点接收到任务后，可以根据任务的要求执行相应的操作，并将结果返回给父节点。

通过树形拓扑，机器人集群可以实现分布式的任务执行和数据交换。每个节点只需要与其父节点和子节点进行通信，而不需要与集群中的每个机器人进行直接通信。这种结构简化了通信和协调的复杂性，提高了整个系统的可扩展性和灵活性。

树形拓扑还具有容错性和鲁棒性。如果某个节点发生故障或失效，整个系统仍然可以继续工作。父节点可以检测到子节点的状态，并在需要时重新分配任务给其他可用的节点。这种容错机制使得机器人集群在面对节点故障或随机变化时能够适应和恢复。此外，树形拓扑还支持分层控制和分布式决策。根节点可以制定高级策略和任务目标，子节点可以根据局部感知信息做出决策，并执行具体的任务。这种分层结构使得机器人集群能够在不同层次上进行智能决策和自主行动。尽管机器人集群的树形拓扑具有许多优势，但也存在一些局限性。根节点的故障可能导致整个系统失效，因此需要考虑故障容忍性和备份机制。信息从底层传递到根节点可能存在通信延迟，影响决策的实时性。此外，管理和维护层次化结构可能需要更多的资源和成本。

树形拓扑是一种重要的组织结构，在机器人集群中发挥着重要作用。树形拓扑分层级管理的特点赋予了机器人集群极大的灵活性。

10.2.2　机器人集群的编队控制方法

10.2.1 节介绍的几种拓扑结构主要对应信息层面，只有信息的传递还不足以使机器人集群完成任务。要使机器人集群合作地完成具体任务，离不开机器人集群在物理层面的运动。对于机器人集群来说，设计合适的编队控制方法不仅能降低控制系统设计的难度并缩短开发周期，还能使系统发挥最大的功能。本节将详细地介绍两种常见的编队控制方法，分别是领航跟随法和虚拟结构法，并分别给出它们的适用场景。

领航跟随法

1. 领航跟随法

领航跟随法的概念最早由 Cruz 提出。领航跟随法是目前最为流行的一种编队控制方法，其基本思想是将所有编队的成员分成两部分：一部分为领航者，另一部分为跟随者。其优点主要在于机器人之间只需要较少的协商通信就能够得到全局最优策略，并且众多跟随机器人没有过多的分析计算任务，仅具备感知和执行能力就可以，因此降低了机器人集群的成本。

见图 10-9，左侧的小型机器人代表跟随机器人，右侧的大型机器人则代表领航机器人。作为领航者的机器人根据已分配好的路径或者临时接收到的命令行驶，控制整个编队运动的大致方向。作为跟随者的机器人只需要知道它们各自与领航者之间的距离、领航者的运动角度等信息，就可以保持一定的姿态跟随领航者运动。跟随者在这个过程中不需要额外的路径规划，因此可以提高跟随者执行其他任务的效率。常见的领航跟随法队形有矩形、圆形和三角形。领航跟随法的优点在于其简单易行的控制结构，而它的缺点在于编队过于依赖领航机器人。领航机器人需要与跟随机器人进行信息交互以控制跟随机器人的运动，领航机器人或通信系统的故障将影响整个编队的稳定性。

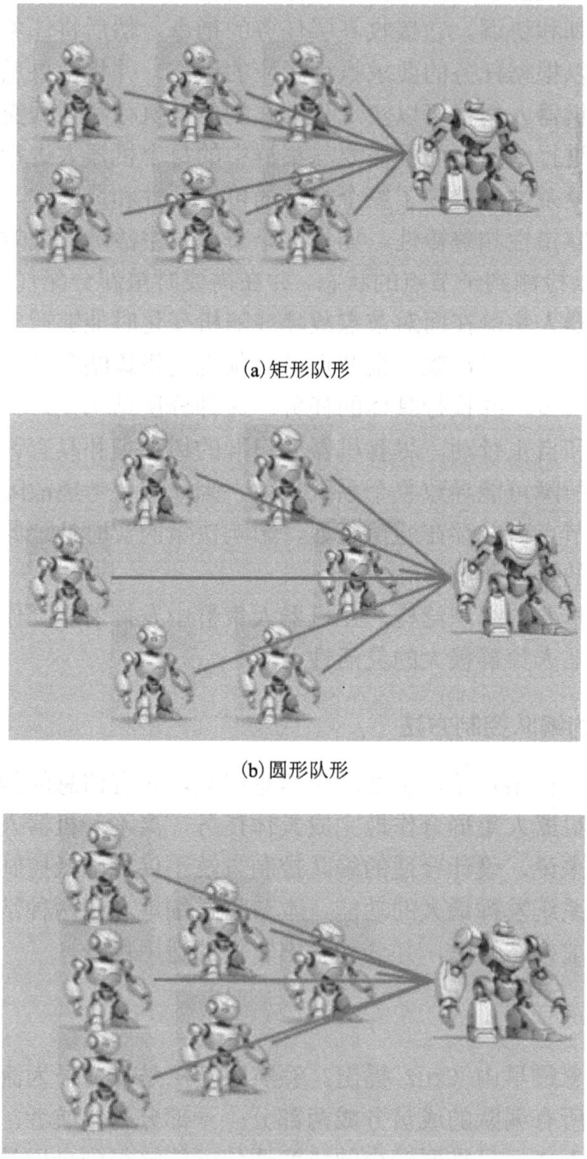

(a) 矩形队形

(b) 圆形队形

(c) 三角形队形

图 10-9　领航跟随法队形示意图

虚拟结构法

2. 虚拟结构法

虚拟结构法由加利福尼亚大学的 Lewis 等学者提出。虚拟结构法的核心控制理念是首先确定虚拟结构的动力学和运动学特性；然后得到虚拟结构上虚拟目标点的特性，并将机器人编队视为统一的刚性结构；最后通过设计控制方案，集群中的每个机器人都跟踪相应的虚拟目标，从而实现机器人集群的编队控制。如图 10-10 所示，其中外围的三个机器人是实际存在的机器人，中间为三个机器人跟踪的虚拟目标。

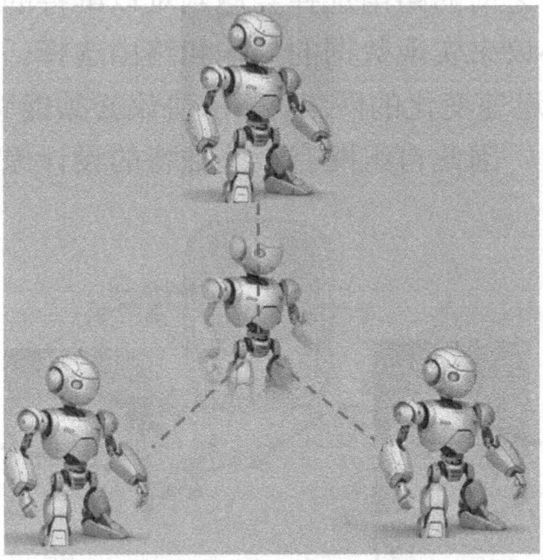

图 10-10　虚拟结构法示意图

虚拟结构法的优势在于有效解决了误差传播积累的问题，显著提高了编队控制的准确性。同时，将多机器人系统视为刚性队形使得系统能够根据环境和任务需求进行协调控制，完成复杂任务。在运动过程中，刚性队形会产生明显的反馈信号，有助于确定编队行为并维持队形。由于分布式结构不再依赖领航机器人，系统的容错能力和可扩展性大大提升。此外，由于无须领航机器人处理全局信息，领航机器人的计算负载轻，信息处理实时性高。

虚拟结构法主要存在两方面的不足。首先，由于队形是刚性的，因此缺乏灵活性和自主性，机器人系统的适应性较差。当遇到障碍物等情况时，无法灵活调整队形以避开障碍物，这限制了其应用范围，因此虚拟结构法适用于障碍物较少的场景，如多无人船协同侦察作战等。其次，机器人系统在不同的环境下会受到不同因素影响，严格的队形限制会导致频繁的控制指令，增加能耗。随着集群中机器人数量的增加，保持机器人之间特定的位置关系将提高计算复杂性。这些不足导致虚拟结构法难以在大规模编队控制中应用。

10.3　基于自组网的机器人集群关键技术

基于自组网的机器人集群技术借鉴自然界的自组织机制，使具备有限自主能力的多个机器人在没有集中指挥控制的情况下，通过信息交互产生整体效应，实现较高程度的自主协作。基于自组网的机器人集群技术涵盖了动态路由、入侵检测、信息一致性等多种关键技术。这些技术协同工作，赋予机器人集群高效、灵活和自主的协作能力，使其能够在动态环境中稳定运行并高效完成任务。本节主要介绍自组网动态路由、入侵检测以及信息一致性三项关键技术。

1. 自组网动态路由

在无人机集群攻击或者侦察场景中，无人机之间的信息交互必不可少。但是部分无人机可能会由于自身机械故障、能量耗尽等原因坠毁，被敌方击落，或者单纯由于队形改变，原有的拓扑结构发生变化，之前的路由选择会遇到难以维持的情况。要实现可靠的信息交互，必须依靠有效的路由协议来实现数据的传输和路由选择。多个无人机构成的无线自组网是一种多跳的、拓扑结构迅速变化的网络，路由协议必须能够适应网络拓扑的迅速变化，同时维护链路连接的稳定性，因此自组网有一些独特的设计原则。一种典型的动态路由变化过程如图 10-11 所示。

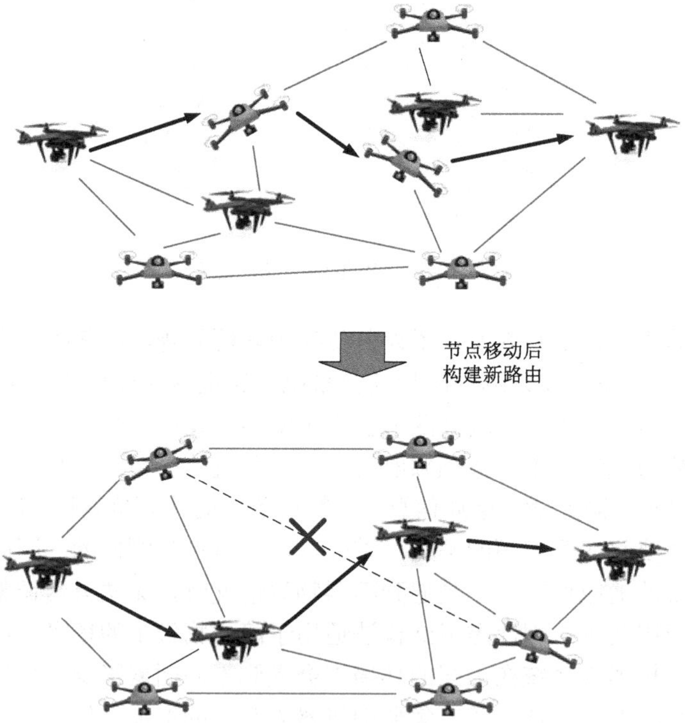

图 10-11　一种典型的动态路由变化过程

在机器人自组网中，整个网络没有固定的基础设施，网络中的每个机器人都具备分组路由的功能，为其他的机器人转发数据。由于自组网具有动态拓扑、有限带宽、存在单向信道、终端受限等特点，自组网路由协议的设计必须遵循如下的指导原则。

(1) 感知网络拓扑结构的动态变化。在自组网中，路由协议的首要任务是感知网络拓扑结构的实时变化。由于自组网涉及多跳通信，路由协议必须确保路径上的连接是高度可靠的。机器人在这样的网络中必须能感知周围环境并与直接通信的机器人保持连接。

(2) 动态维护网络拓扑连接。在自组网中，每个执行任务的机器人都能随时改变自身位置，因此网络拓扑结构是不断变化的。中心化控制的路由算法要将机器人链路状态变化信息传达给所有机器人，这需要耗费大量时间和网络资源，因此自组网路由协议需要动态更新链路状态信息并重新配置，以确保机器人之间的链路可靠。

(3) 支持单向信道通信。在自组网中，受发射功率、地理位置或设备故障等因素影响，可能存在单向信道。支持单向信道条件下的路由功能，是对自组网路由算法和协议的要求之一。

(4) 降低控制开销。移动自组网的无线传输带宽有限，传输控制信息不可避免地消耗网络带宽资源。为了更高效地利用有限的网络资源，必须降低控制开销。

2. 入侵检测

用于作战目的的轮式机器人或作战机器狗等类型的集群自组网面临严重的安全威胁。这些机器人缺乏物理保护，在工作过程中容易被盗或捕获，从而被敌对方重新利用，从内部发动攻击，如图 10-12 所示。传统基于密码学的网络安全方案无法有效应对此类威胁，因此入侵检测就理应成为安全方案之后的防火墙。以下是几种入侵检测方案的介绍。

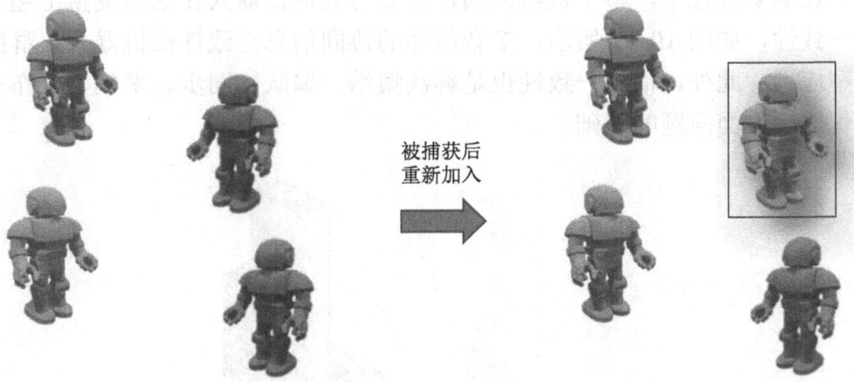

图 10-12　入侵机器人识别

1) 基于代理的分布式协作入侵检测方案

在基于代理的分布式协作入侵检测方案中，入侵检测系统(intrusion detection system, IDS)代理部署在集群中的每个机器人上，具备六大功能模块，包括数据收集、本地检测、合作检测、本地入侵响应、全局入侵响应、安全通信。运行过程首先是执行数据收集和本地检测。如果本地机器人确认有入侵发生，将直接发出警报。如果仅怀疑存在入侵行为，本地机器人将触发多节点的协作检测，以进一步判断是否发生入侵，一旦确定存在入侵，将启动全局入侵响应。同时，采用异常检测模型来检测路由进攻，通过提取正常网络运行时的数据进行分类训练，实现对入侵的检测。

这种方案的优势在于其分布式架构，利用分布在每个机器人上的代理分别完成本地检测，并合作进行全局检测，与网络自组织的特点吻合。缺点也有两点：①每个机器人都运行 IDS 代理，占用较多的内存和计算资源；②检测路由进攻的异常检测模型需要事先采样数据进行训练，模型准确度依赖于数据的质量。

2) 基于移动代理的入侵检测方案

基于移动代理的入侵检测方案是对基于代理的分布式协作入侵检测方案的改进。上述基于代理的分布式协作入侵检测方案中的每个机器人都有代理，过于占用网络资源。为了节省资源，只在某些机器人上驻留有监视网络的代理，并且代理的数量可按要求进行增减，有较强的灵活性。

3. 信息一致性

机器人集群自组网的信息一致性是指在机器人集群系统中，多个机器人之间保持相同的信息和数据状态，以实现协同工作和完成共同目标。尤其是在执行未知环境探测任务的机器人集群中，每个机器人都有自己的感知和决策能力，因为这些机器人集群往往涉及各种协作任务和共享资源，要求各个机器人通过分布式协议，在没有组织者和协调者的情况下，始终基于同一组准确的信息做出决策和执行行动。为了完成既定的协作任务，团队成员必须进行信息交流。成员之间共享的变量称为协同变量，这些变量描述了成员之间为完成任务所需交换的最少信息量。协同变量可以包括一组机器人的位置、共同追踪的目标、相对速度等。在编队过程中，单个机器人通常需要与其他机器人在这些变量上趋于一致，这就是信息一致性，如图 10-13 所示。多智能体的协同信息一致性在机器人集群的协调控制中具有典型应用。此外，信息一致性也是解决集结、编队、同步、聚集、分布式估计以及分布式最优化等方面问题的基础。

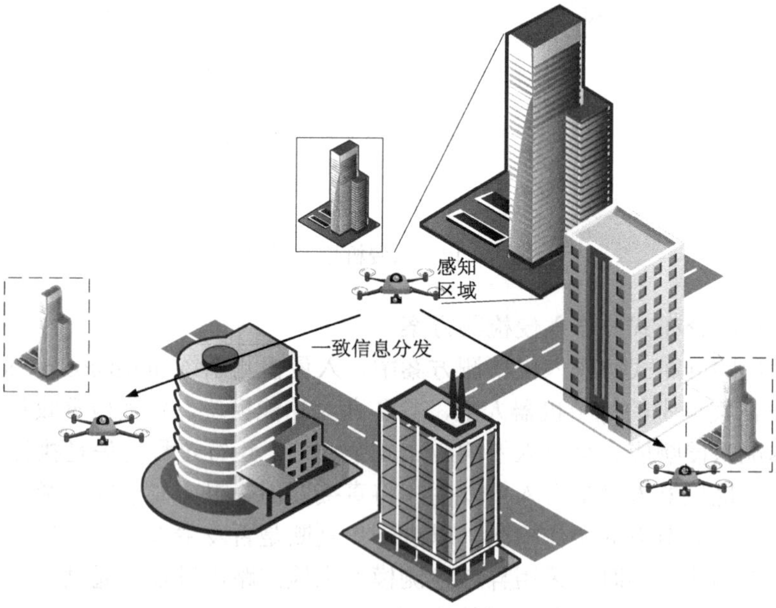

图 10-13　信息一致性示意图

信息一致性的起源可以追溯到 20 世纪 80 年代的分布式决策问题。1992 年，Benediktsson 首次将统计一致性方法引入传感器网络的信息融合领域。1995 年，Vicsek 从统计力学的视角出发，构建了一种一致性动力学模型，通过仿真结果揭示了整个群体中的个体将会在行为上趋向一致。信息一致性的应用价值在众多领域中广泛存在，如无人机编队控制、卫星编队、水下自治机器人操作、平面移动机器人等。本节主要从协同导航与定位、任务分配与执行、故障检测与自我修复、能源与资源管理以及实时数据共享与决策几个角度来说明机器人集群自组网的信息一致性的应用范围。

(1) 协同导航与定位。机器人集群需要在未知或复杂环境中进行有效导航，这要求集群中的每个机器人能够实时共享其位置和环境感知数据。通过信息一致性，集群能够集体构建并更新一个共享的环境地图。每个机器人贡献其感知的局部数据，通过合适的数据融合技术将其整合构建成全局地图，这是所有机器人协同完成任务的基础。基于构建的全局地图，集群中的机器人可以共享关于障碍物和其他环境特征的数据，帮助彼此优化路径并避免碰撞。

(2) 任务分配与执行。在复杂任务中，高效分配任务至关重要。信息一致性保证了所有机器人都基于相同的任务状态和环境信息来做决策。如果某个机器人遇到问题，如故障或过载，它可以实时向集群报告状态，集群可以动态调整任务分配。例如，在建筑或装配任务中，当某个机器人难以独自搬运一件物品时，多个机器人需要协调动作来搬运或组装大件物品。

(3) 故障检测与自我修复。在机器人集群中，信息一致性可以增强故障检测和响应能力。通过实时共享状态信息，机器人集群可以更快地识别出故障机器人，并据此调整整体策略。基于集群的信息，可以重新配置任务和行动以避免故障机器人造成更大的影响。

(4) 能源与资源管理。信息一致性在集群的能源管理和资源优化中也扮演着重要角色。一方面，通过共享电池电量和负载信息，集群可以优化能源消耗，如可以指派低能量机器人执行低能耗任务。另一方面，实时数据共享帮助集群有效管理和调度共享资源，如充电站和维修区。

(5) 实时数据共享与决策。机器人集群中的决策通常需要基于实时数据进行，集群可以根据从环境中实时收集的数据调整其行动策略。例如，响应突发事件时，集群通过共享观察结果减少不确定性，提高决策的准确性和可靠性。

10.4　基于自组网的机器人集群的智能化

基于自组网的机器人集群通过集成人工智能、通信网络、自适应算法、协同控制、多传感器融合等技术，实现了高度智能化。智能化的集群技术使机器人可以自主感知和分析环境，实时决策，共同执行任务，并对动态变化进行自适应调整，确保在复杂、多变的环境中高效、稳定地完成任务，并通过分布式算法实现多机器人间的高效协作。这种智能化的机器人集群系统在提升任务效率和可靠性的同时，具备强大的自适应和容错能力，广泛应用于工业制造、紧急救援、环境监测等领域，展现出巨大的应用潜力和广阔的发展前景。本节介绍了两种执行典型任务的基于自组网机器人集群的智能化应用。

1. 基于自组网的智能机器人集群任务分配

机器人集群对未知环境的探测是群体机器人系统的一项潜在应用。本部分以无人机集群对森林草原火灾区域进行勘察时的任务分配为例，介绍基于自组网的智能机器人集群任务分配。如图 10-14 所示，N 个无人机需要协同执行对火灾区域的勘察任务，由于勘察面积过大，单个无人机难以完成，每个无人机只能负责一个子区域内的探测任务，因此任务

数量也记为 N。在初始状态下，所有无人机都集中于起点位置附近。由于续航时间有限，为了在尽量节能的前提下将每一个无人机都部署到一个子区域中心开始执行探测任务，因此希望所有无人机移动距离的总和在任务区域分配过程中尽量小。

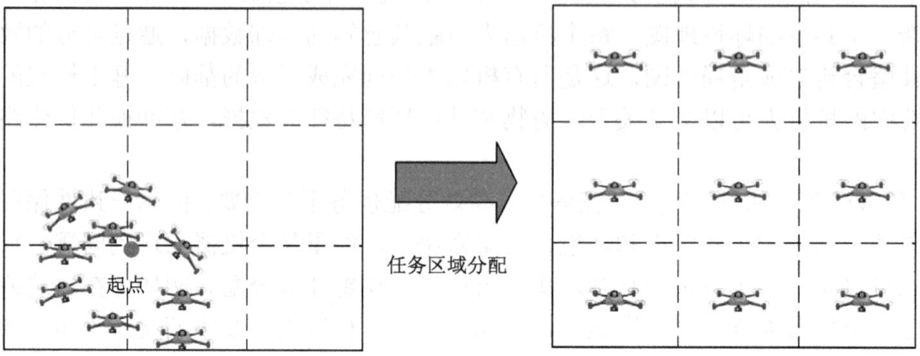

(a) 初始状态　　(b) 分配完成状态

图 10-14　任务分配示意图

第 9 章中介绍的集中式任务分配方法的优点是使用较少的系统资源并具有较低的实现成本，也可以找到分配问题的最佳解决方案，但是它的缺点也非常明显。第一是单点故障风险，中央控制单元作为整个系统的核心，如果它出现故障，整个机器人集群可能会瘫痪；第二是扩展性差，当机器人数量增加时，中央控制单元任务分配的计算复杂度会随着问题规模增大而呈现指数上升，通信负载也会成比例增加，这会造成通信瓶颈，通信延迟可能会导致在大规模集群中性能下降；第三是灵活性不足，集中式方法主要用于静态任务分配，通常不够灵活，当环境发生变化时，中央控制单元可能需要大量时间来重新规划和分配任务，缺乏鲁棒性。

相比于集中式任务分配，分布式任务分配有很多优点。第一是容错性高，如果一个机器人失效，其他机器人仍然可以继续工作，系统的整体功能不会受到显著影响；第二是计算和通信效率高，各个机器人对环境有局部感知，可以彼此相互交流和协商完成任务，因此任务分配的决定在本地以分布式方式进行，每个机器人只需处理一部分任务分配和调度，计算负荷较低，同时，机器人之间的通信一般是点对点的，这可以减少通信负载和延迟，提高任务分配的实时性；第三是任务完成效率高，任务分配过程中，多机器人可以并行处理任务，减少系统的整体计算时间，提高任务完成效率。

任务分配是多移动机器人系统中的一个最优化问题，该问题的目标是通过合理地将子任务分配给机器人，以最大化整个系统在执行全部任务过程中所获得的收益，此处的收益指移动路径总长度等评价指标。然而，由于问题的复杂性，任务分配问题通常是 NP 难问题，难以通过精确算法求解。因此，现有的分布式任务分配方法主要包括启发式的智能优化算法、市场法等。本节以机器人集群对未知区域进行探测为例，介绍一种智能优化算法——粒子群优化算法，以及其在探测任务分配时的应用。

粒子群优化算法在 1995 年由 Eberhart 博士和 Kennedy 博士提出，源于对鸟群捕食行为的研究。该算法最初是受到鸟群活动的规律性启发，进而利用群体智能建立的一个简化模型。群体中的个体共享信息，使得整个群体的运动在问题求解空间上从无序演化到有序。粒子群优化算法在对动物集群活动行为观察的基础上，利用上述演化过程，获得最优解。

粒子群优化算法将问题的解空间视为搜索空间，并将问题的解表示为搜索空间中的粒子。每个粒子都具有位置、速度和适应度值三个属性。位置代表问题的候选解，速度决定粒子在搜索空间中的移动方向和距离，适应度值则用于评价解的品质。它是从随机解出发，通过模拟粒子在搜索空间中的移动和信息交流来寻找问题的最优解的。在迭代过程中，粒子根据自身经验和群体经验调整速度和位置，通过追随当前搜索到的最优值来迭代寻找全局最优解。自身经验可由粒子自身记忆获得，群体经验可以靠粒子之间的相互通信获得。

粒子群优化算法的步骤如下。

步骤 1：初始化一群微粒(群体规模为 N)，包括随机位置和速度。

步骤 2：评价每个微粒的适应度值。

步骤 3：对每个微粒，将其适应度值与其个体所经过的最好位置做比较，如果较好，则将其作为当前的最好位置。

步骤 4：对每个微粒，将其适应度值与全局所有粒子所经过的最好位置做比较，如果较好，则将其作为当前的最好位置。

步骤 5：调整微粒速度和位置。

步骤 6：未达到结束条件则转步骤 2。

迭代终止条件根据具体问题一般选为最大迭代次数 L 且微粒群迄今为止搜索到的最优位置满足预定最小适应阈值。以上流程如图 10-15 所示。

将无人机集群视为粒子群，每一架无人机为一个粒子。定义这些无人机的初始位置为 $\boldsymbol{P}_0=\{P_1^0,\cdots,P_n^0,\cdots,P_N^0\}$，初始速度为 $\boldsymbol{V}_0=\{v_1^0,\cdots,v_n^0,\cdots,v_N^0\}$。在第 l 轮迭代中，无人机通过如下表达式来更新速度和位置：

$$v_n^{l+1}=v_n^l+c_1\tau_1(P_{\text{best},n}-P_n^l)+c_2\tau_2(G_{\text{best}}-P_n^l) \tag{10-1}$$

$$P_n^{l+1}=P_n^l+v_n^{l+1} \tag{10-2}$$

其中，c_1 和 c_2 为加速常数，通常为 0～2；随机变量 τ_1 和 τ_2 为 0～1，服从均匀分布；P_n^l 为第 n 架无人机在第 l 轮迭代时的位置；v_n^{l+1} 为第 n 架无人机在第 l+1 轮迭代时的速度；每架无人机已知自身经历过的最好位置 $P_{\text{best},n}$ 和全局所有无人机经历过的最好位置 G_{best}。每架无人机的适应度值用 D_n 来衡量，D_n 为第 n 架无人机当前位置与其出发位置的距离。此外，为保证每个子区域的中央最后都能分配到一架无人机，引入一个惩罚因子来修正适应度值，将适应度值函数构建为

$$F_n^l(P_n^l)=D_n+\lambda\left(\prod_{j=1}^{N}\left\|P_n^l-w_j\right\|+\left(\prod_{m=1,m\neq n}^{N}\left\|P_n^l-P_m^l\right\|\right)^{-1}\right) \tag{10-3}$$

其中，w_j 为第 j 个子区域中心的位置；λ 为一个非常大的正数；$\prod_{j=1}^{N}x_j=x_1x_2\cdots x_N$。当所有子区域中心都有无人机到达时，迭代终止。

由此可见，在使用粒子群优化算法对无人机集群进行任务分配时，每架无人机只根据自身经验和群体经验调整运动速度和自身位置，通过追随当前搜索到的最优值来迭代寻找

全局最优解。

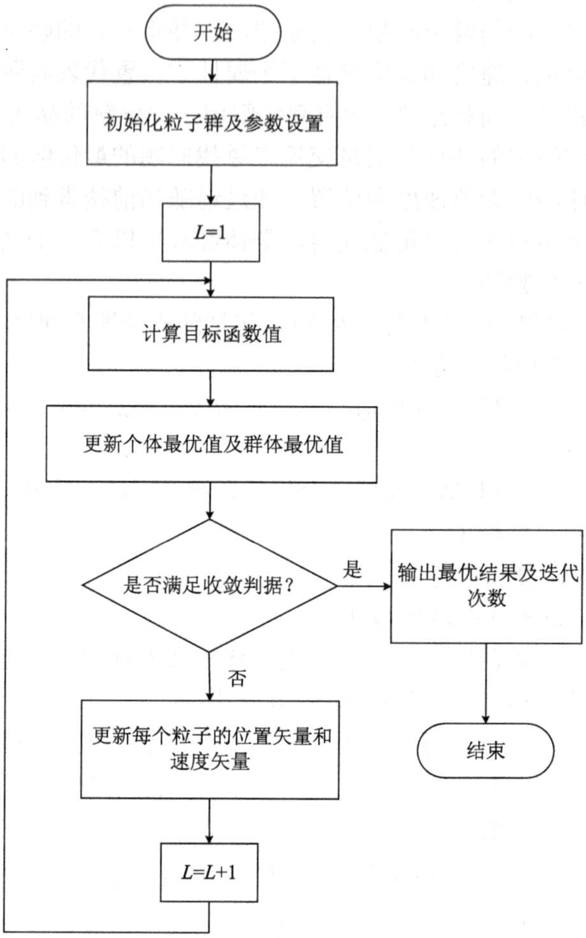

图 10-15　粒子群优化算法流程图

2. 基于自组网的智能机器人集群物品搬运

集群物品搬运是群体机器人系统的一项潜在应用。在搬运质量较大的物体时，单个机器人往往难以胜任，因此需要通过机器人之间的合作来完成任务，如图 10-16 所示，其中左侧多个小圆柱状机器人构成搬运机器人集群，大立方体为被搬运物体，右侧圆柱所处位置为目标位置。集群物品搬运的目标是引导一组机器人通过协同努力，有效地将物体移向目标位置。在这个过程中，机器人需要相互协商，达成共识，以实现良好的协作效果。

为了完成集群物品搬运任务，机器人系统需要具备如下能力：首先，机器人需要能够感知物体的位置、形状和重量等信息，以便进行合适的搬运动作；其次，机器人需要具备路径规划和运动控制的能力，以确保机器人在协作过程中能够避障、避免相互碰撞，并且保持良好的协调性；最后，机器人之间需要进行通信和协调，共享信息，保证机器人集群的每一个个体的信息一致性，并根据其他机器人的状态和意图进行决策。这样，机器人可以就共同的方向和行动达成一致，从而实现一致的搬运目标。

图 10-16　机器人集群物品搬运示意图

在集群物品搬运中，可以利用机器学习技术来优化协同策略，使机器人集群能够更智能地完成任务。这里用到的几种机器学习技术主要包括强化学习、深度强化学习和迁移学习等。

1）强化学习

强化学习可以用于训练机器人在集群物品搬运中做出决策，提高搬运效率和协同作业能力。通过与环境的交互，机器人可以通过试错来学习最优的动作策略。将强化学习应用于多机器人系统中，每个机器人都被看作一个智能体，它们通过与环境和其他机器人的交互来收集数据，并根据这些数据来更新和优化自己的行为策略。机器人可以学习根据当前的环境状态（如障碍物的位置、搬运目标的距离等）和搬运任务的需求来选择最合适的搬运路径和协作方式。在强化学习中，奖励机制是引导机器人学习行为的关键因素。通过设计合理的奖励函数，可以引导机器人朝着完成搬运任务的目标前进。当机器人成功搬运一个物体到指定位置时，可以给予正奖励；当机器人与障碍物发生碰撞或搬运失败时，则给予负奖励。这种奖励机制可以激励机器人不断优化自己的行为策略，提高搬运效率和成功率。

在协作搬运任务中，机器人需要解决一系列复杂的决策问题，多智能体强化学习允许机器人之间通过信息共享和协作来共同优化搬运策略。机器人可以学习根据其他机器人的状态和行为来调整自己的搬运路径和速度，以避免碰撞和冲突，并实现整体搬运效率的最大化。例如，通过强化学习算法，机器人可以学习哪些合适的搬运动作在特定情况下可以获得最大化的奖励。机器人利用实时反馈不断调整策略，逐步优化性能。

2）深度强化学习

深度强化学习融合了深度学习和强化学习的优点。通过引入深度神经网络，构建深度神经网络模型，机器人可以共享信息并学习其他机器人的行为，通过强化学习算法进行协同决策。为完成分布式机器人集群的协同搬运任务，可以给每个个体都配备一个深度 Q 学习网络，使用神经网络来逼近 Q 函数，进而控制执行物体的搬运任务。这种方法相当于为机器人集群部署了一个低复杂度的分布式控制器，提高了模型处理复杂决策情境的能力，可以使机器人在部分可观测和动态变化的环境中也能有效地学习和决策，不仅能学习自身的最优策略，还能通过观察与其他机器人的交互行为学习更优的集体协作策略，从而在协作过程中更好地理解彼此的行动和意图，并实现更高效的协同搬运。

3)迁移学习

基于迁移学习的去中心化方法可以帮助机器人在集群物品搬运中快速适应新的情境和任务。通过迁移学习，机器人可以将之前学习到的知识和经验应用于新的情境中，从而加速学习过程，提高性能并减少训练时间。在集群物品搬运中，机器人可能面临不同的情境和任务，而传统的机器学习方法需要从零开始训练模型以适应新的任务，这往往需要大量的数据和计算资源。然而，迁移学习可以利用已有的数据和经验，避免从零开始训练模型，通过将模型迁移到新的任务中，可以使机器人快速适应新情境。例如，在智能仓储场景中搬运大件货物的经验可以迁移到在战场环境下搬运武器装备等，其中涉及的迁移主要有参数迁移、特征迁移和知识迁移。参数迁移指的是机器人集群可以将之前在智能仓储场景中训练好的模型参数应用于搬运武器装备的任务模型中。通过保留部分或全部的参数，机器人可以利用之前学到的特征提取能力和决策，从而更快地适应新任务。特征迁移是指机器人集群可以利用之前在智能仓储场景中学到的特征表示，将其应用于搬运武器装备的任务中。通过提取和转移相关的特征表示，机器人可以在新情境下更好地理解和表达输入数据，从而加快学习速度并提高性能。知识迁移意味着机器人集群可以将之前在智能仓储场景中学到的知识和经验应用于新任务中，这包括模型的知识、决策、规则和规划策略等。通过迁移先前的知识，机器人可以更快地理解战场武器装备搬运任务的要求并做出相应的决策。

综上，基于自组网的智能机器人集群物品搬运通过结合多种机器学习技术，如强化学习、深度强化学习以及迁移学习等，实现机器人之间的高效通信与协作。这些方法不仅提高了搬运效率和灵活性，还增强了机器人集群对复杂环境的适应能力和应对能力。随着技术的不断发展和进步，智能机器人集群协同搬运将在更多领域得到广泛应用，为人类的生产和生活带来更多便利和效益。

10.5 本 章 小 结

本章首先给出了基于自组网的机器人集群的应用背景，并说明了将自组网应用于机器人集群的意义；接着，在介绍了自组网的基本概念并回顾了基于自组网的机器人集群的发展历史后，又详细给出了机器人自组网中常用的线性、星形和树形拓扑，并讨论了它们各自的适用场景；此后，给出了领航跟随法和虚拟结构法这两种常见的编队控制方法及其各自的适用场景，并分析了自组网动态路由、入侵检测以及信息一致性这三项基于自组网的机器人集群的关键技术；最后，以无人机集群对森林草原火灾区域执行探测任务和机器人集群物品搬运的任务分配为例，分别说明了启发式智能优化算法和机器学习在基于自组网的智能机器人集群中的应用。

10.6 习　　题

10-1　请分析用于智能机器人集群的自组网与传统无线传感器构成的自组网之间的异同。

10-2　智能机器人集群有中心组网和无中心组网方式分别有哪些优势和不足？是否存在一种组网方式能够融合两种组网方式的优势，同时弱化它们各自的不足？

10-3　你认为本章提到的海洋无人艇集群适合采用哪种编队控制方法，请说明原因。

10-4　在海洋探测场景下，除了水下无人潜航器以外，如果还部署有一些水下传感器，它们也可以辅助用多跳的方式上传数据，这可以减少所需无人潜航器的数量。在这种情形下的路由设计方案需要有哪些不同于纯粹无人潜航器集群的考虑？

10-5　你认为执行物品搬运任务的机器人集群适合采用哪种拓扑结构，并分析原因。

参考文献

[1] 乔玉晶, 郭立东, 吕宁, 等. 机器人感知系统设计及应用[M]. 北京: 化学工业出版社, 2021.

[2] 赵建伟. 机器人系统设计及其应用技术[M]. 北京: 清华大学出版社, 2017.

[3] 高国富, 谢少荣, 罗均. 机器人传感器及其应用[M]. 北京: 化学工业出版社, 2005.

[4] 李新德, 朱博. 智能机器人环境感知与理解[M]. 北京: 国防工业出版社, 2022.

[5] 郭彤颖, 张辉. 机器人传感器及其信息融合技术[M]. 北京: 化学工业出版社, 2017.

[6] 闻邦椿. 工业机器人与数控技术[M]. 5 版. 北京: 机械工业出版社, 2015.

[7] 傅思遥, 梁自泽, 侯增广, 等. 输电线路巡线机器人视觉系统图像处理及模式识别研究[M]. 北京: 中国水利水电出版社, 2010.

[8] 郑志强, 卢惠民, 刘斐. 机器人视觉系统研究[M]. 北京: 科学出版社, 2015.

[9] 徐德, 谭民, 李原. 机器人视觉测量与控制[M]. 2 版. 北京: 国防工业出版社, 2011.

[10] 王剑光. 基于计算机视觉的移动机器人全局定位系统研究[D]. 昆明: 昆明理工大学, 2008.

[11] 徐晓东, 赵立明, 李艳生, 等. 移动机器人导航与智能控制技术[M]. 哈尔滨: 哈尔滨工业大学出版社, 2023.

[12] 李成春. 工业机器人视觉与传感技术[M]. 北京: 电子工业出版社, 2022.

[13] 张元良. 移动机器人导航与控制算法设计[M]. 武汉: 华中科技大学出版社, 2017.

[14] COOK G. 移动机器人导航、控制与遥感[M]. 赵春晖, 潘泉, 杨峰, 等译. 北京: 国防工业出版社, 2015.

[15] 杨放琼. 基于信息融合的移动机器人定位导航及其深海采矿应用研究[D]. 长沙: 中南大学, 2010.

[16] 陶波, 龚泽宇, 吴海兵. RFID 与机器人: 定位、导航与控制[M]. 武汉: 华中科技大学出版社, 2021.

[17] 李忠新, 余鹏飞, 梁振虎, 等. 机器人 SLAM 导航技术与实践[M]. 北京: 化学工业出版社, 2023.

[18] 秦玉鑫. 移动机器人组合导航系统研究与设计[D]. 昆明: 昆明理工大学, 2011.

[19] 余伶俐, 周开军. 导航机器人传感器融合、异常诊断及任务规划方法[M]. 北京: 电子工业出版社, 2015.

[20] 潘薇. 多移动机器人地图构建的方法研究[D]. 长沙: 中南大学, 2009.